认知神经科学书系第二辑

· 认知与发展卷 ·

丛书主编　杨玉芳

网络游戏成瘾干预的认知神经科学

董光恒◎著

Cognitive Neuroscience of Internet Gaming Disorder Intervention

科学出版社

北　京

内 容 简 介

网络游戏成瘾已经成为影响青少年心理健康的重要因素，除了探究其认知机制之外，研究者在网络游戏成瘾的干预和治疗上进行了大量有益的探索。

本书梳理了 2000 年以来研究者对网络游戏成瘾干预所进行的认知神经科学相关研究及其效果，首先分析了当前网络游戏成瘾的特征、流行比率和风险因素等，其次全面综述了当前各类针对网络游戏成瘾干预研究的特点并进行了评价，最后分别从认知行为疗法、正念冥想、药物治疗、神经调控策略和其他疗法等方面系统归纳和介绍了相关的研究及其发现。本书全面展示了当前关于网络游戏成瘾干预的最新进展，可为认识这一障碍的发病机理及危害、探究有效的干预策略提供科学依据。

本书为一部全面梳理网络游戏成瘾干预研究进展的学术著作，对相关领域研究者系统及全面掌握国内外干预研究前沿、夯实研究基础有重要价值，对临床精神科医生快速了解最新研究成果、指导临床治疗有重要意义，同时对希望系统了解网络游戏成瘾干预策略的各类学校心理辅导教师、班主任、大学辅导员等具有参考价值。

图书在版编目（CIP）数据

网络游戏成瘾干预的认知神经科学/董光恒著. —北京：科学出版社，2024.11

（认知神经科学书系/杨玉芳主编）

ISBN 978-7-03-079794-0

Ⅰ. B842.1

中国国家版本馆 CIP 数据核字第 2024E09M52 号

责任编辑：孙文影 冯雅萌 / 责任校对：王晓茜

责任印制：徐晓晨 / 封面设计：有道文化

科学出版社出版

北京东黄城根北街 16 号

邮政编码：100717

http:// www.sciencep.com

北京建宏印刷有限公司印刷

科学出版社发行　各地新华书店经销

*

2024 年 11 月第　一　版　开本：720×1000　B5

2024 年 11 月第一次印刷　印张：14 1/2　插页：3

字数：260 000

定价：118.00 元

（如有印装质量问题，我社负责调换）

丛书序

PREFACE TO THE SERIES

认知神经科学是20世纪后半叶兴起的一门新兴学科。认知神经科学将认知科学的理论与神经科学和计算建模等方法结合起来，探索人类心理与大脑的关系，阐明心智（mind）的物质基础。这是许多科学领域共同关心的重大科学问题，对这个问题的新发现和新突破，将会深刻影响众多科学和技术领域的进展，深刻影响人们的社会生活。

在心理学领域，人们曾经采用神经心理学和生理心理学的方法和技术，在行为水平上进行研究，考察脑损伤对认知功能的影响，深化了对脑与心智关系的认识。近几十年来，神经影像技术和研究方法的巨大进步，使得人们得以直接观察认知活动和静息状态下大脑的激活模式，促进了对人类认知的神经生物学基础的认识。另外，在神经科学领域，人们以人类认知的心理学理论模型和实证发现为指导，探索神经系统的解剖结构与认知功能的关系，有望攻克心智关系研究的核心和整体性问题。可见，认知科学与神经科学的结合，把这两个科学领域的发展都推进到了前所未有的崭新高度，开创了一个充满挑战与希望的脑科学时代。

认知神经科学对传统的认知心理学、生理心理学、神经心理学与神经科学进行相互交叉、综合集成。采用跨学科的研究方法和路径，不仅在行为和认知的层面上，而且可以在神经回路、脑区和脑网络等层面上探讨心智与脑的关系。这种探索不局限于基本认知过程，还扩展到了发展心理学和社会文化心理学领域。其中，基础认知过程研究试图揭示感知觉、学习记忆、决策、语言等认知过程的神经机制；发展认知神经科学将发展心理学与神经科学和遗传学结合起来，探讨人类心智的起源和发展变化规律；社会文化认知神经科学将社会心理、文化比较与神经科学结合，研究社会认知的文化差异及其相应的神经机制差异。

在过去的几十年中，认知神经科学获得了空前的繁荣和发展。在世界上，许多国家制定了脑科学发展的科学目标并投入了巨额经费予以支持。大规模的认知神经科学学术会议吸引着来自不同学科领域的众多学者的参与。以认知神经科学为主题的论文和学术著作的出版也十分活跃。在国内，学者们在这一前沿领域也做了很多引人注目的研究工作，产生了一定的国际影响力。

值得欣喜的是，国家层面对脑与认知科学的发展作了一系列重要的部署和规划。在新世纪之初即建立了“脑与认知科学”和“认知神经科学与学习”两个国家重点实验室，设立了973项目、国家自然科学基金重大项目等，对认知神经科学研究给予长期稳定的资助。《国家中长期科学和技术发展规划纲要（2006—2020年）》将“脑科学与认知科学”纳入国家重点支持的八大科学前沿问题。在2016年召开的全国科技创新大会上，习近平总书记指出，“脑连接图谱研究是认知脑功能并进而探讨意识本质的科学前沿，这方面探索不仅有重要科学意义，而且对脑疾病防治、智能技术发展也具有引导作用”[①]。“十三五”规划纲要强调，要强化“脑与认知等基础前沿科学研究”，并将“脑科学与类脑研究”确定为科技创新2030重大科技项目之一。在“十四五”规划纲要中，“人工智能”和“脑科学”等成为未来五年具有前瞻性和战略性的国家重大科技项目；纲要指出脑科学与类脑研究的重点方向是脑认知原理解析、脑介观神经联接图谱绘制、脑重大疾病机理与干预研究、儿童青少年脑智发育、类脑计算与脑机融合技术研发。

在脑与认知科学学科发展前景的鼓舞下，科学出版社和中国心理学会启动了“认知神经科学书系”的编撰和出版工作。目前已完成第一辑的出版和发行。国家对于脑科学发展的持续推动和支持，激励我们在前期工作的基础上继续努力，启动第二辑的编撰和出版工作，并根据新近提出的脑科学研究的重点方向，进一步选好书目和作者。科技图书历来是阐发学术思想、展示科研成果、进行学术交流的重要载体。一门学科的发展与成熟必然伴随大量相关图书和专著的出版与传播。作为国内科技图书出版界“旗舰”的科学出版社，于2012年启动了“中国科技文库”重大图书出版工程项目，并将“脑与认知科学书系”列入了出版计划之中。考虑到脑科学与认知科学涉及的学科众多，“多而杂”不如“少而精”。为保证丛

① 习近平同志在全国科技创新大会、两院院士大会、中国科协第九次全国代表大会上的讲话. 中国科学技术协会网站.（2016-05-30）. https://cast.org.cn/art/2016/5/31/art_358_31799.html[2022-06-14].

书内容相对集中，具有一定代表性，在杨玉芳研究员的建议下，书系更名为"认知神经科学书系"。

2013年，科学出版社与中国心理学会合作，共同策划和启动了大型丛书"认知神经科学书系"的编撰工作，确定丛书的宗旨是：反映当代认知神经科学的学科体系、方法论和发展趋势；反映近年来相关领域的国际前沿、进展和重要成果，包括方法学和技术；反映和集成中国学者所作的突出贡献。其目标是：引领中国认知神经科学的发展，推动学科建设，促进人才培养；展示认知神经科学在现代科学系统中的重要地位；为本学科在中国的发展争取更好的社会文化环境和支撑条件。丛书将主要面对认知神经科学及其相关领域的学者、教师和研究生，促进不同学科之间的交流、交叉和相互借鉴，同时为国民素质与身心健康水平的提升、经济建设和社会可持续发展等重大现实问题提供一定的科学知识基础。

丛书的学术定位有三。一是原创性。应更好地展示中国认知神经科学研究近年来所取得的具有原创性的科研成果，以反映作者在该领域内取得的有代表性的原创科研成果为主。二是前沿性。将集中展示国内学者在认知神经科学领域内取得的最新科研成果，特别是具有国际领先性、领域前沿性的研究成果。三是权威性。汇集国内认知神经科学领域的顶尖学者组成编委会，选择国内的认知神经科学各分支领域的领军学者承担单本书的写作任务，以保证丛书具有较高的权威性。

丛书共包括三卷，分别为认知与发展卷、社会与文化卷、方法与技术卷，涵盖了国内认知神经科学研究的主要方向与主题。在第一辑中，三卷共有8本著作出版发行。即将出版的第二辑，依然分为三卷，将有更多著作陆续出版。

丛书第一辑的编撰工作由中国心理学会出版工作委员会、普通心理和实验心理专业委员会两个分支机构共同组织。中国科学院心理研究所杨玉芳研究员任主编，北京大学吴艳红教授任编委会主任。清华大学刘嘉教授（时任北京师范大学心理学院院长）在丛书的策划和推动中曾发挥了重要作用。丛书的单册作者汇集了国内认知神经科学领域的优秀学者，包括教育部"长江学者"特聘教授、国家杰出青年基金获得者、中科院"百人计划"入选者等。在第二辑编撰工作启动时，我们对丛书作者队伍进行了扩充。

在丛书第一辑的编撰过程中，编委会曾组织召开了多次编撰工作会议，邀请丛书作者和出版社编辑出席。编撰工作会议对丛书写作的推进十分有益。它同时也是学术研讨会，会上认知神经科学不同分支领域的学者们相互交流和学习，拓展学术视野，激发创作灵感。这一工作制度，在第二辑编撰过程中继续实行。

科学出版社的领导和教育与心理分社的编辑对本丛书的编撰和出版工作给了高度重视和大力支持。丛书第一辑入选了“十三五”国家重点出版物出版规划项目，部分著作获得“国家科学技术学术著作出版基金”的资助。经过数年的不懈努力，已有 8 本著作正式出版，获得很好的反响。即将出版的第二辑，是近期完成并进入出版程序的著作。这一辑更新了著作的封面设计，将以崭新的面貌与读者见面。

希望丛书能对我国认知神经科学的发展起到积极的作用，并产生深刻和久远的影响。

丛书主编 杨玉芳

编委会主任 吴艳红

2022 年 6 月 12 日

前　言

PREFACE

网络游戏给现代社会的人们提供了新奇的、无穷尽的、不断扩展的对现实世界的模拟和对未知世界的想象。它具有传统游戏难以企及的游戏体验，可让玩家经历更复杂离奇的故事情节、更惊艳的视觉刺激，拥有更逼真的参与感、更真实的沉浸感。

在人们惊艳游戏带来的体验感的同时，其负面影响——网络游戏成瘾也逐渐凸显出来，其在游戏人群特别是青少年中的渗透率和发病率不断上升。越来越多的游戏玩家沉溺其中难以自拔：很多年轻人沉溺游戏而不顾工作前程、夫妻关系，造成工作成就下降、经济困难甚至家庭矛盾；很多青少年放弃学业和自己的身体健康，把大量的时间投入到虚拟的游戏世界中，造成学业荒废。

最近几年，一些社会负面事件将网络游戏成瘾一次次推上社会舆论的风口浪尖，成为一个社会热点话题。在大众层面，从最初引起警惕到社会各界的全面反思；在政府层面，从最初呼吁减少游戏时间到直接用政策手段来限制青少年游戏时间；在学术层面，大量的研究从网络游戏成瘾的危害、预测因素、性别差异等角度探究了其作用机制，为科学认识这一现象提供了科学的证据。

与此同时，鉴于网络游戏成瘾带来的巨大负面作用，越来越多的研究者和临床医生尝试对这一问题进行干预。但由于目前缺乏标准化的、具有指导性的操作流程，对网络游戏成瘾的干预可谓“各显神通”，不同研究者依据自身的专业背景和临床干预经验，包括借鉴针对其他精神疾病和成瘾的干预策略等提出相应的干预方法，如认知行为疗法、正念冥想、药物疗法、神经调控和其他各类疗法等。这些研究对于揭示不同策略对网络游戏成瘾干预的效果及其产生作用的机制、理解干预策略背后的认知神经变化具有重要意义。

但是，这些千差万别的干预策略给研究者和临床医生造成了很大的困扰：由于这些策略涵盖行为学、药理学和神经调控等方法，人们难以在短时间内系统了解各类策略的整体面貌。同时，临床上迫切需要尽快了解当前研究的最新进展，了解不同干预手段的具体方法、干预效果、优点和不足等，进而选择具有实证支持的有效的干预方法。

本人自2008年博士毕业开始从事网络游戏成瘾的研究，至今已经有16年时间，其间见证了学术界在本领域研究的逐渐深入，见证了社会各界对网络游戏成瘾的态度变迁，也尝试带领团队探究不同的干预策略在网络游戏成瘾干预中的作用。因此我认为有必要将目前国内外关于网络游戏成瘾干预的最新研究进展进行系统归纳与整理，具体而详实地呈现给国内的读者，让对这一领域感兴趣的人群可以用较短的时间对其有系统、全面的了解，为临床医生掌握国际最新的研究发现，进而选择科学有效的干预策略提供参考。

感谢我的合作者、研究团队成员和历届研究生，他们不断把最新的研究成果和研究思路展现给我，并在经费有限的情况下合力推进被试招募、数据收集与分析和论文写作等工作，推动我们在这一领域的持续进步。在书稿整理过程中，特别感谢研究生韦美婷、李爽、江安航、戴君宏、罗鑫等在本书的论文检索、文献整理和文稿修订等方面的辛苦付出。

感谢科学出版社的大力支持，特别是本书责任编辑孙文影、冯雅萌。在整个编审和修改过程中，我见识到科学出版社编辑的严谨、细致与专业。整个书稿的修改过程虽然非常辛苦，但使我在文字写作和表达严谨性上受益良多。

最后声明一点：本书的内容仅归纳了截至2024年3月底国内外这一领域的研究进展。网络游戏成瘾干预的进展日新月异，必将会有新的研究和发现不断涌现出来。我们也将努力跟上时代步伐，不断对相关内容进行丰富和修订。

目　　录

CONTENTS

缩略语表

AAT	approach-avoidance task	接近-回避任务
ADHD	attention deficit and hyperactive disorder	注意缺陷多动障碍
AICA-S	scale for assessment of internet and computer game addiction—gaming module	网络和电脑游戏成瘾评估量表-游戏模块
AIGA	adolescent internet gaming addiction scale	青少年网络游戏成瘾量表
ALFF	amplitude of low frequency fluctuation	低频振幅
APA	American Psychiatric Association	美国精神医学学会
ApBM	approach bias modification	接近偏差修正
BAI	Beck anxiety inventory	贝克焦虑量表
BDI	Beck depression inventory	贝克抑郁量表
BDI-II	Beck depression inventory-II	贝克抑郁量表（第二版）
BSCS	brief self-control scale	简明自我控制量表
CB	cognitive behavior	认知行为
CBM	cognitive bias modification	认知偏差修正
CBT	cognitive behavior therapy	认知行为疗法
CBT-IA	cognitive behavioral therapy-internet addiction	网络成瘾的认知行为疗法
CDS	cognitive distortion scale	认知扭曲量表
CIAS	Chinese（Chen）internet addiction scale	中国（陈）网络成瘾量表
CIAS-R	Chinese（Chen）internet addiction scale reision	中国（陈）网络成瘾量表修订版
C-IGDC	Chinese internet gaming disorder checklist	中国网络游戏障碍测量清单
C-IGDS	Chinese internet gaming disorder scale	中国网络游戏障碍量表
CIUS	compulsive internet use scale	强迫性网络使用量表
CNNIC	China Internet Network Information Center	中国互联网络信息中心

CSAS	video game dependency scale （Computerspielabhängigkeitsskala）	电子游戏依赖量表
CSHQ	children sleep habits questionnaire	儿童睡眠习惯问卷
CSVK	children's computer behavior questionnaire (German version)	儿童电脑行为问卷（德文版）
CSVK-R	children's computer behavior questionnaire-revised version	儿童电脑行为问卷-修订版
dACC	dorsal anterior cingulate cortex	背侧前扣带回皮层
DBS	deep brain stimulation	脑深部刺激
DERS	difficulties in emotion regulation scale	情绪调节困难量表
DNF	Dungeon and Fighter	《地下城与勇士》
DIA	diagnostic interview for internet addiction	网络成瘾诊断访谈
DIDS	dimensions for identity development scale	身份发展维度量表
DISC-IV	Diagnostic Interview Schedule for Children Version IV	儿童诊断访谈表（第四版）
dlPFC	dorsalateral prefrontal cortex	背外侧前额叶皮层
DMN	default mode network	默认模式网络
DQVMIA	diagnostic questionnaires for video games, mobile phone or internet addiction	视频游戏、移动手机或网络成瘾诊断问卷
DS	dorsolateral striatum	背侧纹状体
DSM-5	Diagnostic and Statistical Manual of Mental Disorders (Fifth Edition)	《精神障碍诊断与统计手册（第五版）》
DSM-5-TR	Diagnostic and Statistical Manual of Mental Disorders (Fifth Edition) Text Revision	《精神障碍诊断与统计手册（第五版-修订版）》
EABM	emotional association bias modification	情感联想偏差修正
EABs	emotional association bias	情感联想偏差
ECN	executive control network	执行控制网络
EPSI	Erikson psychosocial stage inventory	埃里克森社会心理阶段量表
ERQCA	emotion regulation questionnaire for children and adolescents	儿童和青少年情绪调节问卷
FC	functional connectivity	功能连接
fMRI	functional magnetic resonance imaging	功能性磁共振成像
FTAU	family therapy as usual	常规家庭治疗

GAIT	gaming addiction identification test	游戏成瘾识别测试
GAS	game addiction scale	游戏成瘾量表
GAS-21	21-item game addiction scale	21 项游戏成瘾量表
GAS-7（GASA-7）	7-item game addiction scale for adolescents	7 项青少年游戏成瘾量表
GAST	game addiction screening test	游戏成瘾筛查测试
HGs	heavy gamers	重度游戏玩家
IA	internet addiction	网络成瘾
IASU	internet addiction scale for undergraduates	大学生网络成瘾量表
IAT	Young's internet addiction test	Young 的网络成瘾测试
ibGD	internet-based gambling disorder	网络赌博成瘾
ICD	International Classification of Diseases	《国际疾病分类》
ICD-11	International Classification of Diseases-11th Revision	《国际疾病分类（第 11 版）》
ICS	intracranial cortical stimulation	颅内皮质刺激
IGAS	internet game addiction scale	网络游戏成瘾量表
IGAS-10	10-item internet game addiction scale	10 项网络游戏成瘾量表
IGD	internet gaming disorder	网络游戏成瘾
IGD-20	20-item internet gaming disorder test	20 项网络游戏成瘾测试
IGD-23	23-item internet gaming disorder scale	23 项网络游戏成瘾量表
IGDI	internet gaming disorder interview	网络游戏成瘾访谈
IGDQ-C	Chinese version of the IGD questionnaire	中文版网络游戏成瘾问卷
IGDS	internet gaming disorder scale	网络游戏成瘾量表
IGDS9-SF（IGDS-SF9）	9-item internet gaming disorder scale—short-form	9 项网络游戏成瘾量表-简表
IGDT	internet gaming disorder test	网络游戏成瘾测试
IGDT-10	10-item internet gaming disorder test	10 项网络游戏成瘾测试
IGUESS	internet game use-elicited symptom screen	网络游戏使用诱发症状筛查
I-PACE	interaction of person-affect-cognition-execution	自我-情感-认知-执行的交互模型
IRQ	interpersonal regulation questionnaire	人际关系调节问卷
KFN-CSAS-II	video game dependency scale(German version)	电子游戏依赖量表

		（德文版）
LTD	long-time depression	长时程抑制
LTP	long-time potentiation	长时程增强
MAPI	Millon adolescent personality inventory	米隆青少年人格量表
MDFT	multidimensional family therapy	多维家庭疗法
Med	medication	药物治疗
Mini-SPIN	mini-social phobia inventory	迷你社交恐惧症量表
MM	mindfulness meditation	正念冥想
MMORPG	massively multiplayer online role playing game	大型多人在线角色扮演游戏
MOBA	multiplayer online battle arena	多人在线竞技游戏
MORE	mindfulness-oriented recovery enhancement	正念导向的恢复提升
mPFC	medial prefrontal cortex	内侧前额叶皮层
NIBS	non-invasive brain stimulation	非侵入性脑部刺激
OAST	online gaming addiction scale for adolescents in Taiwan	台湾青少年网络游戏成瘾量表
OFC	orbitofrontal cortex	眶额皮层
OGAS	online game addiction scale	网络游戏成瘾量表
OGCAS	online game cognitive addiction scale	网络游戏成瘾认知量表
OMPRIS	online manualised therapist-guided intervention	在线治疗师人工指导干预
PAIS	player-Avatar identification scale	玩家阿凡达识别量表
PANSS	positive and negative syndrome scale	阳性与隐性症状量表
PCC	posterior cingulate cortex	后扣带回皮层
PDMU	problematic digital media usage	有问题的数字媒体使用
PET	positron emission tomography	正电子发射断层成像
PHQ-2	patient health questionnaire-2	患者健康问卷-2
PIU	pathological internet use	病理性网络应用
PMGQ	problematic mobile gaming questionnaire	手机游戏问题问卷
PMR	progressive muscle relaxation	渐进式肌肉放松
POGQ	problematic online gaming questionnaire	网络游戏问题问卷
POGQ-SF	problematic online gaming questionnaire short-form	网络游戏问题问卷简表
PROTECT	professioneller umgang mit technischen medien	科技媒体的专业应用

PSQI	Pittsburgh sleep quality index	匹兹堡睡眠质量指数
PUVG	problematic use of video games scale	电子游戏问题使用量表
PVGUQ（POGUQ）	pathological video game use questionnaire	病理性电子游戏使用问卷
PVP	problem video game playing scale	问题玩电子游戏量表
RCT	randomized controlled trial	随机对照试验
ROI	region of interest	感兴趣区域
rTMS	repetitive transcraninal magnetic stimulation	重复经颅磁刺激
SAS	self-rating anxiety scale	焦虑自评量表
SDS	self-rating depression scale	抑郁自评量表
SCI-IGD	structured clinical interview for internet gaming disorder	网络游戏成瘾结构化临床访谈
SCL-90	symptom checklist-90	90 项症状清单/症状自评量表
SCL-90-R	symptom checklist-90-revision	症状自评表–修订版
SDiC	self-discovery camp	自我发现营
SDQ	strengths and difficulties questionnaire	优势和困难问卷
SES	socioeconomic status	社会经济地位
SG	support group	支持组
SPS-J-II	screening psychischer störungen im jugendalter-II	青少年精神障碍筛查-II
SRC	stimulus-response compatibility	刺激–反应相容性
SSRI	selective serotonin reuptake inhibitor	选择性 5-羟色胺再摄取抑制剂
STAI	state-trait anxiety inventory	状态–特质焦虑量表
STICA	short-term treatment of internet and computer game addiction	基于网络和电脑游戏成瘾的短期治疗
STN	subthalamic nucleus	丘脑底核
SUD	substance use disorder	药物成瘾
tDCS	transcranial direct current stimulation	经颅直流电刺激
TMS	transcranial magnetic stimulation	经颅磁刺激
U-MICS	Utrecht-management of identity commitments scale	Utrecht 身份承诺管理量表
VAT	video game addiction test	电子游戏成瘾测试

VGD-S	video gaming dependency scale	电子游戏依赖量表
vlPFC	ventrolateral prefrontal cortex	腹外侧前额叶皮层
vmPFC	ventromedial prefrontal cortex	腹内侧前额叶皮层
VRT	virtual reality therapy	虚拟现实疗法
YDQ	Young's diagnostic questionnaire for internet addiction	Young 的网络成瘾诊断问卷
YIAS	Young's internet addiction scale	Young 的网络成瘾量表
YSR	youth self report scale	青少年自我报告量表

第一章

网络游戏成瘾概述

一、网络社会的来临

互联网已成为人们生活中不可或缺的一部分，正被广泛地应用于工业生产、商务交易、教育培训、办公支付、休闲娱乐和公共服务等领域。中国互联网络信息中心（CNNIC）发布的第53次《中国互联网络发展状况统计报告》显示：截至2023年12月，我国网民规模达10.92亿人，较2022年12月增长2480万人，互联网普及率达77.5%。其中，我国域名总数为3160万个，国内市场上监测到的活跃APP数量达261万款，小程序超700万个。即时通信、网络视频、短视频的用户规模稳居前三，其用户规模分别达10.67亿人、10.60亿人和10.53亿人，用户使用率分别为97.7%、97.0%和96.4%（中国互联网络信息中心，2024）。这些数据显示出网络及移动应用已经进一步覆盖人们日常的学习、工作和生活。

除了应用于以上领域之外，网络游戏作为网络娱乐类应用的重要组成部分，也受到了广泛的关注。第52次《中国互联网络发展状况统计报告》显示，截至2023年6月，我国网络游戏用户规模达5.50亿人，较2022年12月增长2806万人，占网民整体的51.0%。宏观上认为，我国网络游戏行业政策环境持续向好，游戏行业蓬勃发展。截至2023年6月，国家新闻出版署共公布了521个国产游戏版号，类型涵盖移动端、客户端、游戏机等多个领域，较2022年全年（468个）增加11.3%。随着游戏版号增加，各游戏公司的营收也普遍增加。以当前最主要的两家游戏运营商为例，2023年第一季度，腾讯本土市场游戏收入同比增长6.0%，网易游戏及相关增值服务净收入同比增长7.6%（中国互联网络信息中心，2023），显示出这一行业蓬勃发展的趋势。

二、网络游戏成瘾

在人们享受网络游戏带来的放松和愉悦的同时，其负面影响也逐渐显露出来。例如，一些人对网络游戏产生了依赖和沉迷。他们花费过多的时间玩游戏，影响了正常的学习、工作、生活，以及人际交往，甚至造成了生理和心理的严重损伤。这些人的行为引发了健康组织和研究人员的广泛关注。其中，网络游戏成瘾（IGD）是最受人关注的类型，已经成为广受研究者和社会媒体关注的一种心理障碍。

网络游戏成瘾是指因为持续无节制地游戏而对个体的生活、学业、人际关系等多个方面造成损害的成瘾性行为。美国精神医学学会（APA）出版的《精神障碍诊断与统计手册（第五版）》（DSM-5）已经将网络游戏成瘾列入第三部分，作为“需要进一步研究的内容”（American Psychiatric Association，2013）。不仅如此，2019年，世界卫生组织颁布了《国际疾病分类（第11版）》，其中在“行为成瘾障碍”这一分类下新增了游戏成瘾（gaming disorder），并明确说明成瘾对象特指电子游戏（video game），这些游戏包括在线游戏和线下单机游戏。网络游戏成瘾是游戏成瘾的一个最重要的分支。世界卫生组织正式将游戏成瘾纳入精神疾病范畴，并公布了相应的诊断标准，以鼓励研究者深入探讨这种疾病。

游戏成瘾的负面影响正日益受到关注。研究发现，每天使用屏幕时间超过5小时的重度游戏玩家伴有更严重的沮丧情绪、自杀意念和自杀计划的实施倾向（Messias et al.，2011）。不但如此，网络游戏成瘾还会破坏青少年的大脑功能和结构，导致大脑功能障碍和通路连接异常（Wang et al.，2019），产生情绪调节障碍（Yen et al.，2018）、决策认知障碍（Yao et al.，2015）和冲动控制障碍（Weinstein & Lejoyeux，2020）等一系列问题。关于网络游戏成瘾的详细发展历史，请参阅董光恒所著的《网络游戏成瘾的认知神经科学》一书（董光恒，2022）。

小知识

什么是国际疾病分类

国际疾病分类（ICD）作为报告疾病和健康问题的国际标准，为全球健康统计和趋势提供了诊断框架。通过ICD的报告和编码数据，我们能得知有关全球人类患病程度、死亡程度及其原因和后果的重要知识。ICD为世界各国制定自身医疗政策提供了参考。世界各地的医生都用它来诊断疾病，研究人员则用它来对疾病进行分类。ICD系统源于1853年法国的医学统计学家耶克·贝蒂荣（Jacques Bertillon）提出的疾病死亡原因统计分类法，被政府和卫生行政部门重视，后于1948年被世界卫生组织接管。目前最新版本为《国际疾病分类（第11版）》（ICD-11），于2019年发布，并于2022年1月生效。

什么是《精神障碍诊断与统计手册》

《精神障碍诊断与统计手册》是由APA负责制定和出版的用于诊断精神疾病的指导手册，被称为精神科临床医生的“金标准”。虽然由美国精神医学学会制定，但它同样在其他国家中享有盛誉，是最常用来诊断精神疾病的指导手册。该手册第一版诞生于1952年，目前最新版本为《精神障碍诊断与统计手册（第五版-修订版）》（DSM-5-TR）（2022年3月18日发布）。

三、游戏成瘾日益引起人们的关注

1994年，美国精神病学家Goldberg首次提出了“网络成瘾障碍”（internet addiction disorder）的概念，并借助DSM-IV中关于药物依赖的诊断标准，认为网络成瘾障碍是一种行为成瘾，过度使用网络会造成个体的日常行为和人际关系受损等（King et al.，2018）。后来，鉴于网络成瘾障碍可能会误导人们将其与物质成瘾混淆，他将这一术语改为“病理性网络应用”（PIU），并将其定义为：因为网络过度使用而造成的沮丧，抑或是身体、心理、人际、社会功能等方面的损害。至今仍有一部分研究者坚持使用“病理性网络应用”这一术语来指代这一障碍。

1996年，匹兹堡大学临床心理学家Young展开了针对这一群体的实证研究（Young，1996）。在1996年美国心理学会年会上，她报告了《网络成瘾：一种新的临床疾病》（“Internet addiction：The emergence of a new clinical disorder”），公布了自己的研究发现（转引自King & Delfabbro，2018b）。Young通过将网络成瘾的症状与DSM-IV中的各类症状进行对比后，认为其特征与病理性赌博（pathological gambling）的表现最为相似。因此，借鉴对病理性赌博的定义，她将网络成瘾定义为一种冲动抑制障碍（转引自King & Delfabbro，2018c）。

2008年，《美国精神病学杂志》（American Journal of Psychiatry）发表评论《第5版DSM的议题：网络成瘾》（“Issues for DSM-V：Internet addiction”），鼓励研究者开展更多研究（Block，2008）。很多网络成瘾的研究为保持被试的一致性，在被试群体招募的时候特意选择网络游戏成瘾这一群体，以减小被试差异，获取更科学的研究结论（Dong & Potenza，2014）。这些都促成了网络游戏成瘾研究的进一步发展。

尽管以上事件导致很多研究中仍使用“网络应用障碍”或“网络成瘾”的名称，但研究者主要关注的内容却集中在游戏上，这就造成了研究内容（网络游戏成瘾）和研究名称（网络成瘾）的错位。虽然大量证据支持，个体对不同的网络行为会有不同的成瘾程度，但网络游戏相关内容却始终是研究者关注的焦点。负责DSM-5编纂的专家在认识到这一问题之后，最终决定只将“网络游戏成瘾”写入DSM-5的第三部分，特指“网络游戏成瘾”这一特定的网络行为障碍。

在“网络成瘾障碍”的概念被提出和研究近20年（1994—2013年）后，网络游戏成瘾被公布在DSM-5的第779页上（英文版第795页），作为“需要进一步研究的内容”。相比DSM-5仅仅将网络游戏成瘾列为“需要进一步研究的内容”，ICD的决定则要激进得多，ICD-11直接将游戏成瘾作为行为成瘾的一种。当然，将游戏成瘾纳入ICD-11的决定是根据现有证据的分析而得出的，也是基于来自不同地区、不同学科的专家的共识。在ICD-11开发的过程中，各国科学家参加了由世界卫生组织举办的技术磋商会，最终决定将游戏成瘾纳入ICD-11中[①]。

四、网络游戏成瘾诊断标准

游戏成瘾诊断标准的缺乏常常导致专业卫生人员无法对这一疾病进行有效诊断，进而采取预防和治疗方面的措施。目前，较为权威的游戏成瘾诊断标准主要是DSM-5推荐的诊断标准和ICD-11提出的诊断标准，两者分别有自己的特点和用途。

DSM-5将网络游戏成瘾界定为：持续、反复地使用网络进行游戏，经常与他人一起玩网络游戏，导致显著的临床损害或痛苦。在12个月内表现为下列指标中的5个（或更多），就表明个体患有网络游戏成瘾（American Psychiatric Association，2013）。

（1）心事重重。思考以前的游戏活动或期待玩下一个游戏；网络游戏成为日常生活中的主导活动。

（2）戒断。当网络游戏被剥夺时，出现一些典型的症状，包括易怒、焦虑或

---

① 关于此内容，请参阅世界卫生组织官网（https://www.who.int/features/qa/gaming-disorder/en/）上的详细介绍。

悲伤，但没有药理戒断的身体症状。

（3）耐受性。需要花越来越多的时间玩网络游戏。

（4）失去控制。多次试着控制自己玩网络游戏的习惯，但没能成功。

（5）丧失非游戏兴趣。由于网络游戏的出现，对以前的爱好和娱乐失去兴趣。

（6）不顾危害进行游戏。尽管知道有社会心理问题，仍继续过度玩网络游戏。

（7）为游戏而欺骗他人。被问到游戏的时间/时长，会欺骗家庭成员、治疗师或其他人。

（8）为逃避或缓解情绪而玩游戏。通过玩网络游戏来逃避或缓解负面情绪（如无助感、内疚感、焦虑感）。

（9）因游戏而产生的冲突/干扰。因参与网络游戏而危及或失去重要的关系、工作、教育或职业机会。

DSM-5中将网络游戏成瘾放在第三部分，表示它是需要更多的证据来支持和验证的疾病，而并非确定性的疾病。因此，其诊断标准也是建议性的，而不是最终定论。尽管如此，我们必须承认它促进了一种更统一的筛查方法的诞生（Griffiths et al.，2016）。这种统一性促使研究人员在其基础上进行研究，然后通过新的研究结论来修订、提升或开发新版本的诊断标准。

2019年5月，世界卫生组织通过了ICD-11，正式认定“游戏障碍”为一种精神疾病，是与赌博成瘾等具有相同性质的精神障碍（ICD-11，编码：6C51）。

ICD-11认为，游戏成瘾的患者主要有以下三种特征，并通常持续了至少12个月。

（1）在玩游戏的频率、强度、时长、开始、结束和游戏情景方面缺乏自制力。

（2）将玩游戏的优先级排在其他生活兴趣与日常作息行为之前。

（3）过度游戏导致负面后果后，依旧会持续甚至加大玩游戏的力度[①]。

五、网络游戏成瘾的流行比率

由于长期沉迷于网络游戏会对青少年的生理、心理和行为等方面造成损害（Lin et al.，2021），网络游戏成瘾的现象越来越受到研究者和普通大众的关注。大量研究者从不同的角度对这一问题开展了系列研究。研究者遇到的第一个问题：

① 详细信息请参阅https://icd.who.int/browse/2024-01/mms/zh#1448597234。

网络游戏成瘾的发病率有多高？

在这一问题上，当前的研究结果之间差异巨大，如有研究报告称德国的发病率为6.5%，美国为23.4%，澳大利亚为4.3%，埃及为24.0%，中国为10.3%（Khalil et al.，2020；Paschke et al.，2021；Rikkers et al.，2016；Zhai et al.，2020a）。表1-1展示了我们检索到的最近几年针对游戏成瘾发病率（Teng et al.，2020b）的研究。由此可以看出，对游戏成瘾发病率的研究非常多，不同研究者得到的结论之间差异巨大，不同国家之间的差异也十分明显。究其原因，这一结果受多方面的影响。首先，测评的工具不同，由于不同的研究者应用的测评工具存在差异，最终所得到的结果必然会存在差异。常用的测评工具既包括DSM-5推荐的9条指标，也包括ICD-11推荐的指标，还有各类不同的研究组编制的量表或问卷等。其次，调查对象的年龄存在差异，部分研究聚焦于青少年，另有部分研究的被试年龄分布广泛。最后，调查样本的男女比例存在差异。由于游戏成瘾存在巨大的性别差异，男性成瘾比例显著高于女性（Tateno et al.，2019），因此，调查样本中的男女性别比例的不同也会对结果产生显著影响。

综上，对这些研究进行元分析（meta-analysis）就显得十分必要。为此，我们检索了国内外数据库并对这一问题进行了全面的分析。

什么是元分析（meta分析、荟萃分析）

元分析是一种统计技术，用于合并多个研究关于特定研究问题或主题的结果。它涉及系统地审查和综合个别研究的数据，以获得效应大小或患病率的整体估计。元分析增加了样本量，减少了随机变异的影响，使研究人员能够得出更可靠的结论。它还可以识别异质性的潜在来源并探索亚组差异。

（一）纳入元分析的研究的标准

只有满足以下几个方面标准的研究才能被纳入我们的元分析中。

（1）研究对象为青少年。由于不同国家对青少年的定义不同，为了尽可能总结青少年网络游戏成瘾的研究现状，结合以往青少年网络游戏成瘾研究中对青少年的年龄划分（Gentile，2009；Salam et al.，2019），面对众多关于青少年网络游戏成瘾的研究，我们选取最小年龄8岁、最大年龄28岁作为青少年网络游戏成瘾的年龄划分标准。

（2）研究对青少年网络游戏成瘾概念进行了范畴界定，并采用了标准问卷或访谈进行调查。

（3）研究明确报告了青少年网络游戏成瘾的发病率，并提供了总样本量和网络游戏成瘾的人数。

（二）排除在元分析之外的研究的标准

排除在元分析之外的研究的标准包括以下几个方面：①研究缺乏参与者信息（总样本量和网络游戏成瘾人数）和青少年网络游戏成瘾发病率；②研究曾经被发表过，或者与其他研究使用了相同数据（选择最早发表的研究和首次使用该数据的研究）；③无法获取全文的研究；④直接以青少年网络游戏成瘾为样本的治疗研究；⑤研究只对青少年网络游戏成瘾进行了综述，没有进行实证研究。

依据以上标准，检索后共获得1333项研究。删除在多个数据库重复出现的研究以及审查标题和摘要后，我们选定了313项研究。在仔细阅读了这些研究的全文后，根据上面的纳入标准排除了158项研究。最后，有155项研究被纳入元分析。

表1-1列出了最终被纳入元分析的研究的详细信息。所有研究的质量得分为3—10分。这些研究横跨五大洲，在33个国家和地区进行。其中，中国参与的研究最多，其次是韩国、德国和法国。这些研究发表于1994—2021年，其总样本数为416 210。近年来出现的很多量表都被用来识别青少年网络游戏成瘾，主要包括DSM-5、GAS-7、IGDS9-SF和IGDT等。使用相同的自我报告工具识别青少年网络游戏成瘾时，不同研究之间诊断的判定值存在差异。

（三）对当前研究的系统分析结果

1. 网络游戏成瘾在全球范围内整体发病率

整合155项研究报告结果，青少年网络游戏成瘾的整体发病率估计值为9.9%。

进一步的亚组分析结果总结显示：青少年网络游戏成瘾发病率在发表时间、被试类型、性别、年龄和诊断工具等方面均存在显著差异（表1-2）。

首先，在发表时间上，2010年之前（包括2010年）的研究（11.1%）所报告的发病率高于2010年之后的研究（9.6%）。

其次，根据被试类型差异，以游戏玩家为被试的研究（12.3%）报告的发病率高于随机抽样选取被试的研究（8.6%）。

表 1-1　纳入元分析的针对青少年网络游戏成瘾发病率的研究的详细特征（n=155，1994—2021 年）

作者及年份	国家和地区	被试类型	研究设计	样本数	发病率/%	男性占比/%	被试年龄情况	诊断工具	研究质量（11 分制）
Paschke et al.，2021	德国	游戏玩家	追踪研究	2 323	6.5	53.6	儿童与青少年（12—17 岁）	IGDS	9
Liang et al.，2021	中国	随机被试	横断研究	3 080	4.3	47.0	初中高中学生（10—19 岁）	IGDQ-C	6
黄少华，朱丹红，2021	中国	随机被试	横断研究	1 781	6.1	59.7	青少年（12—23 岁）	自编问卷	9
Yu et al.，2021a	中国	随机被试	横断研究	1 327	7.8	/	8 年级学生	C-IGDS	8
		游戏玩家	横断研究	962	10.7	62.5	8 年级学生	C-IGDS	8
Yu et al.，2021b	中国	随机被试	横断研究	3 075	13.5	50.4	初中生	DSM-5	9
Yang et al.，2021	中国	随机被试	横断研究	201	14.4	55.2	3—6 年级学生	DSM-5	6
Teng et al.，2021	中国	游戏玩家	追踪研究	1 778	5.0	50.7	小学与初中生	IGDS9-SF	9
Shi et al.，2020	中国	随机被试	横断研究	922	5.4	/	大学新生（18—19 岁）	C-IGDS	7
Teng et al.，2020a	中国	随机被试	追踪研究	1 054	6.3	41.2	大学一年级学生	IGDS-SF9	9
Nakayama et al.，2020	日本	随机被试	横断研究	678	5.2	/	7 年级初中生	IGDT-10	8
		游戏玩家	横断研究	549	6.4	52.8	7 年级初中生	IGDT-10	8
Jo et al.，2020	韩国	随机被试	横断研究	273	16.5	54.9	小学与初中生	DIA	8
Han et al.，2020	韩国	游戏玩家	横断研究	1 532	10.1	67.6	初中一年级学生	IGUESS	6
Müller & Bonnaire，2021	法国	随机被试	横断研究	201	15.4	63.2	青少年与成年人（12—25 岁）	GAS-7	7
Gauthier et al.，2020	法国	患精神病被试	横断研究	100	6.0	34.0	因精神疾病住院的青少年（12—17 岁）	IGDT-10	8
Zhai et al.，2020a	美国	随机被试	横断研究	3 896	23.4	26.6	高中生（14—18 岁）	自编问卷	9

续表

作者及年份	国家和地区	被试类型	研究设计	样本数	发病率/%	男性占比/%	被试年龄情况	诊断工具	研究质量（11分制）
Sánchez-Iglesias et al.，2020	西班牙	随机被试	横断研究	2 887	2.3	/	学生（12—22岁）	IGDS9-SF	7
		随机被试	横断研究	2 173	3.0	/	学生（12—22岁）	IGDS9-SF	7
Severo et al.，2020	巴西	游戏玩家	横断研究	555	38.2	57.5	中学生与大学生	IGDS9-SF	8
				555	13.5	/	中学生与大学生	GAS-21	8
Aydın et al.，2020	土耳其	随机被试	横断研究	477	5.7	53.0	8年级中学生	IGDT	7
Kotyuk et al.，2020	匈牙利	随机被试	横断研究	3 003	4.0	/	高中生与大学生（18—28岁）	POGQ-SF	4
Rajab et al.，2020	沙特阿拉伯	随机被试	横断研究	2 537	5.1	45.5	7—12年级中学生（10—19岁）	GAS-7	8
Asqah et al.，2020	沙特阿拉伯	随机被试	横断研究	228	8.8	64.9	医学院学生（18—25岁）	IGDS	7
Fumero et al.，2020	西班牙	随机被试	横断研究	946	8.5	51.5	中学生（11—18岁）	PVP	5
Beranuy et al.，2020	西班牙	随机被试	横断研究	1 064	0.9	55.7	职业教育学生（15—25岁）	IGDS9-SF	7
		游戏玩家	横断研究	535	1.9	78.5	职业教育学生（15—25岁）	IGDS9-SF	7
Liao et al.，2020	中国	游戏玩家	横断研究	6 379	17.0	58.0	青少年与年轻成人（15—25岁）	VGD-S	7
Lin et al.，2020	中国	随机被试	追踪研究	908	5.9	52.9	初中生（9—14岁）	IGDQ-C	7
陈逸健等，2020	中国	随机被试	横断研究	2 911	5.4	32.9	大学新生（17—24岁）	IGDQ-C	5
李慧静等，2020	中国	随机被试	横断研究	490	8.8	69.8	高等职业学校学生	YIAS	4
周瑛，2020	中国	随机被试	横断研究	5 037	4.6	49.3	小学生、初中生、高中生（9—18岁）	IGDQ-C	5
刘冰洁，2020	中国	随机被试	横断研究	371	4.9	48.5	初中生	IGAS-10	4
Yu et al.，2020	中国	游戏玩家	横断研究	1 066	13.6	/	初中生	DSM-5	8

续表

作者及年份	国家和地区	被试类型	研究设计	样本数	发病率/%	男性占比/%	被试年龄情况	诊断工具	研究质量（11分制）
Chen et al.，2020	中国	游戏玩家	横断研究	464	12.9	/	大学生（17—25岁）	DSM-5	5
		游戏玩家	横断研究	464	23.3	/	大学生（17—25岁）	C-IGDC	5
Taechoyotin et al.，2020	泰国	随机被试	横断研究	5 497	5.4	48.1	7—12年级学生（12—18岁）	IGD-20	8
Razjouyan et al.，2020	伊朗	随机被试	横断研究	99	4.0	/	小学生	IAT	4
		残障儿童	横断研究	99	11.1	/	小学生	IAT	4
Männikkö et al.，2020	芬兰	游戏玩家	横断研究	465	0.9	62.8	初中生（12—16岁）	POGQ	7
Wartberg et al.，2020	德国	随机被试	横断研究	1 001	3.5	51.7	青少年（12—17岁）	IGDS	7
Khalil et al.，2020	埃及	随机被试	横断研究	584	24.0	/	高中生（14—18岁）	IGDS	5
Balhara et al.，2020	印度	游戏玩家	横断研究	128	14.8	40.6	大学生	IGDS9-SF	7
Yang et al.，2020	中国	随机被试	横断研究	2 666	12.9	51.9	高一学生	DSM-5	5
Jeong et al.，2020	韩国	随机被试	横断研究	2 319	7.5	56.7	3、4、7年级学生	IGUESS	8
		游戏玩家	横断研究	2 220	7.9	/	3、4、7年级学生	IGUESS	8
秦立霞等，2020	中国	随机被试	横断研究	1 065	2.1	/	大学生	IGD-20	6
张盛洁等，2020	中国	随机被试	横断研究	1 270	7.9	29.1	大学生（17—23岁）	POGQ-SF	7
Shi et al.，2019	加拿大	随机被试	横断研究	1 616	9.2	52.5	初中生、高中生	PVP	7
		游戏玩家	横断研究	1 275	11.7	52.5	初中生、高中生	PVP	7
Hong et al.，2019	韩国	随机被试	横断研究	227	29.5	54.6	高中移民学生	YIAS	7
Jo et al.，2019	韩国	随机被试	横断研究	188	38.8	75.5	儿童与青少年	DSM-5	7
		随机被试	横断研究	188	6.4	75.5	儿童与青少年	ICD-11	7

续表

作者及年份	国家和地区	被试类型	研究设计	样本数	发病率/%	男性占比/%	被试年龄情况	诊断工具	研究质量（11分制）
Phan et al.，2019	法国	随机被试	横断研究	2 345	22.0	44.2	青少年（12—20岁）	GAS-7	8
Marmet et al.，2019	瑞士	随机被试	横断研究	5 516	7.0	100.0	服兵役青年人	GAS-7	8
Throuvala et al.，2019	希腊	游戏玩家	横断研究	225	76.4	87.1	年轻成人（18—24岁）	AICA-S	7
Bonnaire & Baptista，2019	法国	游戏玩家	横断研究	429	63.6	71.3	年轻成人（18—25岁）	GAS-7	5
Lin et al.，2019	伊朗	随机被试	横断研究	4 442	2.4	50.3	高中生	GAS-7	8
Peeters et al.，2019	荷兰	游戏玩家	追踪研究	1 629	3.5	63.0	青少年	IGDS	10
Borges et al.，2019	墨西哥	随机被试	横断研究	7 022	5.2	44.4	大一学生（18—20岁）	IGD-23	8
		游戏玩家	横断研究	4 262	8.6	/	大一学生（18—20岁）	IGD-23	8
Finserås et al.，2019	挪威	随机被试	追踪研究	1 258	2.3	38.2	高中二年级学生	DSM-5	7
		随机被试	追踪研究	1 258	1.0	/	高中二年级学生	GAS-7	7
Wichstrøm et al.，2019	挪威	随机被试	追踪研究	740	1.9	48.6	青少年（8—10岁）	IGDI	9
Salam et al.，2019	巴基斯坦	随机被试	横断研究	2 116	1.5	59.6	大学生（16—28岁）	IGDS-SF9	5
Pan et al.，2019	中国	随机被试	横断研究	10 775	2.3	/	小学与初高中学生（10—18岁）	IGDT-10	5
		随机被试	横断研究	10 775	19.7	55.8	小学与初高中学生（10—18岁）	PMGQ	5
Yu et al.，2019a	中国	游戏玩家	横断研究	1 092	2.1	/	中学生与大学生（11—28岁）	IGD-20	7
Liang et al.，2019	中国	随机被试	横断研究	2 423	3.0	50.8	初中生（9—16岁）	IGDQ-C	4
Hui et al.，2019a	中国	随机被试	横断研究	1 200	7.5	/	高等职业学校大学生（18—24岁）	DSM-5	7

续表

作者及年份	国家和地区	被试类型	研究设计	样本数	发病率/%	男性占比/%	被试年龄情况	诊断工具	研究质量（11分制）
Hui et al.，2019b	中国	随机被试	横断研究	3 348	13.5	/	职业学校学生（15—24岁）	DSM-5	8
Yu et al.，2019b	中国	随机被试	横断研究	755	11.7	/	初一学生	DSM-5	8
Zhang et al.，2019	中国	随机被试	追踪研究	283	9.9	39.6	大学生（18—27岁）	DSM-5	7
张珊珊，张野，2019	中国	随机被试	横断研究	1 869	4.8	45.8	初中生、高中生	AIGA	7
陈纯槿，顾小清，2019	中国	随机被试	横断研究	9 468	8.7	52.4	初中生、高中二年级学生	自编问卷	9
齐金玲等，2019	中国	随机被试	横断研究	216	3.7	/	大学生	OGAS	4
孙慧慧，2021	中国	随机被试	横断研究	575	5.2	62.8	大学生	OGAS	6
董晓玉，2019	中国	随机被试	横断研究	357	12.3	44.0	中学生	IGDQ-C	5
Asad Ur，2019	中国	随机被试	横断研究	2 767	4.1	48.3	初中二年级学生、高中二年级学生（12—18岁）	PVGUQ	5
辛璐，2019	中国	随机被试	横断研究	782	0.8	55.8	中学生（11—18岁）	OGAS	6
陈开，2019	中国	随机被试	横断研究	601	11.3	52.9	大学生	CIAS-R	5
朱灏等，2019	中国	随机被试	横断研究	615	14.8	/	大学生	IASU	4
邱思焰等，2019	中国	随机被试	横断研究	903	31.7	49.2	初中生（13—15岁）	OGAS	5
Wartberg et al.，2019	德国	随机被试	追踪研究	1 095	9.1	/	青少年（12—14岁）	IGDS	6
Evren et al.，2018	土耳其	随机被试	横断研究	1 250	1.0	/	大学生	IGDS9-SF	8
		游戏玩家	横断研究	311	2.6	/	大学生	IGDS9-SF	8
Shu & Wang，2018	中国	随机被试	横断研究	464	6.9	50.2	初中生	IGAS-10	5

续表

作者及年份	国家和地区	被试类型	研究设计	样本数	发病率/%	男性占比/%	被试年龄情况	诊断工具	研究质量（11分制）
Chiu et al.，2018	中国	游戏玩家	横断研究	8 110	3.1	63.3	小学生、初中生、高中生（10—18岁）	IGDT-10	8
Krossbakken et al.，2018	挪威	随机被试	追踪研究	2 034	2.2	/	青少年	GAS-7	10
Hawi et al.，2018	黎巴嫩	随机被试	横断研究	524	9.2	47.9	初中生（15—19岁）	IGD-20	6
de Pasquale et al.，2018	意大利	游戏玩家	横断研究	221	14.9	42.1	大学生	IGDS9-SF	7
Hyunho et al.，2018	韩国	随机被试	横断研究	1 920	8.3	57.4	中学一年级学生	IGUESS	8
Kim et al.，2018	韩国	随机被试	横断研究	402	9.0	/	中学一年级学生	IGUESS	8
Schneider et al.，2018	澳大利亚	游戏玩家	横断研究	823	8.1	/	中学生（12—19岁）	DSM-5	5
Buiza-Aguado et al.，2018	西班牙	随机被试	横断研究	708	8.3	55.8	学生（12—18岁）	DSM-5	8
Colder Carras et al.，2018	欧洲	游戏玩家	横断研究	7 865	2.2	/	青少年（14—18岁）	AICA-S	7
Bonnaire & Kardefelt-Winther，2017	法国	随机被试	横断研究	434	8.5	53.2	中学生（11—13岁）	GAS-7	7
Rosenkranz & Phan，2017	德国	随机被试	横断研究	5 667	3.6	50.1	7—13年级学生（12—19岁）	改编自AICA-S	7
Wartberg et al.，2017a	德国	随机被试	横断研究	1 531	5.7	51.4	青少年（12—25岁）	IGDS	5
Wartberg et al.，2017b	德国	随机被试	横断研究	1 095	23.7	50.8	青少年（12—14岁）	IGDS	5
贾海艳，2017	中国	随机被试	横断研究	500	6.8	57.2	初中生	改编自CIAS	3

续表

作者及年份	国家和地区	被试类型	研究设计	样本数	发病率/%	男性占比/%	被试年龄情况	诊断工具	研究质量（11分制）
张燕贞等，2016	中国	随机被试	横断研究	1 262	24.4	/	医学实习生	改编自 YIAS	5
张燕贞等，2017	中国	随机被试	横断研究	475	6.7	50.5	中学生	IGDQ-C	4
喻承甫等，2017	中国	随机被试	追踪研究	952	6.9	52.9	初中生（11—15岁）	IGDQ-C	7
张耀元，何兴杰，2017	中国	随机被试	横断研究	285	14.0	/	大学生	大学生网络游戏成瘾问卷	5
田晓林，2017	中国	随机被试	横断研究	1 525	10.3	57.6	初中生、高中生和大学生（12—26岁）	IAT 和自编网络游戏成瘾问卷	6
高超，2017	中国	随机被试	横断研究	811	7.4	25.3	大学生	DSM-5	6
余丽，2017	中国	随机被试	横断研究	409	9.8	/	初中生	IGDQ-C	5
Saquib et al.，2017	沙特阿拉伯	随机被试	横断研究	276	15.9	50.7	12年制中的9年级学生	PVGUQ	8
Dreier et al.，2017	德国	游戏玩家	横断研究	1 485	5.2	54.5	儿童与青少年（12—18岁）	AICA-S	7
Koo et al.，2017	韩国	游戏玩家	横断研究	236	11.4	/	中学生	SCI-IGD	6
King et al.，2017	澳大利亚	随机被试	横断研究	824	3.1	48.8	中学生（12—17岁）	DSM-5	9
Yu & Cho，2016	韩国	随机被试	横断研究	2 024	5.9	50.6	初中生（13—15岁）	IGDS	7
Rikkers et al.，2016	澳大利亚	随机被试	横断研究	2 967	4.3	/	儿童与青少年（11—17岁）	依据欧洲儿童在线调查设计的问卷	6
Pontes et al.，2016	斯洛文尼亚	随机被试	横断研究	1 071	2.4	50.1	8年级学生（12—16岁）	IGDS9-SF	8
	斯洛文尼亚	游戏玩家	横断研究	852	3.1	/	8年级学生（12—16岁）	IGDS9-SF	8
徐光建，2016	中国	游戏玩家	横断研究	182	16.5	/	大一新生	IGD-20	5
余皖婉等，2016	中国	随机被试	横断研究	1 740	7.9	/	大学一、二年级学生	IGAS-10	6

续表

作者及年份	国家和地区	被试类型	研究设计	样本数	发病率/%	男性占比/%	被试年龄情况	诊断工具	研究质量（11分制）
张国华，雷雳，2015	中国	游戏玩家	追踪研究	247	0.8	/	中学生（12—17岁）	OGAS	8
Männikkö et al.，2015	芬兰	随机被试	横断研究	293	8.2	/	青少年和年轻成人（13—24岁）	GAS-7	8
Lemmens et al.，2015	芬兰	随机被试	横断研究	1 091	6.7	/	青少年（13—20岁）	IGDS	10
	芬兰	游戏玩家	横断研究	859	8.5	/	青少年（13—20岁）	IGDS	10
Rehbein et al.，2015	德国	随机被试	横断研究	11 003	1.2	51.1	九年级学生（13—18岁）	CSAS	10
Coëffec et al.，2015	法国	随机被试	横断研究	1 423	14.8	/	初中生、高中生（11—17岁）	PUVG	5
Strittmatter et al.，2015	欧洲	随机被试	横断研究	8 807	3.6	44.5	学生	YDQ和DSM-5	8
Eichenbaum et al.，2015	美国	随机被试	横断研究	4 744	3.0	39.5	大学生（18—25岁）	Gentile's IGD问卷	6
		游戏玩家	横断研究	2 444	5.9	/	大学生（18—25岁）	Gentile's IGD问卷	6
		随机被试	横断研究	4 744	5.6	39.5	大学生（18—25岁）	Gentile's IGD问卷改编版	6
		游戏玩家	横断研究	2 444	10.8	/	大学生（18—25岁）	Gentile's IGD问卷改编版	6
Müller et al.，2015	欧洲	随机被试	横断研究	12 938	1.6	52.9	10年级学生（14—17岁）	AICA-S	9
Vadlin et al.，2016	瑞典	随机被试	追踪研究	1 783	1.3	45.2	生于1997年和1999年的青少年（13—15岁）	GAIT	8
Kim & Kim，2015	韩国	随机被试	横断研究	624	13.3	51.4	初中生、高中生	IGAS	7

续表

作者及年份	国家和地区	被试类型	研究设计	样本数	发病率/%	男性占比/%	被试年龄情况	诊断工具	研究质量（11分制）
Yu et al.，2015	中国	随机被试	追踪研究	356	4.8	/	9年级学生（13—16岁）	IGDQ-C	6
朱键军等，2015	中国	随机被试	横断研究	3 056	7.4	/	中学生	IGDQ-C	5
Lopez-Fernandez et al.，2014	欧洲	随机被试	横断研究	2 356	11.0	60.6	中学生（11—18岁）	PVP	7
van Rooij et al.，2014	荷兰	随机被试	追踪研究	8 478	2.4	47.4	青少年	VAT	7
Wang et al.，2014	中国	随机被试	横断研究	503	15.7	49.5	8—11年级学生	GAS-7	7
董莉莉，李湘，2014	中国	随机被试	横断研究	462	10.6	/	中学生	修改自IAT	4
Király et al.，2014	匈牙利	随机被试	横断研究	4 875	4.3	/	普通高中和职业高中的9—10年级学生	POGQ-SF	8
		游戏玩家	横断研究	1 923	11.0	/	普通高中和职业高中的9—10年级学生	POGQ-SF	8
Pápay et al.，2013	匈牙利	随机被试	横断研究	5 045	4.4	/	普通高中和职业高中的9—10年级学生	POGQ-SF	9
		游戏玩家	横断研究	2 774	8.0	/	普通高中和职业高中的9—10年级学生	POGQ-SF	9
King et al.，2013	澳大利亚	随机被试	横断研究	1 287	1.8	/	中学生（12—18岁）	PIU检查表	7
陈晶晶，陈浩，2013	中国	随机被试	横断研究	466	20.6	53.2	3—6年级小学生	IGAS-10	6
闫宏微，2013	中国	随机被试	横断研究	1 412	4.2	57.5	大学生	改编自CIAS	6
Seok & DaCosta，2012	韩国	随机被试	横断研究	1 332	1.7	84.2	7—12年级学生（17—20岁）	65个项目的自编问卷	7
Turner et al.，2012	德国	随机被试	横断研究	2 832	8.5	49.2	初高中生（12—19岁）	PVP	9

续表

作者及年份	国家和地区	被试类型	研究设计	样本数	发病率/%	男性占比/%	被试年龄情况	诊断工具	研究质量（11分制）
王雪琪，2011	中国	游戏玩家	横断研究	375	51.7	69.6	大学生	YDQ和IGAS-10	5
刘彩谊等，2011	中国	随机被试	横断研究	581	9.3	/	新兵（18—23岁）	IGAS-10	5
Gentile et al.，2011	新加坡	随机被试	追踪研究	2 998	9.9	/	小学生、中学生	DSM-IV	8
Jeong et al.，2011	韩国	随机被试	横断研究	600	2.2	53.2	初中生、高中生（12—18岁）	改编自YIAS	5
余祖伟等，2010	中国	随机被试	横断研究	1 427	17.0	/	初中生、高中生	改编自YIAS	6
佐斌，马红宇，2010	中国	随机被试	横断研究	100 201	3.2	/	小学生、中学生和大学生	IGAS-10	5
		游戏玩家	横断研究	78 195	4.1	/	小学生、中学生和大学生	IGAS-10	5
Zamani et al.，2010	伊朗	随机被试	横断研究	564	16.5	53.4	2年级学生、初中生、高中生	计算机游戏成瘾问卷（翻译版）	6
Desai et al.，2010	美国	随机被试	横断研究	4 028	2.6	45.6	初中生（14—18岁）	自编问卷	4
Rehbein et al.，2010	德国	随机被试	横断研究	15 168	1.7	51.2	9年级学生	KFN-CSAS-II	9
van Rooij et al.，2010	荷兰	随机被试	追踪研究	4 559	0.8	/	在校儿童（13—16岁）	CIUS和每周游戏时长	7
		游戏玩家	追踪研究	1 572	2.4	/	在校儿童（13—16岁）	CIUS和每周游戏时长	7
Choo et al.，2010	新加坡	随机被试	横断研究	2 998	8.7	72.7	小学生与中学生	依据DSM-IV改编的问卷	6
Lemmens et al.，2009	荷兰	随机被试	横断研究	644	5.1	/	青少年（12—18岁）	GAS-7	7
		游戏玩家	横断研究	352	9.4	/	青少年（12—18岁）	GAS-7	7
Gentile，2009	美国	随机被试	横断研究	1 178	8.5	/	青少年（8—18岁）	PVGUQ	7

续表

作者及年份	国家和地区	被试类型	研究设计	样本数	发病率/%	男性占比/%	被试年龄情况	诊断工具	研究质量（11分制）
Batthyány et al.，2009	奥地利	随机被试	横断研究	1 068	12.3	54.5	青少年学生（13—18岁）	CSVK-R	7
余祖伟等，2009	中国	随机被试	横断研究	845	4.9	56.3	中学生	IGAS-10	5
胥正川，2009	中国	随机被试	横断研究	623	21.5	56.3	中学生（13—18岁）	自编问卷	5
叶娜等，2009	中国	游戏玩家	横断研究	546	4.0	51.1	大学生（17—24岁）	IGAS-10	6
张金鹏，阮明阳，2009	中国	随机被试	横断研究	2 512	41.2	/	初中生、高中生和大学生	自编问卷	5
董颖，2009	中国	随机被试	横断研究	5 968	2.5	/	初中生	CIAS	7
杨仕进，2008	中国	随机被试	横断研究	385	6.8	64.9	大学生	大学生计算机游戏问卷	6
陈琦，2008	中国	随机被试	横断研究	396	11.1	38.4	医学大学生	IASU	6
Wan & Chiou，2007	中国	随机被试	横断研究	416	34.0	/	青少年（17—24岁）	OAST	4
余强，2007	中国	随机被试	横断研究	801	15.6	57.1	初中生、高中生和大学生（12—23岁）	Huang Yahui等编制的在线游戏成瘾问卷	7
王淑娥，高和平，2006	中国	随机被试	横断研究	237	20.3	73.0	职业中专生	改编自YDQ	3
Grüsser et al.，2005	德国	随机被试	横断研究	323	9.3	54.2	小学6年级学生（11—14岁）	CSVK	4
Johansson et al.，2004	挪威	随机被试	横断研究	3 237	2.7	/	青少年（12—18岁）	改编自YDQ	8
		游戏玩家	横断研究	2 050	4.2	67.1	青少年（12—18岁）	改编自YDQ	8
Tejeiro Salguero & Morán，2002	西班牙	随机被试	横断研究	223	9.9	/	初中生（13—18岁）	PVP	4
Fisher，1994	英国	随机被试	横断研究	460	6.1	/	中学生（11—16岁）	DSM-IV	7

再次，在被试的性别与年龄上，男生（14.4%）的发病率要高于女生（6.2%），成年（≥18 岁）青少年（14.2%）的发病率要高于未成年（<18 岁）青少年（8.8%）。另外，在不同的评估工具中，通过PVGUQ（5.2%）识别出来的发病率最低，其次是IGDS9-SF（8.3%）、IGDS（9.9%）、DSM-5（11.4%）、GAS-7（13.7%）。

最后，综合元分析结果，我们可以看到网络游戏成瘾在不同地区的关注度不同：亚洲和欧洲研究得较多，非洲、大洋洲等地区则研究得较少。不同地区的网络游戏成瘾发病率也存在差异。比如，非洲的成瘾发病率竟然高达24.0%，但因为只有一个研究，其代表性不足；此外，亚洲、美洲的成瘾发病率都相对较高。

敏感性分析结果表明，上述结论是可靠的，并不依赖于任何一项研究。删除一项研究后，我们汇总的青少年网络游戏成瘾发病率估计值在8.4%（8.2%—8.6%）和11.0%（10.7%—11.3%）之间。关于发表偏倚，使用Begg和Egger检验发现可能存在发表偏倚的证据（Begg：p=0.047；Egger：p=0.000）。发表偏倚作为一种不可控的因素，研究者很难完全避免。之后，我们选择使用剪补法校正发表偏倚，调整前青少年网络游戏成瘾的发病率为9.9%，调整后的发病率上升为13.1%。这表明可能存在潜在的发表偏倚、语言偏倚，或者此领域缺少有针对性的研究及存在一些发病率较高的研究没有被发表的情况。

表 1-2　基于随机效应分析的青少年网络游戏成瘾发病率分组分析

类别		研究数量	发病率/%	95%置信区间	I^2/%	异质性 p 值	组间差异
研究地区	非洲	1	24	16.9—31.0	/	<0.001	0.026
	亚洲	96	10.3	8.6—11.9	92.9	<0.001	
	欧洲	46	9.3	6.5—12.0	96.1	<0.001	
	美洲	8	10.5	4.4—16.7	95.9	<0.01	
	大洋洲	4	4.2	2.2—6.2	93.9	<0.001	
发表时间	>2010 年	130	9.6	8.2—11.1	93.1	<0.001	<0.001
	≤2010 年	25	11.1	7.1—14.9	97.0	<0.001	
年龄①	≤18 岁	97	8.8	7.5—10.0	86.0	<0.001	<0.001
	>18 岁	37	14.2	9.5—18.9	96.6	<0.001	
性别	男	79	14.4	11.7—17.2	94.9	<0.001	<0.001
	女	76	6.2	4.6—7.9	78.7	<0.001	

① 多篇研究因被试年龄跨越18 岁，未纳入计算。

2. 综合整体的研究和分析结果

元分析发现，青少年网络游戏成瘾的发病率为9.9%，高于前人的研究结果4.6%（Fam，2018）。出现这种差异的原因可能是纳入研究的数量不同（155∶16）。我们在筛选研究时没有考虑发表的论文的语言（特别是包含用中文发表的论文，而前人研究中不包含这类论文），并且将青少年年龄范围扩展到8—28岁，从而能搜集到更多的研究。此外，选取的研究中不仅包括通过随机取样方法获得的参与者，也包括直接在游戏论坛和网吧中招募到的参与者，这也是造成发病率高的原因之一。

在性别差异上，亚组分析和元分析都表明，男性青少年的网络游戏发病率要显著高于女性。原因主要在于当前流行的网络游戏类型以及男性自身心理特征。当前流行的网络游戏类型主要有角色扮演游戏（role-play game，RPG）、射击、多人在线战术竞技游戏（multiplayer online battle arena，MOBA）、街机、体育和动作游戏（Han et al.，2020）等，这些游戏大多涉及竞争、侵略和暴力。不论是遗传学还是神经生物学的研究都表明，男性先天就具有暴力和侵略倾向（Moeller-Leimkuehler & Bogerts，2013），而男性青少年更可能以非常强烈的方式应用暴力，是渴望和愿意使用暴力的群体（Bogerts & Moeller-Leimkuehler，2013），这些游戏为他们提供了释放本能的平台。此外，现在的网络游戏设计者大部分是男性，他们所创造出来的游戏更多是为了迎合男性玩家，同时也是更受男性玩家欢迎的，所以也更容易吸引男性玩家，进而导致其上瘾。在神经生物学方面，研究发现网络游戏成瘾在女性和男性中的运作机制可能存在差异（Dong et al.，2018）。网络游戏成瘾的男性在对游戏进行响应时显示了较低的dlPFC激活，说明其在面对游戏提示时对渴望的控制程度弱于女性。尽管男性的网络游戏成瘾发病率高于女性，但是女性一旦网络游戏成瘾则会特别难以缓解，因为在被剥夺游戏后，女性的dlPFC激活水平更高。综上，男性和女性的网络游戏成瘾都应引起重视。

在研究年份上，2010年及以前，青少年网络游戏成瘾的总体发病率相对较高。这可能是由于当时网络游戏的概念相对较新，其判定标准相对较低（Derevensky et al.，2019），所以，在刚开始研究的几年，由于各方面的理论还不够成熟，网络游戏人群还不能被精准划分。直到2013年，“行为成瘾”这个术语才被添加到DSM-5的官方精神诊断分类中。近年来，随着理论的不断发展与完善，网络游戏成瘾的诊断工具也逐渐增多，使得研究者能够较为精准地捕捉网络游戏成瘾人群。

在年龄差异上，之前有关网络游戏成瘾的综述表明，非青少年组的发病率高于青少年组（Mihara & Higuchi，2017）。我们的元分析也得到了类似的结果，即成年青少年的发病率高于未成年青少年。18 岁正好是高中与大学的临界点，18 岁上了大学之后，青少年能够自己支配的时间更加充裕；而在 18 岁之前的初中和高中时期，由于课业负担较重，青少年没有很多时间进行游戏等娱乐活动。此外，在一些国家，成年后的青少年才会真正拥有属于自己的电子游戏设备，因而更易对网络游戏成瘾。

关于自我报告工具，由PVGUQ评估的发病率低于由IGDS9-SF、IGDS、DSM-5 和GAS-7 评估的发病率，原因之一可能是使用PVGUQ 的研究主要采用随机整群抽样方法，如抽取一个班级的全部学生，学生之间具有同质性。另外，与其他量表相比，该量表判定成瘾的阈值较高。具体来说，该量表包括10个项目，采用 3 点计分，每个项目的评分标准为："从不"回答的评分为0分，"有时"回答的评分为0.5分，"经常"回答的评分为1分，总分在0—10分。这种评分方法可以考虑到偶尔出现症状的参与者，从而提高准确性。该量表界定成瘾的阈值为6（Gentile，2009），由于其有"有时"这一分值为0.5分的选项，且每个项目仅有 3 个选项，被试的选择余地较小，即使10个项目均选择"有时"这一选项，也达不到成瘾的阈值。此外，使用该量表施测的14项研究中不存在异质性，说明该量表的稳定性较好。

总之，这一元分析结果向我们全面展示了当前对网络游戏成瘾发病率的研究，以及不同地区、性别、年龄、时间、工具、样本中的网络游戏成瘾发病率。

六、网络游戏成瘾的影响因素和风险因素

游戏本质上是一种娱乐活动，人们可以借助游戏实现一定的社会功能。比如，小狮子之间的游戏活动是他们捕猎等行为的预演，小孩子通过游戏可以理解自己与他人互动的规则与策略。在当前社会，很多社交活动、体育比赛等都是游戏的变式，能促使个体缓解压力、宣泄情绪，以及与他人互动交流等。游戏还被证明具有改善社交退缩行为的功能，帮助人们增强社交信心，结交新的朋友（Tateno et al.，2016）。一些益智游戏还能提升人们的逻辑能力、读写能力和数学能力等。游戏使人具有更快的反应速度和更好的专注力，以及更好的视觉敏感度和辨别能力。还有研究发现，电子游戏能提高老年人的记忆力、分析能力和同时应对多种任务的能力，有利于对抗大脑衰老和预防阿尔茨海默病（King & Delfabbro，2018a）。因此，网络游戏成为一项重要的文化消遣活动，已经融入日常生活中的许多领域并深刻改变了参与者和非参与者的生活。游戏已经在世界范围内大规模普及，大

量与游戏相关的亚文化兴起、亚组织成立，成为世界范围内不可阻挡的一种趋势。

很多人都有玩电子游戏甚至网络游戏的经历，但只有少部分人会发展成为网络游戏成瘾（Weinstein et al.，2017）。沉溺于游戏使他们不能自拔，对他们的学业成绩、身体健康、人际关系等造成负面影响。因此，如果我们能够有效辨别那些能够导致人们发展成游戏成瘾的因素，辨别游戏成瘾的易感人群，防患于未然，在玩游戏初期对他们进行额外关注，及时进行干预，这将大大降低网络游戏成瘾的发病率。

综合目前对网络游戏成瘾的最新研究，关于其风险因素的研究比较庞杂，不同研究得出的结论存在巨大差异。整体来看，网络游戏成瘾的风险因素和预测因素主要包含以下几个方面：人口学因素，如性别、年龄等；心理学因素，如人格差异、自尊、自我效能感、自我控制能力等；生理学与病理学因素，如并发症、基因、成瘾易感人群等；社会学因素，如教育、家庭、同伴影响等。

鉴于不同研究的结论存在的巨大差异，能对不同的研究进行整合的元分析就显得十分必要。它能综合当前关于某一领域的不同研究之间的差异，全面展示研究成果，从而得出更科学和更具代表性的结论。

（一）元分析所纳入的研究

通过搜索各大数据库，我们筛选出37项符合标准的研究，具体见表1-3。

在这些研究中，有36项研究提供了优势比，有1项研究提供了风险比（该研究所报告网络游戏成瘾的发病率为7.5%，当发病率低于15%时，优势比与风险比之间可以相互转化）。所有研究的质量评价得分为4—10分，平均得分为7.16分。所纳入研究的相关因素可归纳为以下几个主要类别：人口统计学特征，如年龄、性别和受教育程度；社会因素，如人际关系、欺负、被欺凌经历和压力事件；心理因素，如抑郁、焦虑和情绪困扰；健康因素，如多动/注意力不集中、饮酒和吸毒；学校家庭因素，如学习成绩差、课外活动少和家庭功能失调等。

在青少年网络游戏成瘾的潜在相关因素中，来自34项研究的16个因素（年龄、性别、抑郁、社交/人际关系问题、焦虑、攻击性、多动/注意力不集中、家庭功能失调、遭受欺凌、学业成绩差、情绪困扰、压力、平均游戏时间长、饮酒、自尊水平低、自杀意念/行为）的数据可用于定量的元分析中。这34项研究的特征示于表1-3。有关这些因素的元分析结果表明，几乎所有上述因素（年龄、饮酒和自杀意念/行为除外）均与青少年网络游戏成瘾呈显著相关。

表 1-3　纳入元分析的青少年网络游戏相关风险因素的特征和结果（n=37，2009—2021 年）

作者及年份	国家	潜在风险因素	研究质量（11 分制）	说明
Yang et al.，2021	中国	1. 背景特征 （1）年龄（岁）：ORu=1.18，95%CI（0.83—1.66） （2）性别（男性）：ORu=3.74*，95%CI（1.45—9.66） 2. 人体测量学特征 （1）体重指数（正常）：ORu=0.72，95%CI（0.25—2.05） （2）体重指数（超重或肥胖）：ORu=2.46，95%CI（0.78—7.77） （3）体重（千克）：ORu=1.01，95%CI（0.98—1.05） （4）身高（厘米）：ORu=1.00，95%CI（0.96，1.04） 3. 认知变量 （1）身体自尊量表：ORm=0.98，95%CI（0.94—1.03） （2）自尊量表：ORm=1.07，95%CI（0.99—1.15） （3）对在线社交互动的偏好：ORm=1.07*，95%CI（1.00—1.14） （4）游戏中的感觉分量表：ORm=1.15*，95%CI（1.02—1.30） （5）游戏过程中的吸收力分量表：ORm=1.14*，95%CI（1.01—1.30） （6）对游戏头像的积极态度分量表：ORm=1.09，95%CI（0.99—1.19） （7）头像对自我认同的重要性分量表：ORm=1.18*，95%CI（1.06—1.32）	6	ORu：针对网络游戏成瘾的变量进行简单回归分析 ORm：根据网络游戏成瘾的重要背景变量进行调整后的多元回归分析
Yu et al.，2021a	中国	（1）网络游戏成瘾医疗意识：AOR=0.65，95%CI（0.42—1.01） （2）打算减少游戏时间：AOR=0.78，95%CI（0.51—1.20） （3）向他人寻求帮助的意愿：AOR=0.99，95%CI（0.63—1.57） （4）对自己患病的自我怀疑：AOR=2.63，95%CI（1.62—4.26） （5）来自家庭成员的更大压力：AOR=3.23，95%CI（2.07—5.04） （6）被贴上生病的标签：AOR=2.23，95%CI（1.35—3.70） （7）负面情绪：AOR=2.96，95%CI（1.83—4.79）	8	AOR 是根据性别、家庭类型、社会经济地位、抑郁症状、攻击性和网络游戏类型进行调整计算得出的
Nakayama et al.，2020	日本	（1）性别（男性）：AOR=1.395，95%CI（0.661—2.941） （2）最初玩游戏的年龄（8—9 岁）：AOR=1.897，95%CI（0.581—6.191） （3）最初每周玩游戏的年龄（6—7 岁）：AOR=4.232*，95%CI（1.354—13.230） （4）最初每周玩游戏的年龄（≤5）：AOR=4.751*，95%CI（1.253—18.022） （5）拥有智能手机（是）：AOR=0.704，95%CI（0.347—1.428） （6）家庭有针对成员使用网络的规定（是）：AOR=0.783，95%CI（0.372—1.648） （7）参加课程或补习班（是）：AOR=0.700，95%CI（0.321—1.527）	8	

续表

作者及年份	国家	潜在风险因素	研究质量（11分制）	说明
Han et al.，2020	韩国	（1）角色扮演游戏（是）：AOR=1.52，95%CI（1.03—2.26） （2）射击游戏（是）：AOR=1.23，95%CI（0.82—1.85） （3）多人在线竞技场（是）：AOR=1.59，95%CI（1.03—2.45） （4）模拟游戏（是）：AOR=1.51，95%CI（1.03—2.21） （5）街机游戏（是）：AOR=1.01，95%CI（0.66—1.53） （6）体育游戏（是）：AOR=1.13，95%CI（0.72—1.78） （7）动作游戏（是）：AOR=0.56，95%CI（0.19—1.61）	6	AOR是根据性别、家庭类型、社会经济地位、抑郁症状、攻击性和网络游戏类型进行调整计算得出的
Zhai et al.，2020b	美国	（1）携带武器：OR=1.78***，95%CI（1.26—2.52） （2）感到不安全：OR=3.22***，95%CI（1.76—5.87） （3）用武器威胁/伤害：OR=1.82**，95%CI（1.25—2.63） （4）肢体冲突：OR=1.13，95%CI（0.83—1.54） （5）导致受伤的严重斗殴：OR=1.38，95%CI（0.80—2.39）	9	OR是根据人口统计学、药物滥用和抑郁症调整后的比率
Jeong et al.，2020	韩国	1. 人口统计学因素 （1）年龄（岁）：aRR=0.99，95%CI（0.88—1.13） （2）男性（相对于女性）：aRR=1.68，95%CI（1.25—2.25） （3）非完整家庭（相对于完整家庭）：aRR=0.69，95%CI（0.46—1.02） （4）低社会经济地位（相对于中、高社会经济地位）：aRR=0.97，95%CI（0.72—1.31） 2. 游戏相关因素 （1）平日游戏时间（分钟/天）：60—239（相对于＜60）：aRR=0.98，95%CI（0.69—1.40）；≥240（相对于＜60）：aRR=2.63，95%CI（1.45—4.78） （2）最常玩的网络游戏：单人游戏（相对于否）：aRR=1.19，95%CI（0.84—1.69）；多玩家游戏（相对于无）：aRR=0.92，95%CI（0.61—1.37） 3. 心理病理因素 （1）特质焦虑：aRR=1.03，95%CI（0.73—1.46） （2）抑郁症状：aRR=1.13，95%CI（0.76—1.67） （3）多动症症状：aRR=2.14，95%CI（1.01—4.55） 4. 环境因素 （1）对父母的依恋程度：aRR=0.82，95%CI（0.51—1.31） （2）与父母沟通的开放性：aRR=1.41，95%CI（0.90—2.21） （3）社会支持：aRR=1.14，95%CI（0.73—1.78）	8	aRR=调整后的相对风险（adjust relative risk），根据年龄、性别、家庭类型和社会经济地位进行调整

续表

作者及年份	国家	潜在风险因素	研究质量（11 分制）	说明
Müller & Bonnaire，2021	法国	1. 情绪/情绪调节 （1）PANSS-积极情绪：OR=1.02，95%CI（0.96—1.08） （2）PANSS-消极情绪：OR=1.07*，95%CI（1.01—1.13） （3）DERS-缺乏情绪意识：OR=1.12**，95%CI（1.03—1.22） （4）DERS-缺乏情绪清晰度：OR=1.16**，95%CI（1.05—1.05） （5）ERQCA-认知再评价：OR=0.94，95%CI（0.87—1.01） （6）ERQCA-表达抑制：OR=1.12*，95%CI（1.01—1.025） （7）IRQ-总计：OR=0.92**，95%CI（0.92—0.98） （8）IRQ-消极倾向：OR=0.86**，95%CI（0.77—0.95） （9）IRQ-消极效能：OR=0.90*，95%CI（0.82—1.00） （10）IRQ-积极倾向：OR=0.90*，95%CI（0.81—1.00） （11）IRQ-积极效能：OR=0.88*，95%CI（0.79—0.99） 2. 身份 （1）EPSI-身份：OR=0.93**，95%CI（0.89—0.97） （2）DIDS-承诺：OR=1.02，95%CI（0.94—1.10） （3）DIDS-探索广度：OR=0.99，95%CI（0.90—1.08） （4）DIDS-反刍探索：OR=1.06，95%CI（0.99—1.14） （5）DIDS-认同承诺：OR=0.97，95%CI（0.90—1.05） （6）DIDS-深度探索：OR=1.04，95%CI（0.91—1.19） （7）U-MICS-承诺：OR=0.78，95%CI（0.54—1.14） （8）U-MICS-深度探索：OR=0.63*，95%CI（0.41—0.97） （9）U-MICS-重新考虑承诺：OR=1.05，95%CI（0.71—1.57） （10）PAIS-游戏中的感受：OR=1.17**，95%CI（1.06—1.30） （11）PAIS-游戏过程中的吸收：OR=1.30***，95%CI（1.14—1.48） （12）PAIS-积极态度：OR=1.26***，95%CI（1.12—1.41） （13）PAIS-化身的重要性：OR=1.09*，95%CI（1.00—1.18）	7	
Severo et al.，2020	巴西	（1）性别（男性）：OR=2.183**，95%CI（1.336—3.569） （2）年龄（14—18 岁）：OR=0.953，95%CI（0.377—2.697） （3）年龄（19—23 岁）：OR=1.513，95%CI（0.762—3.003） （4）教育程度（就读中学）：OR=1.631，95%CI（0.675—3.941） （5）家庭收入（巴西雷亚尔）：<2 倍最低工资：OR=0.620，95%CI（0.319—1.207）；3—5 倍最低工资：OR=0.544，95%CI（0.284—1.043） （6）社交焦虑-Mini-SPIN（是）：OR=1.266，95%CI（0.762—2.104）	8	

续表

作者及年份	国家	潜在风险因素	研究质量（11分制）	说明
Severo et al.，2020	巴西	（7）睡眠-PSQI（相对以前的变化）：OR=1.783*，95%CI（1.084—2.934） （8）抑郁-BDI：轻度：OR=1.461，95%CI（0.805—2.651）；中度：OR=1.579，95%CI（0.790—3.155）；严重：OR=16.296***，95%CI（3.609—73.593） （9）自杀倾向（是）：OR=0.732，95%CI（0.266—2.016） （10）自我报告的学习成绩：处于平均水平：OR=1.408，95%CI（0.848—2.337）；处于较低水平：OR=1.064，95%CI（0.494—2.286） （11）每天玩游戏（是）：OR=1.304，95%CI（0.756—2.249） （12）用于游戏的自由时间（一半或一半以上）：OR=2.877***，95%CI（1.726—4.796） （13）每周用于游戏的时间：2—6小时：OR=4.891***，95%CI（2.489—9.611）；7—19小时：OR=7.830***，95%CI（3.647—16.813）；≥20小时：OR=13.474***，95%CI（5.640—32.190）	8	
Kotyuk et al.，2020	匈牙利	（1）有问题地使用互联网：OR=13.7***，95%CI（9.2—20.5） （2）有问题地使用社交网站：OR=3.4*，95%CI（1.4—8.4） （3）运动成瘾：OR=2.9*，95%CI（1.3—6.5） （4）有问题的赌博：OR=12.2**，95%CI（6.4—23.2） （5）嗜毛癖：OR=3.1**，95%CI（1.7—5.9） （6）进食障碍：OR=1.5，95%CI（1.0—2.3）	4	
Rajab et al.，2020	沙特阿拉伯	（1）中度压力：OR=6.72***，95%CI（2.90—15.57） （2）高度压力：OR=11.96***，95%CI（4.75—30.10）	8	参照组：低压力 模型的调整因素为：第1级（GAS+年龄+学习成绩+屏幕时间+吸烟状况+体力活动+饮食）
Balhara et al.，2020	印度	（1）每天游戏时间：OR=1.75**，95%CI（1.29—2.36） （2）因考试压力而增加游戏时间：OR=4.96*，95%CI（1.12—21.98） （3）认为游戏有助于缓解压力：OR=4.27**，95%CI（1.65—11.04）	7	
Yu et al.，2020	中国	自杀意念：OR=3.089***，95%CI（2.100—4.544）	8	
Taechoyotin et al.，2020	泰国	（1）年龄（岁）：AOR=0.95，95%CI（0.88—1.02） （2）性别（男性）：AOR=1.4*，95%CI（1.06—1.85） （3）与他人同住：AOR=1.75***，95%CI（1.32—2.31） （4）考试不及格（是）：AOR=1.23，95%CI（0.90—1.67） （5）限制使用互联网（是）：AOR=1.12，95%CI（0.84—1.49）	8	

续表

作者及年份	国家	潜在风险因素	研究质量（11分制）	说明
Taechoyotin et al.，2020	泰国	（6）使用网上交友（是）：AOR=1.53*，95%CI（1.01—2.32） （7）校园欺凌受害者（是）：AOR=1.51*，95%CI（1.05—2.18） （8）校园欺凌施暴者（是）：AOR=1.19，95%CI（0.81—1.75） （9）网络欺凌受害者（是）：AOR=0.95，95%CI（0.65—1.39） （10）网络欺凌施暴者（是）：AOR=1.18，95%CI（0.79—1.76） （11）有自杀倾向（是）：AOR=0.82，95%CI（0.51—1.30） （12）抑郁（是）：AOR=1.92***，95%CI（1.35—2.74） （13）焦虑（是）：AOR=1.62*，95%CI（1.11—2.35） （14）压力（是）：AOR=3.57***，95%CI（2.59—4.97） （15）就读学校类型（私立）：AOR=0.96，95%CI（0.74—1.34） （16）饮用含酒精饮料（是）：AOR=0.88，95%CI（0.65—1.18）	8	
Wartberg et al.，2021	德国	（1）青少年性别（t1）：OR=0.25***，95%CI（0.16—0.41） （2）社会经济地位（t1）：OR=1.05，95%CI（0.95—1.15） （3）反社会行为（t1）：OR=1.06，95%CI（0.94—1.19） （4）愤怒控制问题（t1）：OR=1.08，95%CI（0.98—1.18） （5）情绪困扰（t1）：OR=0.98，95%CI（0.90—1.07） （6）自尊心低（t1）：OR=1.12*，95%CI（1.02—1.23） （7）多动/注意力不集中（t1）：OR=1.17**，95%CI（1.05—1.31） （8）父母抑郁（t1）：OR=0.94，95%CI（0.73，1.21） （9）父母焦虑（t1）：OR=0.95，95%CI（0.74，1.22） （10）有问题地使用互联网（PIU）：（t1）OR=1.02，95%CI（0.56—1.87） （11）网络游戏障碍（t1）：OR=3.67***，95%CI（2.27—5.91）	6	参照组：无网络游戏成瘾的青少年
Wartberg et al.，2020	德国	（1）性别：AOR=0.08***，95%CI（0.02—0.26） （2）年龄：AOR=1.12，95%CI（0.89—1.41） （3）学校成绩：AOR=1.15，95%CI（0.98—1.34） （4）抑郁症状：AOR=1.08，95%CI（0.99—1.17） （5）人际信任：AOR=0.72，95%CI（0.44—1.18） （6）身体形象：AOR=1.05，95%CI（0.89—1.22） （7）家庭功能：AOR=0.87，95%CI（0.71—1.08） （8）有问题的社交媒体使用：AOR=5.87*，95%CI（1.48—23.33）	7	

续表

作者及年份	国家	潜在风险因素	研究质量（11分制）	说明
Yang et al.，2020	中国	（1）父母支持：ORa=0.78***，95%CI（0.72—0.86） （2）同伴支持：ORa=0.78***，95%CI（0.71—0.86） （3）与父母的积极关系：ORa=0.84***，95%CI（0.79—0.89） （4）与同伴的积极关系：ORa=0.84***，95%CI（0.79—0.90） （5）父母的心理控制：ORstep=1.34*，95%CI（1.07—1.68） （6）教师辱骂：ORstep=1.13，95%CI（0.96—1.33） （7）父母的言语/身体虐待：ORstep=1.16，95%CI（1.00—1.34） （8）同伴欺凌：ORstep=1.11，95%CI（0.96—1.27） （9）网络欺凌：ORstep=1.34***，95%CI（1.16—1.56）	5	ORa：对重要背景变量进行调整后的逻辑回归 ORstep：对重要背景变量进行调整后的正向逐步逻辑回归
Jeong et al.，2011	韩国	（1）有潜在心理和人际关系综合问题的用户：AOR=11.9，95%CI（7.5—19.9） （2）有潜在人际关系问题的用户：AOR=4.2，95%CI（2.6—7.1）	8	AOR是在对当前年龄、性别、家庭类型和开始玩网络游戏的年龄进行调整后计算得出的
Marmet et al.，2019	瑞士	（1）重度抑郁：OR=2.86*，95%CI（1.42—5.79） （2）精神障碍：OR=1.70，95%CI（0.82—3.49） （3）双相情感障碍：OR=0.88，95%CI（0.32—2.41） （4）社交焦虑症：OR=2.12*，95%CI（1.12—4.02）	8	根据所有其他成瘾情况对OR进行了额外调整（例如，根据除AUD和大麻以外的8种成瘾情况对大麻的回归进行了调整）
Bonnaire & Baptista，2019	法国	1. 年龄① （1）MOBA游戏玩家：OR=0.8，95%CI（0.6—1.2） （2）MMORPG游戏玩家：OR=1.0，95%CI（0.9—1.1） 2. 性别 （1）男性：OR=0.9*，95%CI（0.8—1.0） （2）女性：OR=1.1，95%CI（0.9—1.3） （3）男性中，MOBA游戏玩家：OR=3.0，95%CI（0.9—11.4） MMORPG游戏玩家：OR=1.9，95%CI（0.9—4.5） 3. 教育程度（高中以下） （1）MOBA游戏玩家：OR=0.8，95%CI（0.2—3.4） （2）MMORPG游戏玩家：OR=2.7*，95%CI（1.1—6.8） （3）男性：OR=1.4，95%CI（0.7—2.6） （4）女性：OR=0.8*，95%CI（0.3—2.2）	5	

① 此处是指将年龄作为预测变量，下同。

续表

作者及年份	国家	潜在风险因素	研究质量（11分制）	说明
Bonnaire & Baptista，2019	法国	4. 教育程度（高中毕业） （1）MOBA游戏玩家：OR=2.3，95%CI（0.4—12.0） （2）MMORPG游戏玩家：OR=0.9，95%CI（0.3—2.6） （3）男性：OR=0.8，95%CI（0.4—1.6） （4）女性：OR=2.7*，95%CI（1.0—7.2） 5. 精神与情感障碍 （1）抑郁：男性：OR=1.2，95%CI（0.9—1.5）；女性：OR=1.1，95%CI（0.9—1.3） （2）焦虑：男性：OR=1.0，95%CI（0.8—1.2）；女性：OR=1.2**，95%CI（1.1—1.4） （3）亚历山大病（是）：男性：OR=1.5，95%CI（0.4—5.0）；女性：OR=2.1，95%CI（0.7—5.8） （4）难以识别情感因素：男性：OR= 0.9，95%CI（0.8—1.0）；女性：OR=1.0，95%CI（0.9—1.1） （5）难以描述感受因素：男性：OR=1.2*，95%CI（1.0—1.4）；女性：OR=0.9，95%CI（0.8—1.0） （6）外向型思维因素：男性：OR=1.1，95%CI（0.9—1.2）；女性：OR=1.0，95%CI（0.9—1.1）	5	
Lin et al.，2019	伊朗	（1）年龄（岁）：OR=1.42**，95%CI（1.31—1.55） （2）性别（男性）：OR=7.06**，95%CI（5.66—8.82） （3）父亲教育程度：OR=1.14**，95%CI（1.11—1.17） （4）IGDS-SF9评分：OR=6.69**，95%CI（5.86—7.64） （5）抑郁得分：OR=0.94，95%CI（0.91—0.98） （6）焦虑得分：OR=1.11**，95%CI（1.09—1.13） （7）压力得分：OR=1.05**，95%CI（1.03—1.07） （8）PSQI评分：OR=5.56**，95%CI（4.94—6.26）	8	使用抑郁量表、焦虑量表、压力量表分别测量抑郁、焦虑和压力
Borges et al.，2019	墨西哥	临床预测因素： （1）终生心理治疗（是）：AOR=1.9*，95%CI（1.4—2.4） （2）终生医疗（是）：AOR=1.8*，95%CI（1.1—3.0） （3）终生任何治疗（是）：AOR=1.8*，95%CI（1.4—2.4） （4）12个月治疗（是）：AOR=1.0，95%CI（0.4—2.4） （5）严重损害-家庭（是）：AOR=2.1*，95%CI（1.1—3.8） （6）严重障碍-工作/学习（是）：AOR=2.6*，95%CI（1.7—4.1）	8	样本总数为7022； 由于数值缺失，并非所有频次相加等于样本总数； AOR是在对性别和年龄组进行调整后计算得出的

续表

作者及年份	国家	潜在风险因素	研究质量（11分制）	说明
Borges et al.，2019	墨西哥	（7）严重受损-人际关系（是）：AOR=1.8*，95%CI（1.1—2.8） （8）严重障碍-社交（是）：AOR=1.9*，95%CI（1.3—3.0） （9）严重损伤-总计（严重）：AOR=2.4*，95%CI（1.7—3.3）	8	样本总数为7022； 由于数值缺失，并非所有频次相加等于样本总数； AOR是在对性别和年龄组进行调整后计算得出的
Finserås et al.，2019	挪威	（1）性别：OR=4.01**，95%CI（3.12—5.15） （2）焦虑：OR=1.02，95%CI（0.98—1.06） （3）抑郁：OR=1.09**，95%CI（1.05—1.14） （4）攻击性：OR=1.03*，95%CI（1.00—1.05） （5）孤独：OR=1.07**，95%CI（1.03—1.10）	7	
Wichstrøm et al.，2019	挪威	性别：OR=6.0，95%CI（1.4—25.0）	9	
Krossbakken et al.，2018	挪威	抑郁：T1-T2：OR=1.08，95%CI（0.94—1.23）；T2-T3：OR=1.22，95%CI（0.95—1.55）；T1-T3：OR=1.09，95%CI（0.87—1.37） 焦虑：T1-T2：OR=1.07，95%CI（0.92—1.23）；T2-T3：OR=0.93，95%CI（0.78—1.11）；T1-T3：OR=0.97，95%CI（0.82—1.14） 孤独感：T1-T2：OR=1.06，95%CI（0.98—1.15）；T2-T3：OR=1.07，95%CI（0.94—1.23）；T1-T3：OR=1.16**，95%CI（1.05—1.28） 饮酒：T1-T2：OR=1.19，95%CI（0.89—1.58）；T2-T3：OR=1.46**，95%CI（1.03—2.07）；T1-T3：OR=0.96，95%CI（0.75—1.23） 言语攻击：T1-T2：OR=1.15，95%CI（0.99—1.34）；T2-T3：OR=0.66，95%CI（0.41—1.08）；T1-T3：OR=0.75，95%CI（0.54—1.04） 身体侵犯：T1-T2：OR=1.19**，95%CI（1.07—1.31）；T2-T3：OR=0.91，95%CI（0.68—1.21）；T1-T3：OR=0.94，95%CI（0.78—1.13）	10	在所有分析中，性别、以前的游戏类别水平和以前的结果变量水平都受到了控制； 结果变量下的时间指示（如T1-T2）表明，第一波的结果变量可预测第二波的游戏类别
Han et al.，2020	韩国	（1）校园欺凌受害风险（低）：男生：AOR=1.495*，95%CI（0.783—2.855）；女生：AOR=1.519，95%CI（0.690—3.346） （2）遭受校园欺凌的风险（高）：男生：AOR=3.157*，95%CI（1.135—8.779）；女生：AOR=2.357，95%CI（0.542—10.247）	8	排除了31个病例的缺失数据，分析了1889个病例； 根据经济状况、学习成绩、抑郁和攻击性进行调整
Buiza-Aguado et al.，2018	西班牙	（1）社会心理总分：OR=1.0540，95%CI（1.0279—1.0807） （2）性别（男性）：OR=2.0723，95%CI（0.6181—6.9473） （3）网络游戏行为：OR=1.6648，95%CI（0.5465—5.0715）	8	

续表

作者及年份	国家	潜在风险因素	研究质量（11分制）	说明
Colder Carras &Kardefelt-Winther，2018	欧洲	1. YSR分数-能力部分 （1）总能力（0—45.5）：OR=0.91*，95%CI（0.90—0.93） （2）学业（0—3）：OR=0.36*，95%CI（0.29—0.46） （3）活动（0—8）：OR=0.90*，95%CI（0.86—0.93） （4）社交能力（0—65）：OR=0.87*，95%CI（0.82—0.92） 2. YSR分数-问题部分 （1）总问题（0—210）：OR=1.07*，95%CI（1.07—1.07） （2）外部化（0—133）：OR=1.19*，95%CI（1.16—1.21） （3）内化（0—79）：OR=1.19*，95%CI（1.16—1.21） （4）攻击性（0—90）：OR=1.31*，95%CI（1.26—1.36） （5）焦虑/抑郁（0—55）：OR=1.32*，95%CI（1.27—1.38） （6）注意力（0—27）：OR=1.48*，95%CI（1.42—1.54） （7）违反规则（0—65）：OR=1.32*，95%CI（1.27—1.38） （8）社交问题（0—22）：OR=1.54*，95%CI（1.45—1.63） （9）躯体不适（0—65）：OR=1.42*，95%CI（1.36—1.48） （10）思想问题（0—24）：OR=1.36*，95%CI（1.31—1.42） （11）退缩/抑郁（0—16）：OR=1.54*，95%CI（1.48—1.60）	7	在控制年龄、性别和国家的情况下，使用Bonferroni校正p值为0.006，对每个幸福预测因子分别建模，比较每个潜能类与规范类的回归结果； 估计值是预测因子每增加一个单位，实验组与正常组在此项上得分相比的概率值
Wartberg et al.，2017a	德国	（1）性别：OR=0.33***，95%CI（0.18—0.62） （2）年龄：OR=0.85**，95%CI（0.75—0.96） （3）学生：OR=1.84，95%CI（0.67—5.03） （4）抑郁：OR=1.15，95%CI（0.90—1.47） （5）焦虑：OR=1.19，95%CI（0.93—1.51） （6）忽视社会交往：OR=3.48，95%CI（2.64—4.60）	5	首先对所有联系进行了单独分析（仅对年龄和性别进行了调整），然后在一个共同模型中进行了分析
Wartberg et al.，2017b	德国	（1）青少年性别：AOR=0.15，95%CI（0.10—0.22） （2）青少年年龄：AOR=0.85，95%CI（0.69—1.05） （3）社会支持（奥斯陆社会支持量表）：AOR=0.92，95%CI（0.84—1.01） （4）仅通过互联网认识的朋友比例：AOR=1.78，95%CI（1.47—2.16） （5）与健康相关的生活质量（kid screen-10）：AOR=0.85，95%CI（0.82—0.89）	5	男性性别=0，女性性别=1
Saquib et al.，2017	沙特阿拉伯	心理困扰：OR=4.1**，95%CI（1.80—9.47）	8	

续表

作者及年份	国家	潜在风险因素	研究质量（11分制）	说明
Wartberg et al.，2017c	德国	（1）性别（青少年）：OR=0.16，95%CI（0.11—0.23） （2）性别（父母等主要抚养者）：OR=0.91，95%CI（0.57—1.44） （3）反社会行为（青少年，SPS-J-II）：OR=1.11，95%CI（1.00—1.22） （4）愤怒控制问题（青少年，SPS-J-II）：OR=1.10，95%CI（1.01—1.19） （5）情绪困扰（青少年，SPS-J-II）：OR=1.09，95%CI（1.02—1.17） （6）自尊心低（青少年，SPS-J-II）：OR=1.17，95%CI（1.09—1.27） （7）多动/注意力不集中（青少年，SDQ）：OR=1.27，95%CI（1.16—1.39）	6	青少年评分；家长评分
Rikkers et al.，2016	澳大利亚	1. 问题行为 （1）自杀未遂：MOR=3.0，95%CI（1.5—6.2） （2）目前酗酒：MOR=1.4，95%CI（0.9—2.3） 2. 家庭功能 （1）一般与很好：MOR=1.5，95%CI（0.9—2.7） （2）差与很好：MOR=1.4，95%CI（0.6—3.0） （3）好与非常好：MOR=1.1，95%CI（0.6—1.8） 3. K10抑郁类别 （1）中度与低：MOR=2.2，95%CI（1.2—4.2） （2）高与低：MOR=4.6，95%CI（2.3—9.2） （3）极高与低：MOR=9.6，95%CI（4.7—20.1） 4. SDQ类别 （1）异常与正常：UOR=7.1，95%CI（4.7—10.8） （2）边缘型与正常：UOR=3.1，95%CI（1.9—5.0） （3）家长报告的DISC-IV障碍：UOR=2.2，95%CI（1.5—3.2） （4）青少年报告的重度抑郁障碍：UOR=4.2，95%CI（2.8—6.3）	6	每个特征的单独逻辑回归模型得出的概率，仅对年龄、性别进行调整； 包括模型中所有特征以及年龄、性别和偏远地区在内的整体多变量逻辑回归模型得出的概率； 在最终多元模型中，与问题行为发生率无明显关联的特征； DISC-IV包括社交恐惧症、分离焦虑症、广泛性焦虑症、强迫症、重度抑郁症、多动症和行为障碍
Rasmussen et al.，2015	丹麦	1. 非正式接触的频率 每周与朋友共度0—1个下午：女孩：OR=1.54，95%CI（0.96—2.46）；男孩：OR=1.69*，95%CI（1.22—2.33） 2. 非正式关系的数量 （1）0个亲密的异性朋友：女孩：OR=1.24，95%CI（0.71—2.18）；男孩：OR=1.85*，95%CI（1.27—2.68） （2）0—2个亲密的同性朋友：女孩：OR=1.05，95%CI（0.46—2.37）；男孩：OR=1.61*，95%CI（1.02—2.54）		

续表

作者及年份	国家	潜在风险因素	研究质量（11 分制）	说明
Rasmussen et al.，2015	丹麦	3. 来自父母和朋友的情感支持 （1）对父亲信心不足：女孩：OR=1.83*，95%CI（1.10—3.03）；男孩：OR=1.65*，95%CI（1.16—2.36） （2）对母亲信心不足：女孩：OR=1.60，95%CI（0.87—2.94）；男孩：OR=1.69*，95%CI（1.13—2.53） （3）对最好的朋友信心不足：女孩：OR=1.74，95%CI（0.74—4.04）；男孩：OR=1.68*，95%CI（1.14—2.48） （4）对同性朋友信心不足：女孩：OR=1.10，95%CI（0.54—2.24）；男孩：OR=1.45*，95%CI（1.01—2.08） （5）对异性朋友信心不足：女孩：OR=1.15，95%CI（0.65—2.03）；男孩：OR=1.30，95%CI（0.92—1.85） 4. 关系紧张 （1）曾被欺凌一次以上：女孩：OR=1.93*，95%CI（1.14—3.28）；男孩：OR=1.90*，95%CI（1.27—2.82） （2）曾欺凌他人一次以上：女孩：OR=2.35*，95%CI（1.29—4.28）；男孩：OR=1.45*，95%CI（1.02—2.07）	7	
Wang et al.，2014	中国	（1）性别（男性）：OR=2.49**，95%CI（1.41—4.40） （2）学习成绩：尚可：OR=1.55，95%CI（0.70—3.45）；差或很差：OR=2.80*，95%CI（1.13—6.92） （3）家庭和睦：一般：OR=1.15，95%CI（0.62—2.12）；糟糕或非常糟糕：OR=3.36**，95%CI（1.53—7.41） （4）同学关系：一般：OR=1.04，95%CI（0.55—1.96）；不好或非常不好：OR=1.37，95%CI（0.40—4.70） （5）密友人数（7 人或以上）：OR=3.08**，95%CI（1.63—5.82） （6）游戏类型（多人在线游戏）：OR=2.50**，95%CI（1.29—4.85） （7）每周平均游戏时间：OR=1.32***，95%CI（1.16—1.49） （8）在游戏上花钱的频率：OR=1.18*，95%CI（1.02—1.36） （9）每月花费在游戏上的金额：OR=0.92，95%CI（0.62—1.37） （10）花钱的游戏时间：OR=1.35*，95%CI（1.01—1.81） （11）玩网络游戏的时间：OR=1.03，95%CI（0.75—1.41）	7	
Desai et al.，2010	美国	（1）平均成绩（参考：As 和 Bs）：Cs：OR=1.08，95%CI（0.69—1.71）；Ds 和 Fs：OR=1.14，95%CI（0.62—2.08）		根据种族和性别调整后的电子游戏玩家

续表

作者及年份	国家	潜在风险因素	研究质量（11分制）	说明
Desai et al.，2010	美国	（2）课外活动（是）：OR=0.68，95%CI（0.44—1.05） （3）终生吸烟(参考：从不)：偶尔：OR=1.36，95%CI(0.82—2.26)；经常：OR=2.12**，95%CI（1.23—3.64） （4）吸食大麻，终生（是）：OR=1.26，95%CI（0.82—1.92） （5）终生饮酒（是）：OR=0.93，95%CI（0.53—1.63） （6）当前饮酒频率（参考：从不）：轻度：OR=0.76，95%CI（0.36—1.61）；中度：OR=0.76，95%CI（0.35—1.63）；重度：OR=0.97，95%CI（0.37—2.51） （7）终生使用其他药物（是）：OR=2.25**，95%CI（1.26—4.02） （8）使用咖啡因（参考：无）：每天1—2次：OR=0.51**，95%CI（0.31—0.85）；每天>2次：OR=0.70，95%CI（0.40—1.21） （9）悲伤或绝望≥2周（是）：OR=3.62***，95%CI（2.31—5.65） （10）严重斗殴（是）：OR=2.97***，95%CI（1.74—5.07） （11）携带武器（是）：OR=1.65*，95%CI（1.06—2.58）	6	根据种族和性别调整后的电子游戏玩家
Rehbein et al.，2010	德国	1. 游戏行为 （1）从功能失调应对角度看游戏：OR=3.39**，95%CI（2.78—4.13） （2）游戏是自我效能感的来源：OR=1.57**，95%CI（1.28—1.93） （3）使用 MMORPG：OR=1.78**，95%CI（1.20—2.65） （4）使用策略游戏：OR=1.19，95%CI（0.79—1.80） （5）使用射击游戏：OR=1.06，95%CI（0.67—1.67） 2. 社会预测因素 （1）除游戏外，业余活动不成功：OR=4.94**，95%CI（2.65—9.18） （2）与学校有关的焦虑：OR=1.72**，95%CI（1.31—2.25） （3）曾留级：OR=1.65*，95%CI（1.09—2.51） 3. 人口统计学预测因素 （1）性别（男性）：OR=1.48，95%CI（0.74—2.97） （2）父母教育程度低：OR=0.76，95%CI（0.45—1.28） （3）青少年教育程度低：OR=1.24，95%CI（0.81—1.92） 4. 心理预测因素 （1）较低的社交能力：OR=2.34**，95%CI（1.29—4.25） （2）冲动：OR=1.36**，95%CI（1.08—1.73） （3）接受暴力：OR=1.31*，95%CI（1.04—1.64） （4）个人病史中的多动症：OR=0.98，95%CI（0.57—1.70）	9	所有变量同时输入

续表

作者及年份	国家	潜在风险因素	研究质量（11分制）	说明
Rehbein et al.，2010	德国	（5）个人病史中的抑郁障碍：OR=0.96，95%CI（0.43—2.13） （6）有焦虑症病史：OR=1.54，95%CI（0.63—3.77） （7）童年时期经常遭受身体虐待：OR=1.81，95%CI（0.85—3.85）	9	所有变量同时输入
Gentile，2009	美国	（1）被诊断出有注意力问题（如注意力缺陷障碍或注意力缺陷/多动障碍）：OR=2.77***，95%CI（1.66—4.65） （2）对电子游戏“上瘾”：OR=7.00***，95%CI（4.34—11.28） （3）有“沉迷于”电子游戏的朋友：OR=2.67***，95%CI（1.56—4.67） （4）过去一年中发生过肢体冲突：OR=2.28**，95%CI（1.36—3.82） （5）卧室里有电子游戏系统：OR=2.69***，95%CI（1.71—4.22） （6）卧室里有电视机：OR=1.36，95%CI（0.86—2.18）	7	

注：*$p\leqslant 0.05$，**$p\leqslant 0.01$，***$p\leqslant 0.001$，下同；置信区间（confidential interval，CI）；概率比（odds ratio，OR）；调整后的概率比（adjusted odds ratio，AOR）；修正后的概率比（modified OR，MOR）

（二）网络游戏成瘾相关因素的元分析结果

我们对这37项研究进行了综合分析，抽取了其中的共同内容进行分析，结果如表1-4所示。

表1-4 基于随机效应分析的网络游戏成瘾相关因素元分析

相关因素	研究数量	最小OR	最大OR	合并OR与95%CI	I^2（%）	异质性p值
年龄	8	0.85	1.12	1.02（0.87—1.19）	90.6	<0.001
性别（男性）	11	1.40	7.06	2.62（1.68—4.08）	91.2	<0.001
抑郁	14	0.94	16.30	1.35（1.19—1.53）	94.6	<0.001
社交/人际关系问题	12	0.86	4.20	1.56（1.32—1.85）	95.8	<0.001
焦虑	11	1.00	2.12	1.18（1.08—1.28）	90.6	<0.001
攻击性	9	0.98	2.97	1.29（1.12—1.49）	94.2	<0.001
多动/注意力不集中	7	0.98	2.77	1.38（1.20—1.60）	80.8	<0.001
家庭功能失调	6	0.69	3.36	1.63（1.10—2.41）	84.4	<0.001
遭受欺凌	6	1.20	3.16	1.57（1.19—2.07）	69.9	0.005
学业成绩差	5	1.06	2.80	1.36（1.10—1.69）	9.1	0.355
情绪困扰	5	1.03	2.96	1.12（1.02—1.24）	79.4	0.001
压力	5	1.05	11.96	3.33（1.37—8.12）	96.8	<0.001
平均游戏时间长	4	1.28	5.97	1.81（1.22—2.67）	75.1	0.007
饮酒	4	0.88	1.40	1.07（0.91—1.26）	18	0.301
自尊心低	4	1.05	1.17	1.11（1.06—1.16）	7.6	0.355
自杀意念/行为	4	0.73	3.09	1.59（0.71—3.58）	87.2	<0.001

在这些因素中，压力是与青少年网络游戏成瘾相关度最高的变量，其次是性别（男性），以及平均游戏时间长。在学校与家庭的环境中，学业成绩差的青少年与家庭功能失调的青少年发展为网络游戏成瘾的概率更高。在暴力事件中，具有攻击性（欺负过别人）的青少年与被欺凌的青少年发展为网络游戏成瘾的概率都会更高。此外，焦虑、抑郁、自尊心低、社交/人际关系问题和情绪困扰等心理问题均与青少年的网络游戏成瘾呈显著相关，但年龄、饮酒和自杀意念/行为与青少年的网络游戏成瘾不存在显著的相关关系。

此外，我们对前述37项研究重新计算了青少年网络游戏成瘾的合并发病率，结果为10.3%。

在我们的研究中，已确认13个因素与青少年的网络游戏成瘾有关。先前的综述类研究指出，压力、性别（男性）、焦虑、抑郁、情绪困扰、平均游戏时间长、社交/人际关系问题、家庭功能失调、多动/注意力不集中也与青少年的网络游戏成瘾有关。例如，有关青少年网络游戏成瘾的生物心理社会因素的系统综述中指出，各种心理社会问题（抑郁、焦虑、压力）、冲动、多动症合并症、感觉寻求、认知因素（有特定的适应不良信念）、家庭因素（父母的监督与冲突）等都与青少年的网络游戏成瘾有关（Sugaya et al.，2019）。在另一项系统综述中，研究者报告影响青少年网络游戏成瘾的风险因素主要包括游戏时间长、对游戏的积极态度、男性、单亲家庭、孤独、冲动和行为问题（Mihara & Higuchi，2017）。

我们的元分析结果显示，与青少年网络游戏成瘾相关的社会因素主要包括压力、社会/人际关系问题、攻击性（欺凌与被欺凌），下面分别展开论述。

压力作为影响青少年网络游戏成瘾的首要因素，值得引起我们的重视。在纳入元分析的研究中，涉及压力的全部5项研究都报告它与青少年网络游戏成瘾有关，是青少年网络游戏成瘾的危险因素。这里的压力包括来自家庭成员的压力、学校考试的压力以及来自其他情况的压力。许多经历过压力性生活事件的人都很有可能发展为网络游戏成瘾。具有网络游戏成瘾的青少年也更容易感受到压力（Yen et al.，2019）。此外，由于具有适应不良的人格特质而在日常生活中容易遭受心理压力或不适的游戏玩家最有可能出现有问题的游戏行为（Laier et al.，2018），进而发展为网络游戏成瘾。

在社会/人际问题方面，12项相关研究中有10项研究表明其与青少年网络游戏成瘾有关，其中9项研究报告社会/人际关系问题是青少年网络游戏成瘾的危险因素，另外一项研究报告社会/人际关系问题是青少年网络游戏成瘾的保护因素。这里的社会/人际关系问题主要包括社交焦虑、人际关系不协调和孤独。已有研究表明，人际关系对于行为成瘾的发展起到举足轻重的作用（King et al.，2017）。这里的社会/人际关系主要包括个体与家庭中的父母、学校中的教师和同学以及他所处的所有社交环境的关系。一项有关临床样本的青少年网络游戏成瘾研究表明，青少年的人际敏感性与网络游戏成瘾高度相关（Torres-Rodríguez et al.，2018）。这也提醒我们在了解青少年的人际关系问题时，要着重关注他们的人格特征。

在攻击性（欺凌与被欺凌）方面，9项涉及攻击的研究中有5项表明其与青少年网络游戏成瘾有关，是青少年网络游戏成瘾的危险因素。只要是处于暴力事件中的青少年，其网络游戏成瘾的发病率就会更高。具有攻击性的青少年会在暴力游戏中得到释放，而被欺凌的青少年将游戏视为逃避现实或应对现实世界的一种方法（Vadlin et al.，2016）。

在心理因素方面，与青少年网络游戏成瘾相关的心理因素主要包括抑郁、焦虑、情绪困扰和自尊心低。在元分析研究的相关论文中，14项涉及抑郁的研究中有8项研究，11项涉及焦虑的研究中有5项研究表明，抑郁和焦虑与青少年网络游戏成瘾有关；14项涉及抑郁的研究中有7项研究，11项涉及焦虑的研究中有5项研究表明，抑郁和焦虑是青少年网络游戏成瘾的危险因素，涉及焦虑的另外一项研究表明抑郁是青少年网络游戏成瘾的保护因素。作为影响青少年网络游戏成瘾的主要心理因素，抑郁和焦虑之间有着密不可分的关系。焦虑症被认为是抑郁症发作的潜在原因（Moriarity et al.，2018），而在青春期患有抑郁症会增加其在成年后患焦虑症的风险（Johnson et al.，2018）。Shi等的研究指出，童年创伤对青少年的网络游戏成瘾有显著影响，其中焦虑和抑郁都显著影响了童年创伤与网络游戏成瘾之间的关系（Shi et al.，2020）。同时，解决童年创伤、降低抑郁和焦虑水平可以更有效地帮助青少年减少网络游戏成瘾行为。

在情绪方面，5项相关研究中有3项研究提出情绪困扰（主要包括经常出现负面情绪、缺乏情感意识、患有愤怒控制问题以及述情障碍等）与青少年网络游戏成瘾有关，是青少年网络游戏成瘾的危险因素。已有研究强调负性情绪识别在成瘾行为中起关键作用（Ernst et al.，2010），我们的研究也得到了相同的结果。出现这种情况可能是由于网络游戏的普及和易得性，使得青少年将其作为缓解情绪困扰的一种方式（Chang et al.，2020），久而久之，便导致青少年网络游戏成瘾。

在自尊方面，4项相关研究中有2项研究报告低自尊与青少年网络游戏成瘾有关，是青少年网络游戏成瘾的危险因素。这里的自尊包括身体自尊。青少年处于自我意识的形成期，会对自己格外关注。如果个体在现实世界中经常受到责备和打击，会促使他们依靠游戏来获得自尊，通过展示自己精通游戏来弥补弱小的自我形象，从而使他们逃避现实、克服社会苦难或满足社会交往的需要（Scerri et al.，2019）。此外，已有证据表明自我效能感（对个人产生结果的能力的绝对信任）与网络游戏成瘾之间存在负相关关系，这表明上瘾的游戏玩家可能暗藏着受损的自我概念（Jeong & Kim，2011）。

在家庭与学校方面，与青少年网络游戏成瘾相关的家庭与学校因素主要包括家庭功能失调和学业成绩差。6项相关研究中有4项研究报告家庭功能失调与青少年网络游戏成瘾有关，是青少年网络游戏成瘾的危险因素。这里的家庭功能失调包括家庭的低凝聚性、亲子关系不良和缺少家庭成员（单亲或留守家庭）。有研究发现，成瘾的游戏者比未成瘾游戏者体验到更多的家庭冲突，对家庭环境有负面看法以及有更差的家庭关系（Bussone et al.，2020），而未成瘾游戏者则比成瘾游戏者具有更好的家庭凝聚力（Bonnaire & Baptista，2019）。家庭的“功能失调”可能会促使青少年以逃到“控制论世界”中的方式来“逃脱”现实世界（Park et al.，2008），而游戏可能是青少年所采取的一种应对策略，以摆脱不愉快的家庭状况或避免由不良的家庭功能引起悲伤或愤怒之类的感觉（Schneider et al.，2017）。

在学业表现方面，5项相关研究中有2项研究报告学业成绩差与青少年网络游戏成瘾有关，是青少年网络游戏成瘾的危险因素。研究显示，网络游戏成瘾青少年的平均绩点低于及格分（Hawi et al.，2018）。在笔者看来，二者是密不可分的。学习成绩差的青少年无法在学习中获得喜悦和成就感，转而到游戏的世界中寻找相应的满足感，久而久之便形成网络游戏成瘾。而患有网络游戏成瘾的青少年会在游戏上花费大量时间（Kuss & Griffiths，2012），导致他们没有充足的时间来学习。这种恶性循环导致他们的学习成绩越来越差，也越来越不愿意学习。

在健康因素方面，与青少年网络游戏成瘾相关的主要健康因素包括多动/注意力不集中。对有关多动和IA（internet addiction，网络成瘾）的系统回顾和元分析发现，IA和多动症之间存在中度的相关关系，IA患者与更严重的多动症症状显著相关（Yao et al.，2017）。研究还表明，患有多动症的青少年比患有PDMU（problematic digital media usage，有问题的数字媒体使用）的青少年表现出更严重的注意力不集中问题（Becker et al.，2020）。同样，先前的交叉滞后小组设计研究发现，青少年的多动症和注意力不集中能显著预测网络游戏成瘾（Kammerl et al.，2019）。在我们的元分析中，7项相关研究中的5项研究报告多动/注意力不集中与青少年网络游戏成瘾有关，是青少年网络游戏成瘾的危险因素。神经影像学研究表明，这种情况是由于多动症青少年的执行控制神经网络发生了改变，进而成为网络游戏成瘾的诱因（Lee et al.，2017）。近年来，患有多动症的青少年越来越多，值得我们关注。

在游戏时长方面，与青少年网络游戏成瘾相关的游戏因素主要包括平均游戏时间长。与游戏时长相关的全部4项研究都报告它与青少年网络游戏成瘾有关，是青少年网络游戏成瘾的危险因素。研究表明，相较于每周花费2—4小时的青少年，每周在游戏上花费20小时以上的青少年的网络游戏成瘾发病率高了3倍（Severo et al.，2020）。

我们的研究发现，有3种因素与青少年网络游戏成瘾不具有显著的相关关系，分别是年龄、饮酒和自杀意念/行为。目前，多数研究证实了青少年饮酒与互联网问题应用存在显著的相关关系（Gámez-Guadix et al.，2015；Golpe et al.，2017；Wartberg et al.，2016），与网络游戏存在正相关关系（Wartberg & Kammerl，2020），但纳入我们的元分析的研究中有4项研究显示青少年饮酒与网络游戏成瘾不存在显著的相关关系。这可能是因为元分析研究中的相关因素是饮酒而不是酗酒，从而降低了酒精与青少年网络游戏成瘾之间的相关性。综上，酒精对青少年网络游戏的影响还需要进一步的实证研究来验证。

在年龄方面，8项相关研究中只有一项研究报告它与青少年网络游戏成瘾有关，是青少年网络游戏成瘾的危险因素。前文我们的亚组分析发现，成年青少年的网络游戏成瘾发病率更高，但元分析发现，年龄与青少年的网络游戏成瘾不存在显著的相关关系。这表明与未成年青少年相比，成年青少年样本中的网络游戏成瘾者更多，但这并不能说明随着年龄的增长，青少年出现网络游戏成瘾的概率会更高。此外，2018年的一项系统回顾研究发现，年龄与网络游戏成瘾之间可能存在倒U形关系，并且与玩网络游戏的时长相关（Paulus et al.，2018）。综上，年龄与网络游戏成瘾之间的具体关系还有待进一步证实。

在自杀意念方面，目前大部分研究证实青少年的网络成瘾和自杀意念之间存在显著的相关关系。例如，一项韩国研究表明网络成瘾群体中的抑郁和自杀意念水平最高（Kim et al.，2006），一项黎巴嫩的研究也表明青少年的网络成瘾得分与较高的自杀意念呈显著相关（Chahine et al.，2020）。但关于青少年网络游戏成瘾与自杀意念关系的研究结论却存在分歧，目前纳入我们的元分析的4篇相关研究中，有2篇研究表明两者存在显著的相关关系，另外2篇研究表明两者不存在显著的相关关系，在合并其OR值后，结果偏向于两者之间的相关不显著。这表明自杀意念与青少年网络游戏成瘾不具有强的相关性。

综上，本章中我们回顾了全球青少年网络游戏成瘾的发病率及其影响因素，这可能会引起我们对青少年心理健康问题的关注，可以帮助我们确定青少年网络游戏的负担水平，研究结果可以为青少年网络游戏行为的管理、优化及对成瘾的预防和干预策略提供一定的参考。综合来说，压力、性别（男性）、平均游戏时间长、家庭功能失调、社交/人际关系问题、多动/注意力不集中、学业成绩差、抑郁、攻击性、焦虑、情绪困扰、低自尊与青少年网络游戏成瘾呈显著相关。

小　结

经过一系列分析与综合，我们发现网络游戏成瘾在目前的青少年群体中保持10%左右的发病率。这似乎并不是一个很高的比率，但是相对于我国庞大的青少年人口基数，实际受到网络游戏成瘾影响的人数十分庞大，足以引起研究者和临床人员足够的重视。这提示我们，加强有效的预防和干预是一项重要而紧迫的任务。

在成瘾的风险因素上，男性、学业成绩差、家庭功能失调是影响青少年网络游戏成瘾的三大主要因素。其中，性别的影响与游戏的特征以及游戏最初的目标群体有关，而学业成绩差则可能从多方面对网络游戏行为产生影响，比如，带来额外压力，造成焦虑等情绪困扰，甚至放弃学业转而将时间和精力投入到游戏上。另外，家庭功能是否健全也会对一个人的游戏行为产生重要影响，这提示我们家庭在提供社会支持、改正不良观念、纠正儿童行为，甚至缓解儿童压力和改善儿童人际关系等方面都发挥着重要作用。家庭是构筑青少年抵御网络游戏成瘾的第一线，也是重要前线。

另外，青少年自身的心理因素，包括情绪问题、自尊心低和健康因素等都会对网络游戏成瘾产生预测作用。因此，关注青少年的心理健康问题，才能真正从根本上降低网络游戏成瘾发生的风险。

目前，网络进一步渗入社会的角角落落，人类行为已经与网络高度融合。同时，随着游戏硬件和软件的不断升级，视频游戏技术不断发展，不断产生出更逼真、更有趣、更容易让人沉浸其中的游戏体验。因此，在未来社会，网络游戏会持续对我们人类的行为产生影响，也会持续给临床医生带来新的挑战。这就需要研究者持续探究问题根源，不断寻找和改进干预网络游戏成瘾的最佳策略。

参考文献[①]

*Shu, L. W., & Wang, L. X. (2018). 初中生网络游戏成瘾现状研究——以江苏省丹阳市第三中学为例 [A Study on the Current Situation of Internet Game Addiction in Junior Middle School

① 带星号的参考文献为包含在元分析中的文献。

Students — A Case Study of the Third Middle School in Danyang City, Jiangsu Province]. 中小学心理健康教育, (25), 15–19+40. doi:CNKI:SUN:ZXXK.0.2018-25-006

*陈纯槿，顾小清.（2019）. 网络游戏对学生学科素养与社会融入的影响——基于PISA2015中国四省市测试数据的分析. *开放教育研究*，（5），73-87. https://doi:10.13966/j.cnki.kfjyyj.2019.05.008

*陈晶晶，陈浩.（2013）. 小学生网络游戏成瘾倾向与家庭环境的关系——以福州466名小学生为例. *湖南第一师范学院学报*，（2），25-28. Doi:CNKI:SUN:DYHN.0.2013-02-010

*陈开.（2019）. *大学生网游成瘾研究*（硕士学位论文）. 武汉工程大学. https://doi.org/10.27727/d.cnki.gwhxc.2019.000224

*陈琦.（2008）. *不同类型网络成瘾倾向医学本科生生活事件及社会支持状况的研究*（硕士学位论文）. 中国医科大学.

*陈逸健，黄时华，周庆安，喻承甫，王苑芮，龚文进.（2020）. 大一新生无聊倾向性、人际关系困扰与网络游戏成瘾的相互作用. *医学与社会，33*（7），90-93. https://doi.org/10.13723/j.yxysh.2020.07.021

董光恒.（2022）. *网络游戏成瘾的认知神经科学*. 北京：科学出版社. https://www.las.ac.cn/front/book/detail?id=2591290c1d8c643570e52999eee25480

*董莉莉，李湘.（2014）. 初中生沉溺网络游戏的现状调查探析——以乌鲁木齐市第六十八中学为例. *新疆教育学院学报*，（2），70-73. https://doi:CNKI：SUN：XINJ.0.2014-02-016

*董晓玉.（2019）. *高中生父母教养方式、时间管理倾向与网络游戏成瘾的关系*（硕士学位论文）. 曲阜师范大学. https://kns.cnki.net/KCMS/detail/detail.aspx?dbname=CMFD202001&filename=1019209017.nh

*董颖.（2009）. *暴力网络游戏成瘾与青少年攻击性的相关研究*（硕士学位论文）. 大连医科大学. https://kns.cnki.net/KCMS/detail/detail.aspx?dbname=CMFD2010&filename=2009206053.nh

*高超.（2017）. *大学生网络游戏成瘾行为的成因与早期注意加工特点的探究*（硕士学位论文）. 辽宁师范大学. https://kns.cnki.net/KCMS/detail/detail.aspx?dbname=CMFD201801&filename=1017089979.nh

*黄少华，朱丹红.（2021）. 青少年网络游戏心流体验与游戏成瘾的关系. *中国青年社会科学*，（1），79-89. https://doi:10.16034/j.cnki.10-1318/c.2021.01.014

*贾海艳.（2017）. *初中生网络游戏成瘾的现状及对策*（硕士学位论文）. 鲁东大学. https://kns.cnki.net/KCMS/detail/detail.aspx?dbname=CMFD201801&filename=1018037216.nh

*李慧静.（2020）. 高职院校大学生网络游戏成瘾的现状调查与分析——以西安铁路职业技术学院为例. *现代职业教育*，（19），60-61. https://doi:CNKI:SUN:XDZJ.0.2020-19-027

*刘冰洁.（2020）. *网络游戏成瘾青少年对游戏相关信息的注意偏向研究*（硕士学位论文）. 天津师范大学. https://doi.org/10.27363/d.cnki.gtsfu.2020.000095

*刘彩谊，张惠敏，方晓义，宁丽，冯彩燕，王磊，陶然.（2011）. 北京驻地新兵网络游戏成瘾状况调查及分析. *中国药物依赖性杂志，20*（6），474-477. https://doi.org/10.13936/j.cnki.cjdd1992.2011.06.019

美国精神医学学会.（2015）. *精神障碍诊断与统计手册（第五版）*. 张道龙，等译. 北京：北京大学出版社.

*齐金玲，曹运华，牛振海.（2019）. 大学生网络游戏成瘾与家庭教养方式的关系. *现代交际*，（13），33，32.

*秦立霞，刘桥生，罗涛.（2020）. 网络游戏障碍量表中文版在大学生中的信效度检验. *中国临床心理学杂志*，（1），33-36. https://doi:10.16128/j.cnki.1005-3611.2020.01.008

*邱思焰，杨钫惠，金子奇，徐莹，郑小英.（2019）. 中学生时间洞察力与网游成瘾的相关研究. *科教文汇（上旬刊）*，（7），164-167. https://doi.org/10.16871/j.cnki.kjwha.2019.03.071

*孙慧慧.（2021）. *同伴玩家与网络游戏成瘾*（硕士学位论文）. 河南大学. https://doi.org/10.27114/d.cnki.ghnau.2019.000218

*田晓林.（2017）. *网络游戏障碍大中学生强化敏感性与冲动性的研究*（硕士学位论文）. 贵州医科大学. https://kns.cnki.net/KCMS/detail/detail.aspx?dbname=CMFD201801&filename=1017099656.nh

*王淑娥，高和平.（2006）. 中职生网络游戏成瘾的现状调查分析. *河南职业技术师范学院学报（职业教育版）*，（3），85-87. https://doi:CNKI:SUN:ZJXY.0.2006-03-026

*王雪琪.（2011）. *大学生攻击性行为与网络游戏成瘾、家庭环境的关系研究*（硕士学位论文）. 南华大学. https://kns.cnki.net/KCMS/detail/detail.aspx?dbname=CMFD2011&filename=1011182642.nh

*辛璐.（2019）. *粗暴养育对网络游戏成瘾的影响机制及其干预*（硕士学位论文）. 华中师范大学. https://kns.cnki.net/KCMS/detail/detail.aspx?dbname=CMFD202001&filename=1019204364.nh

*胥正川.（2009）. 网络游戏成瘾的动机及抑制性因素作用的实证研究. *复旦学报（自然科学版）*，（3），308-314. https://doi.org/10.15943/j.cnki.fdxb-jns.2009.03.019

*徐光建.（2016）. 大学新生游戏动机与网络游戏成瘾的关系研究. *湖北函授大学学报*，（10），23-24. https://doi.org/10.3969/j.issn.1671-5918.2016.10.012

*闫宏微.（2013）. *大学生网络游戏成瘾问题研究*（博士学位论文）. 南京理工大学. https://kns.cnki.net/KCMS/detail/detail.aspx?dbname=CDFD1214&filename=1013354378.nh

*杨仕进.（2008）. *大学生网络游戏成瘾与心理健康水平的关系研究*（硕士学位论文）. 广西师范大学. https://kns.cnki.net/KCMS/detail/detail.aspx?dbname=CMFD2008&filename=2008118701.nh

*叶娜，佐斌，张陆.（2009）. 大学生网络游戏动机与成瘾的关系研究. *黑龙江高教研究*，（4），97-99. https://doi:CNKI:SUN:HLJG.0.2009-04-031

*余丽.（2017）. 应对方式在青少年压力性生活事件与网络游戏成瘾中的中介作用. *中国儿童保健杂志*，*25*（3），227-229，233. https://doi.org/10.11852/zgetbjzz2017-25-03-04

*余强.（2007）. *青少年学生网络游戏成瘾及其影响因素研究*（硕士学位论文）. 西南大学. https://kns.cnki.net/KCMS/detail/detail.aspx?dbname=CMFD2007&filename=2007131414.nh

*余皖婉，梁振，潘田中.（2016）. 暴力网络游戏与青少年家庭环境、人际交往困扰的关联研究. *佳木斯大学社会科学学报*，（1），176-178. https://doi:CNKI:SUN:JMSD.0.2016-01-049

*余祖伟，孙配贞，张仕华，黄健.（2009）. 广州市中学生网络游戏成瘾状况及影响因素研究. *中国临床心理学杂志*，（4），473-475. https://doi.org/10.16128/j.cnki.1005-3611.2009.04.036.

*余祖伟，孙配贞，张仕华，郭晓溶，肖春红.（2010）. 中学生学校生活满意度与网络游戏成瘾的关系研究. *成都中医药大学学报（教育科学版）*，（4），67-69. https://doi:CNKI:SUN:CDYY.0.2010-04-030

*喻承甫，唐翠莲，林枝，张秋君.（2017）. 多水平个体与环境因素对青少年网络游戏成瘾的交

互影响：基于潜在剖面分析. *教育测量与评价*，(6)，33-44，51. https://doi.org/10.16518/j.cnki.emae.2017.06.006

*张国华，雷雳.（2015）. 青少年网络游戏体验与网络游戏成瘾的交叉滞后分析. *心理科学*，(4)，883-888. https://doi.org/10.16719/j.cnki.1671-6981.2015.04.016

*张金鹏，阮明阳.（2009）. 青少年学生网络游戏成瘾实证分析——对昆明市3050名大中学生的调查. *宁夏大学学报（人文社会科学版）*，（3），159-170. https://doi:CNKI:SUN:NXDX.0.2009-03-036

*张珊珊，张野.（2019）. 中学生压力生活事件和网游动机在角色依恋与网游成瘾间的作用. *中国学校卫生*，(10)，1517-1520. https://doi.org/10.16835/j.cnki.1000-9817.2019.10.022

*张盛洁，胡泓，陈凤兰，梁颖，林秀金，潘玉立，… 吴俊端.（2020）. 中文版病理性网络游戏量表简版在大学生中的信效度检验. *中国健康心理学杂志*，（10），1528-1531. https://doi.org/10.13342/j.cnki.cjhp.2020.10.021

*张燕贞，喻承甫，张卫.（2017）. 青少年网络游戏成瘾的心理社会影响因素. *中国健康心理学杂志*，(7)，1058-1061. https://doi.org/10.13342/j.cnki.cjhp.2017.07.024

*张燕贞，张卫，伍秋林，杨棉华.（2016）. 临床实习生共情与手机网络游戏成瘾的相关性研究. *中国高等医学教育*，(7)，20-21. https://doi.org/10.3969/j.issn.1002-1701.2016.07.010

*张耀元，何兴杰.（2017）. 大学生网络游戏成瘾行为的调查及分析. *教育教学论坛*，(19)，73-75. https://doi:CNKI:SUN:JYJU.0.2017-19-034

中国互联网络信息中心.（2023-08-28）. *第52次《中国互联网络发展状况统计报告》*. https://www.cnnic.net.cn/n4/2023/0828/c88-10829.html.

*周瑛.（2020）. *亲子沟通、学校归属感、基本心理需求与青少年网络游戏成瘾的关系研究*（硕士学位论文）. 华中师范大学. https://doi.org/10.27159/d.cnki.ghzsu.2020.002607

*朱灏，尹可丽，宋媛春，梁钰琳.（2019）. 大学生无聊情绪、主观幸福感、认知失败体验与网络游戏成瘾的关系. *大理大学学报*，（3），110-115. https://doi.org/10.3969/j.issn.2096-2266.2019.03.019

*朱键军，张卫，喻承甫，周莎莎，孙国健，甄霜菊.（2015）. 学校氛围和青少年病理性网络游戏使用的关系：有调节的中介模型. *心理发展与教育*，(2)，246-256. https://doi.org/10.16187/j.cnki.issn1001-4918.2015.02.15

*佐斌，马红宇.（2010）. 青少年网络游戏成瘾的现状研究——基于十省市的调查与分析. *华中师范大学学报（人文社会科学版）*，(4)，117-122. https://doi:CNKI:SUN:HZSD.0.2010-04-017

*Asqah, M. I., Al Orainey, A. I., Shukr, M. A., Oraini, H. M., Turki, Y. A. (2020). The prevalence of internet gaming disorder among medical students at King Saud University, Riyadh, Saudi Arabia. A cross-sectional study. *Saudi Medical Journal*, (12), 1359-1363. https://doi.org/10.15537/smj.2020.12.05584

American Psychiatric Association. (2013). *Diagnostic and Statistical Manual of Mental Disorders* (5th ed.).Washington, D.C.: American Psychiatric Association. https://doi.org/10.1176/appi.books.9780890425596

* Awan, A. U. R. (2019). *Pathological Online Game Use and Its Effects on Adolescents' Subjective Well-being and Sleen Quality: A Moderated-Mediation Model.* (Doctoral dissertation). https://kns.

cnki.net/KCMS/detail/detail.aspx?dbname=CMFD202001&filename=1019205357.nh

*Asad Ur, R. A. (2019). *Pathological Online Game Use and Its Effects on Adolescents' Subjective Well-being and Sleen Quality: A Moderated-Mediation Model* [Master's thesis, Central China Normal University]. Chinese Master's Dissertations Full-text Database. https://kns.cnki.net/KCMS/detail/detail.aspx?dbname=CMFD202001&filename=1019205357.nh

*Aydın, O., Güçlü, M., Ünal-Aydın, P., & Spada, M. M. (2020). Metacognitions and emotion recognition in internet gaming disorder among adolescents. *Addictive Behaviors Reports*, *12*, 100296. https://doi.org/10.1016/j.abrep.2020.100296

*Balhara, Y. P. S., Kattula, D., Singh, S., Chukkali, S., & Bhargava, R. (2020). Impact of lockdown following COVID-19 on the gaming behavior of college students. *Indian Journal of Public Health*, *64* (9), S172-S176. https://doi.org/10.4103/ijph.IJPH_465_20

*Batthyány, D., Müller, K. W., Benker, F., & Wölfling, K. (2009). Computerspielverhalten: Klinische Merkmale von Abhängigkeit und Missbrauch bei Jugendlichen (Computer game playing: Clinical characteristics of dependence and abuse among adolescents). *Wiener Klinische Wochenschrift*, *121* (15-16), 502-509. https://doi.org/10.1007/s00508-009-1198-3

Becker, S. P., Breaux, R., Cusick, C. N., Dvorsky, M. R., Marsh, N. P., Sciberras, E., & Langberg, J. M. (2020). Remote Learning During COVID-19: Examining school practices, service continuation, and difficulties for adolescents with and without attention-deficit/hyperactivity disorder. *Journal of Adolescent Health*, *67* (6), 769-777. https://doi.org/10.1016/j.jadohealth.2020.09.002

*Beranuy, M., Machimbarrena, J. M., Vega-Osés, M. A., Carbonell, X., Griffiths, M. D., Pontes, H. M., & González-Cabrera, J. (2020). Spanish validation of the internet gaming disorder scale-short form (IGDS9-SF) : Prevalence and relationship with online gambling and quality of life. *International Journal of Environmental Research and Public Health*, *17* (5), 1562. https://doi.org/10.3390/ijerph17051562

Block, J. J. (2008). Issues for DSM-V: Internet addiction. *American Journal of Psychiatry*, *165* (3), 306-307. https://doi.org/10.1176/appi.ajp.2007.07101556

Bogerts, B., & Moeller-Leimkuehler, A. M. (2013). Neurobiological and psychosocial causes of individual male violence. *Nervenarzt*, *84* (11), 1329-1344. https://doi.org/10.1007/s00115-012-3610-x

*Bonnaire, C., & Baptista, D. (2019). Internet gaming disorder in male and female young adults: The role of alexithymia, depression, anxiety and gaming type. *Psychiatry Research*, *272*, 521-530. https://doi.org/10.1016/j.psychres.2018.12.158

*Bonnaire, C., & Phan, O. (2017). Relationships between parental attitudes, family functioning and internet gaming disorder in adolescents attending school. *Psychiatry Research*, *255*, 104-110. https://doi.org/10.1016/j.psychres.2017.05.030

*Borges, G., Orozco, R., Benjet, C., Martínez Martínez, K. I., Contreras, E. V., Jiménez Pérez, A. L., … Rumpf, H. J. (2019). DSM-5 internet gaming disorder among a sample of Mexican first-year college students. *Journal of Behavioral Addictions*, *8* (4), 714-724. https://doi.org/10.1556/2006.8.2019.62

*Buiza-Aguado, C., Alonso-Canovas, A., Conde-Mateos, C., Buiza-Navarrete, J. J., & Gentile, D. (2018). Problematic video gaming in a young Spanish population: Association with psychosocial

health. *Cyberpsychology, Behavior and Social Networking*, *21* (6), 388-394. https://doi.org/10.1089/cyber.2017.0599

Bussone, S., Trentini, C., Tambelli, R., & Carola, V. (2020). Early-life interpersonal and affective risk factors for pathological gaming. *Frontiers in Psychiatry*, *11*, 423. https://doi.org/10.3389/fpsyt.2020.00423

Chahine, M., Salameh, P., Haddad, C., Sacre, H., Soufia, M., Akel, M., ... Hallit, S. (2020). Suicidal ideation among Lebanese adolescents: Scale validation, prevalence and correlates. *BMC Psychiatry*, *20* (1), 304. https://doi.org/10.1186/s12888-020-02726-6

Chang, Y. H., Chang, K. C., Hou, W. L., Lin, C. Y., & Griffiths, M. D. (2020). Internet gaming as a coping method among schizophrenic patients facing psychological distress. *Journal of Behavioral Addictions*, *9* (4), 1022-1031. https://doi.org/10.1556/2006.2020.00081

*Chen, J. H., Zhang, M. X., Ko, C. H., Tong, K. K., Yu, S. M., Sou, E. K. L., & Wu, A. M. S. (2020). The development of a screening tool for Chinese disordered gamers: The Chinese internet gaming disorder checklist (C-IGDC). *International Journal of Environmental Research and Public Health*, *17* (10), 3412. https://doi.org/10.3390/ijerph17103412

*Chiu, Y. C., Pan, Y. C., & Lin, Y. H. (2018). Chinese adaptation of the ten-item internet gaming disorder test and prevalence estimate of internet gaming disorder among adolescents in Taiwan. *Journal of Behavioral Addictions*, *7* (3), 719-726. https://doi.org/10.1556/2006.7.2018.92

*Choo, H., Gentile, D. A., Sim, T., Li, D., Khoo, A., & Liau, A. K. (2010). Pathological video-gaming among Singaporean youth. *Annals of the Academy of Medicine, Singapore*, *39* (11), 822-829.

*Coëffec, A., Romo, L., Cheze, N., Riazuelo, H., Plantey, S., Kotbagi, G., & Kern, L. (2015). Early substance consumption and problematic use of video games in adolescence. *Frontiers in Psychology*, *6*, 501. https://doi.org/10.3389/fpsyg.2015.00501

*Colder Carras, M., & Kardefelt-Winther, D. (2018). When addiction symptoms and life problems diverge: A latent class analysis of problematic gaming in a representative multinational sample of European adolescents. *European Child & Adolescent Psychiatry*, *27* (4), 513-525. https://doi.org/10.1007/s00787-018-1108-1

*de Pasquale, C., Dinaro, C., & Sciacca, F. (2018). Relationship of internet gaming disorder with dissociative experience in Italian university students. *Annals of General Psychiatry*, *17*, 28. https://doi.org/10.1186/s12991-018-0198-y

Derevensky, J. L., Hayman, V., & Lynette, G. (2019). Behavioral addictions: Excessive gambling, gaming, internet, and smartphone use among children and adolescents. *Pediatric Clinics of North America*, *66* (6), 1163-1182. https://doi.org/10.1016/j.pcl.2019.08.008

*Desai, R. A., Krishnan-Sarin, S., Cavallo, D., & Potenza, M. N. (2010). Video-gaming among high school students: Health correlates, gender differences, and problematic gaming. *Pediatrics*, *126* (6), 1414-1424. https://doi.org/10.1542/peds.2009-2706

Dong, G., & Potenza, M. N. (2014). A cognitive-behavioral model of internet gaming disorder: Theoretical underpinnings and clinical implications. *Journal of Psychiatric Research*, *58*, 7-11. https://doi.org/10.1016/j.jpsychires.2014.07.005

Dong, G., Zheng, H., Liu, X., Wang, Y., Du, X., & Potenza, M. N. (2018). Gender-related differences in cue-elicited cravings in internet gaming disorder: The effects of deprivation. *Journal of Behavioral Addictions*, *7* (4), 953-964. https://doi.org/10.1556/2006.7.2018.118

Dreier, M., Wölfling, K., Duven, E., Giralt, S., Beutel, M. E., & Müller, K. W. (2017). Free-to-play: About addicted Whales, at risk Dolphins and healthy Minnows. Monetarization design and internet gaming disorder. *Addictive Behaviors*, *64*, 328-333. https://doi.org/10.1016/j.addbeh.2016.03.008

*Eichenbaum, A., Kattner, F., Bradford, D., Gentile, D. A., & Green, C. S. (2015). Role-playing and real-time strategy games associated with greater probability of internet gaming disorder. *Cyberpsychology, Behavior and Social Networking*, *18* (8), 480-485. https://doi.org/10.1089/cyber.2015.0092

Ernst, M., Luckenbaugh, D. A., Moolchan, E. T., Temple, V. A., Jennessa, J., Korelitz, K. E., … Kimes, A. S. (2010). Decision-making and facial emotion recognition as predictors of substance-use initiation among adolescents. *Addictive Behaviors*, *35* (3), 286-289. https://doi.org/10.1016/j.addbeh.2009.10.014

*Evren, C., Dalbudak, E., Topcu, M., Kutlu, N., Evren, B., & Pontes, H. M. (2018). Psychometric validation of the Turkish nine-item internet gaming disorder scale-short form (IGDS9-SF). *Psychiatry Research*, *265*, 349-354. https://doi.org/10.1016/j.psychres.2018.05.002

Fam, J. Y. (2018). Prevalence of internet gaming disorder in adolescents: A meta-analysis across three decades. *Scandinavian Journal of Psychology*, *59* (5), 524-531. https://doi.org/10.1111/sjop.12459

*Finserås, T. R., Pallesen, S., Mentzoni, R. A., Krossbakken, E., King, D. L., & Molde, H. (2019). Evaluating an internet gaming disorder scale using mokken scaling analysis. *Frontiers in Psychology*, *10*, 911. https://doi.org/10.3389/fpsyg.2019.00911

*Fisher, S. (1994). Identifying video game addiction in children and adolescents. *Addictive Behaviors*, *19* (5), 545-553. https://doi.org/10.1016/0306-4603 (94) 90010-8

*Fumero, A., Marrero, R. J., Bethencourt, J. M., & Peñate, W. (2020). Risk factors of internet gaming disorder symptoms in Spanish adolescents. *Computers in Human Behavior*, *111*, 106416. https://doi.org/10.1016/j.chb.2020.106416

Gámez-Guadix, M., Calvete, E., Orue, I., & Las Hayas, C. (2015). Problematic internet use and problematic alcohol use from the cognitive-behavioral model: A longitudinal study among adolescents. *Addictive Behaviors*, *40*, 109-114. https://doi.org/10.1016/j.addbeh.2014.09.009

*Gauthier, B., Rolland, B., Berthiller, J., Tatou, M., Charvet, D., Gansel, Y., Fleury, R., Saoud, M., & Laconi, S. (2020). Need for systematic screening for IGD in adolescent psychiatric inpatients. *L'Encephale*, *46* (6), 420-426. https://doi.org/10.1016/j.encep.2020.05.014

*Gentile, D. (2009). Pathological video-game use among youth ages 8 to 18: A national study. *Psychological Science*, *20* (5), 594-602. https://doi.org/10.1111/j.1467-9280.2009.02340.x

*Gentile, D. A., Choo, H., Liau, A., Sim, T., Li, D., Fung, D., & Khoo, A. (2011). Pathological video game use among youths: A two-year longitudinal study. *Pediatrics*, *127* (2), e319-e329. https://doi.org/10.1542/peds.2010-1353

Golpe, S., Gómez, P., Braña, T., Varela, J., & Rial, A. (2017). The relationship between consumption of alcohol and other drugs and problematic internet use among adolescents. *Adicciones*, *29* (4), 268-277. https://doi.org/10.20882/adicciones.959

Griffiths, M. D., van Rooij, A. J., Kardefelt-Winther, D., Starcevic, V., Király, O., Pallesen, S., … Demetrovics, Z. (2016). Working towards an international consensus on criteria for assessing internet gaming disorder: A critical commentary on Petry et al. (2014). *Addiction*, *111* (1), 167-175. https://doi.org/10.1111/add.13057

*Grüsser, S. M., Thalemann, R., Albrecht, U., & Thalemann, C. N. (2005). Excessive computer usage in adolescents--results of a psychometric evaluation (in German). *Central European Journal of Medicine*, *117* (5-6), 188-195. https://doi.org/10.1007/s00508-005-0339-6

*Han, H., Jeong, H., Jo, S. J., Son, H. J., & Yim, H. W. (2020). Relationship between the experience of online game genre and high risk of internet gaming disorder in Korean adolescents. *Epidemiology and Health*, *42*, e2020016.https://doi.org/10.4178/epih.e2020016

*Hawi, N. S., Samaha, M., & Griffiths, M. D. (2018). Internet gaming disorder in Lebanon: Relationships with age, sleep habits, and academic achievement. *Journal of Behavioral Addictions*, *7* (1), 70-78. https://doi.org/10.1556/2006.7.2018.16

*Hong, J. S., Kim, S. M., Jung, J. W., Kim, S. Y., Chung, U. S., & Han, D. H. (2019). A comparison of risk and protective factors for excessive internet game play between Koreans in Korea and immigrant Koreans in the United States. *Journal of Korean Medical Science*, *34* (23), e162. https://doi.org/10.3346/jkms.2019.34.e162

*Hui, B. P. H., Wu, A. M. S., & Pun, N. (2019a). Disentangling the effects of empathy components on internet gaming disorder: A study of vulnerable youth in China. *Journal of Behavioral Addictions*, *8* (1), 181-189. https://doi.org/10.1556/2006.8.2019.12

*Hui, B. P. H., Wu, A. M. S., Siu, N. Y. F., Chung, M. L., & Pun, N. (2019b). The effects of need satisfaction and dissatisfaction on flourishing among young Chinese gamers: The mediating role of internet gaming disorder. *International Journal of Environmental Research and Public Health*, *16* (22), 4367. https://doi.org/10.3390/ijerph16224367

*Hyunho, H., Woo, Y. H., Jin, J. S., Hyunsuk, J., Eunjin, K., & Jung, S. H. (2018). The relationship between risk of school bullying victimization and risk of internet gaming disorder in adolescents: Focusing on gender differences. *Journal of the Korean Society of School Health*, *31* (2), 79-87. https://doi.org/10.15434/KSSH.2018.31.2.79

*Jeong, E. J., & Kim, D. H. (2011). Social activities, self-efficacy, game attitudes, and game addiction. *Cyberpsychology Behavior and Social Networking*, *14* (4), 213-221. https://doi.org/10.1089/cyber.2009.0289

*Jeong, H., Yim, H. W., Lee, S. Y., Lee, H. K., Potenza, M. N., & Lee, H. (2021). Factors associated with severity, incidence or persistence of internet gaming disorder in children and adolescents: A 2-year longitudinal study. *Addiction*, *116* (7), 1828-1838. https://doi.org/10.1111/add.15366

*Jeong, H., Yim, H. W., Jo, S. J., Lee, S. Y., Lee, H. K., Gentile, D. A., … Choi, J. S. (2020). Gaming patterns and related symptoms in adolescents using cluster analysis: Baseline results from the internet user cohort for unbiased recognition of gaming disorder in early adolescence (iCURE) study. *Environmental Research*, *182*, 109105. https://doi.org/10.1016/j.envres.2019.109105

*Jo, S. J., Jeong, H., Son, H. J., Lee, H. K., Lee, S. Y., Kweon, Y. S., & Yim, H. W. (2020). Diagnostic usefulness of an ultra-brief screener to identify risk of online gaming disorder for children and adolescents. *Psychiatry Investigation*, *17* (8), 762-768. https://doi.org/10.30773/pi.2019.0279

*Jo, Y. S., Bhang, S. Y., Choi, J. S., Lee, H. K., Lee, S. Y., & Kweon, Y. S. (2019). Clinical characteristics of diagnosis for internet gaming disorder: Comparison of DSM-5 IGD and ICD-11 GD diagnosis. *Journal of Clinical Medicine*, *8* (7), 945. https://doi.org/10.3390/jcm8070945

*Johansson, A., & Götestam, K. G. (2004). Problems with computer games without monetary reward: Similarity to pathological gambling. *Psychological Reports*, *95* (2), 641-650. https://doi.org/10.2466/pr0.95.2.641-650

Johnson, D., Dupuis, G., Piche, J., Clayborne, Z., & Colman, I. (2018). Adult mental health outcomes of adolescent depression: A systematic review. *Depression and Anxiety*, *35* (8), 700-716. https://doi.org/10.1002/da.22777

Kammerl, R., Kriston, L., Lincoln, T., Wartberg, L., & Zieglmeier, M. (2019). A longitudinal study on psychosocial causes and consequences of internet gaming disorder in adolescence. *Psychological Medicine*, *49* (2), 287-294. https://doi.org/10.1017/S003329171800082X

*Khalil, S. A., Kamal, H., & Elkholy, H. (2020). The prevalence of problematic internet use among a sample of Egyptian adolescents and its psychiatric comorbidities. *International Journal of Social Psychiatry*, *68* (2), 294-300. https://doi.org/10.1177/0020764020983841

*Kim, E., Yim, H. W., Jeong, H., Jo, S. J., Lee, H. K., Son, H. J., & Han, H. H. (2018). The association between aggression and risk of internet gaming disorder in Korean adolescents: The mediation effect of father-adolescent communication style. *Epidemiology and Health*, *40*, e2018039. https://doi.org/10.4178/epih.e2018039

*Kim, K., & Kim, K. (2015). Internet game addiction, parental attachment, and parenting of adolescents in South Korea. *Journal of Child Adolescent Substance Abuse*, (6), 366-371. https://doi.org/10.1080/1067828X.2013.872063

Kim, K., Ryu, E., Chon, M. Y., Yeun, E. J., Choi, S. Y., Seo, J. S., & Nam, B. W. (2006). Internet addiction in Korean adolescents and its relation to depression and suicidal ideation: A questionnaire survey. *International Journal of Nursing Studies*, *43* (2), 185-192. https://doi.org/10.1016/j.ijnurstu.2005.02.005

*King, D. L., & Delfabbro, P. H. (2017). Features of parent-child relationships in adolescents with internet gaming disorder. *International Journal of Mental Health and Addiction*, *15* (6), 1270-1283. https://doi.org/10.1007/s11469-016-9699-6

King, D. L., & Delfabbro, P. H. (2018a). The concept of "harm" in internet gaming disorder. *Journal of Behavioral Addictions*, *7* (3), 562-564. https://doi.org/10.1556/2006.7.2018.24

King, D. L., & Delfabbro, P. H. (2018b). Predatory monetization schemes in video games (e.g. 'loot boxes') and internet gaming disorder. *Addiction*, *113* (11), 1967-1969. https://doi.org/10.1111/add.14286

King, D., & Delfabbro, P. H. (2018c). *Internet gaming disorder: Theory, assessment, treatment, and prevention*. New York: Elsevir Academic Press.

*King, D. L., Delfabbro, P. H., Zwaans, T., & Kaptsis, D. (2013). Clinical features and axis I comorbidity of Australian adolescent pathological internet and video game users. *The Australian and New Zealand Journal of Psychiatry*, *47* (11), 1058-1067. https://doi.org/10.1177/0004867413491159

King, D. L., Delfabbro, P. H., Potenza, M. N., Demetrovics, Z., Billieux, J., & Brand, M. (2018). Internet gaming disorder should qualify as a mental disorder. *Australian & New Zealand Journal of Psychiatry*, *52* (7), 615-617. https://doi.org/10.1177/0004867418771189

King, D. L., Delfabbro, P. H., Wu, A. M. S., Doh, Y. Y., Kuss, D. J., Pallesen, S., … Sakuma, H. (2017). Treatment of internet gaming disorder: An international systematic review and CONSORT evaluation. *Clinical Psychology Review*, *54*, 123-133. https://doi.org/10.1016/j.cpr.2017.04.002

*Király, O., Griffiths, M. D., Urbán, R., Farkas, J., Kökönyei, G., Elekes, Z., Tamás, D., & Demetrovics, Z. (2014). Problematic internet use and problematic online gaming are not the same: Findings from a large nationally representative adolescent sample. *Cyberpsychology, Behavior and Social Networking*, *17* (12), 749-754. https://doi.org/10.1089/cyber.2014.0475

*Koo, H. J., Han, D. H., Park, S. Y., & Kwon, J. H. (2017). The structured clinical interview for dsm-5 internet gaming disorder: Development and validation for diagnosing IGD in adolescents. *Psychiatry Investigation*, *14* (1), 21-29. https://doi.org/10.4306/pi.2017.14.1.21

*Kotyuk, E., Magi, A., Eisinger, A., Király, O., Vereczkei, A., Barta, C., … Demetrovics, Z. (2020). Co-occurrences of substance use and other potentially addictive behaviors: Epidemiological results from the Psychological and Genetic Factors of the Addictive Behaviors (PGA) Study. *Journal of Behavioral Addictions*, *9* (2), 272-288. https://doi.org/10.1556/2006.2020.00033

*Krossbakken, E., Pallesen, S., Mentzoni, R. A., King, D. L., Molde, H., Finserås, T. R., & Torsheim, T. (2018). A cross-lagged study of developmental trajectories of video game engagement, addiction, and mental health. *Frontiers in Psychology*, *9*, 2239. https://doi.org/10.3389/fpsyg.2018.02239

Kuss, D. J., & Griffiths, M. D. (2012). Online gaming addiction in children and adolescents: A review of empirical research. *Journal of Behavioral Addictions*, *1* (1), 3-22. https://doi.org/10.1556/JBA.1.2012.1.1

Laier, C., Wegmann, E., & Brand, M. (2018). Personality and cognition in gamers: Avoidance expectancies mediate the relationship between maladaptive personality traits and symptoms of internet-gaming disorder. *Frontiers in Psychiatry*, *9*, Article 304. https://doi.org/10.3389/fpsyt.2018.00304

Lee, D., Lee, J., Lee, J. E., & Jung, Y.C. (2017). Altered functional connectivity in default mode network in internet gaming disorder: Influence of childhood ADHD. *Progress in Neuro-psychopharmacology & Biological Psychiatry*, *75*, 135-141. https://doi.org/10.1016/j.pnpbp.2017.02.005

*Lemmens, J. S., Valkenburg, P. M., & Gentile, D. A. (2015). The internet gaming disorder scale. *Psychological Assessment*, *27* (2), 567-582. https://doi.org/10.1037/pas0000062

*Lemmens, J. S., Valkenburg, P. M., & Peter, J. (2009). Development and validation of a game addiction scale for adolescents. *Media Psychology*, *12* (1), 77-95. https://doi.org/10.1080/15213260802669458

*Liang, Q., Yu, C., Xing, Q., Liu, Q., & Chen, P. (2021). The influence of parental knowledge and basic psychological needs satisfaction on peer victimization and internet gaming disorder among Chinese adolescents: A mediated moderation model. *International Journal of Environmental Research and Public Health*, *18* (5), 2397. https://doi.org/10.3390/ijerph18052397

*Liang, Q., Yu, C., Chen, Q., Xie, X., Wu, H., Xing, J., … Dou, K. (2019). Exposure to community violence, affiliations with risk-taking peer groups, and internet gaming disorder among Chinese adolescents: The moderating role of parental monitoring. *Frontiers in Psychology*, *10*, 2074. https://doi.org/10.3389/fpsyg.2019.02074

Liao, Z. J., Huang, Q. P., Huang, S. C., Tan, L. X., Shao, T. L., Fang, T., … Shen, H. (2020). Prevalence of internet gaming disorder and its association with personality traits and gaming characteristics among Chinese adolescent gamers. *Frontiers in Psychiatry*, *11*, 598585. https://doi.org/10.3389/fpsyt.2020.598585

Lin, C. Y., Potenza, M. N., Broström, A., & Pakpour, A. H. (2021). Internet gaming disorder, psychological distress, and insomnia in adolescent students and their siblings: An actor-partner interdependence model approach. *Addictive Behaviors Reports*, *13*. https://doi.org/10.1016/j.abrep.2020.100332

*Lin, C. Y., Imani, V., Broström, A., Årestedt, K., Pakpour, A. H., & Griffiths, M. D. (2019). Evaluating the psychometric properties of the 7-item Persian game addiction scale for Iranian adolescents. *Frontiers in Psychology*, *10*, 149. https://doi.org/10.3389/fpsyg.2019.00149

*Lin, S., Yu, C. F., Chen, J., Sheng, J., Hu, Y. S., & Zhong, L. (2020). The association between parental psychological control, deviant peer affiliation, and internet gaming disorder among Chinese adolescents: A two-year longitudinal study. *International Journal of Environmental Research and Public Health*, *17* (21), 8197. https://doi.org/10.3390/ijerph17218197

*Lopez-Fernandez, O., Honrubia-Serrano, M. L., Baguley, T., & Griffiths, M. D. (2014). Pathological video game playing in Spanish and British adolescents: Towards the exploration of internet gaming disorder symptomatology. *Computers in Human Behavior*, *41*, 304-312. https://doi.org/10.1016/j.chb.2014.10.011

*Männikkö, N., Billieux, J., & Kääriäinen, M. (2015). Problematic digital gaming behavior and its relation to the psychological, social and physical health of Finnish adolescents and young adults. *Journal of Behavioral Addictions*, *4* (4), 281-288. https://doi.org/10.1556/2006.4.2015.040

*Männikkö, N., Demetrovics, Z., Ruotsalainen, H., Myllymäki, L., Miettunen, J., & Kääriäinen, M. (2020). Psychometric properties of the problematic gaming questionnaire used to assess Finnish adolescents. *International Journal of Mental Health and Addiction*, *18* (1), 103-111. https://doi.org/10.1007/s11469-018-9943-3

*Marmet, S., Studer, J., Lemoine, M., Grazioli, V. S., Bertholet, N., & Gmel, G. (2019). Reconsidering the associations between self-reported alcohol use disorder and mental health problems in the light of co-occurring addictions in young Swiss men. *PLoS One*, *14* (9), e0222806. https://doi.org/10.1371/journal.pone.0222806

Messias, E., Castro, J., Saini, A., Usman, M., & Peeples, D. (2011). Sadness, suicide, and their association with video game and internet overuse among teens: Results from the youth risk behavior survey 2007 and 2009. *Suicide and Life-Threatening Behavior*, *41* (3), 307-315. https://doi.org/10.1111/j.1943-278X.2011.00030.x

Mihara, S., & Higuchi, S. (2017). Cross-sectional and longitudinal epidemiological studies of internet gaming disorder: A systematic review of the literature. *Psychiatry and Clinical Neurosciences*, *71* (7), 425-444. https://doi.org/10.1111/pcn.12532

Moeller-Leimkuehler, A. M., & Bogerts, B. (2013). Collective violence. Neurobiological, psychosocial and sociological condition. *Nervenarzt*, *84* (11), 1345-1354, 1356-1358. https://doi.org/10.1007/s00115-013-3856-y

Moriarity, D. P., McArthur, B. A., Ellman, L. M., Coe, C. L., Abramson, L. Y., & Alloy, L. B. (2018). Immunocognitive model of depression secondary to anxiety in adolescents. *Journal of Youth and Adolescence*, *47* (12), 2625-2636. https://doi.org/10.1007/s10964-018-0905-7

*Müller, K. W., Janikian, M., Dreier, M., Wölfling, K., Beutel, M. E., Tzavara, C., Richardson, C., & Tsitsika, A. (2015). Regular gaming behavior and internet gaming disorder in European adolescents: Results from a cross-national representative survey of prevalence, predictors, and psychopathological correlates. *European Child & Adolescent Psychiatry*, *24* (5), 565-574. https://doi.org/10.1007/s00787-014-0611-2

*Müller, T., & Bonnaire, C. (2021). Intrapersonal and interpersonal emotion regulation and identity: A preliminary study of avatar identification and gaming in adolescents and young adults. *Psychiatry Research*, *295*, 113627. https://doi.org/10.1016/j.psychres.2020.113627

*Nakayama, H., Matsuzaki, T., Mihara, S., Kitayuguchi, T., & Higuchi, S. (2020). Relationship between problematic gaming and age at the onset of habitual gaming. *Pediatrics International*, *62* (11), 1275-1281. https://doi.org/10.1111/ped.14290

*Pápay, O., Urbán, R., Griffiths, M. D., Nagygyörgy, K., Farkas, J., Kökönyei, G., Felvinczi, K., Oláh, A., Elekes, Z., & Demetrovics, Z. (2013). Psychometric properties of the problematic online gaming questionnaire short-form and prevalence of problematic online gaming in a national sample of adolescents. *Cyberpsychology, Behavior and Social Networking*, *16* (5), 340-348. https://doi.org/10.1089/cyber.2012.0484

*Pan, Y. C., Chiu, Y. C., & Lin, Y. H. (2019). Development of the problematic mobile gaming questionnaire and prevalence of mobile gaming addiction among adolescents in Taiwan. *Cyberpsychology, Behavior and Social Networking*, *22* (10), 662-669. https://doi.org/10.1089/cyber.2019.0085

Park, S. K., Kim, J. Y., & Cho, C. B. (2008). Prevalence of internet addiction and correlations with family factors among South Korean adolescents. *Adolescence*, *43* (172), 895-909.

*Paschke, K., Sack, P. M., & Thomasius, R. (2021). Validity and psychometric properties of the internet gaming disorder scale in three large independent samples of children and adolescents. *International Journal of Environmental Research and Public Health*, *18* (3), 1095. https://doi.org/10.3390/ijerph18031095

Paulus, F. W., Ohmann, S., von Gontard, A., & Popow, C. (2018). Internet gaming disorder in children and adolescents: A systematic review. *Developmental Medicine & Child Neurology*, *60* (7), 645-659. https://doi.org/10.1111/dmcn.13754

*Peeters, M., Koning, I., Lemmens, J., & Eijnden, R. V. D. (2019). Normative, passionate, or problematic? Identification of adolescent gamer subtypes over time. *Journal of Behavioral Addictions*, *8* (3), 574-585. https://doi.org/10.1556/2006.8.2019.55

*Phan, O., Prieur, C., Bonnaire, C., & Obradovic, I. (2019). Internet gaming disorder: Exploring its impact on satisfaction in life in Pelleas adolescent sample. *International Journal of Environmental Research and Public Health*, *17* (1), 3. https://doi.org/10.3390/ijerph17010003

*Pontes, H. M., Macur, M., & Griffiths, M. D. (2016). Internet gaming disorder among Slovenian primary schoolchildren: Findings from a nationally representative sample of adolescents. *Journal of Behavioral Addictions*, *5* (2), 304-310. https://doi.org/10.1556/2006.5.2016.042

*Rajab, A. M., Zaghloul, M. S., Enabi, S., Rajab, T. M., Al-Khani, A. M., Basalah, A., … Saquib, N. (2020). Gaming addiction and perceived stress among Saudi adolescents. *Addictive Behaviors Reports*, *11*, 100261. https://doi.org/10.1016/j.abrep.2020.100261

*Rasmussen, M., Meilstrup, C. R., Bendtsen, P., Pedersen, T. P., Nielsen, L., Madsen, K. R., & Holstein, B. E. (2015). Perceived problems with computer gaming and internet use are associated with poorer social relations in adolescence. *International Journal of Public Health*, *60* (2), 179-188. https://doi.org/10.1007/s00038-014-0633-z

*Razjouyan, K., Khademi, M., Dorandish, Z.Y., & Davari-Ashtiani, R. (2020). An investigation into the frequency of addiction to video games in children with attention-deficit hyperactivity disorder. *Journal of Family Medicine and Primary Care*, *9* (2), 669-672. https://doi.org/10.4103/jfmpc.jfmpc_464_19

*Rehbein, F., Kleimann, M., & Mössle, T. (2010). Prevalence and risk factors of video game dependency in adolescence: Results of a German nationwide survey. *Cyberpsychology, Behavior and Social Networking*, *13* (3), 269-277. https://doi.org/10.1089/cyber.2009.0227

*Rehbein, F., Kliem, S., Baier, D., Mößle, T., & Petry, N. M. (2015). Prevalence of internet gaming disorder in German adolescents: Diagnostic contribution of the nine DSM-5 criteria in a state-wide representative sample. *Addiction*, *110* (5), 842-851. https://doi.org/10.1111/add.12849

*Rikkers, W., Lawrence, D., Hafekost, J., & Zubrick, S. R. (2016). Internet use and electronic gaming by children and adolescents with emotional and behavioural problems in Australia: Results from the second child and adolescent survey of mental health and wellbeing. *BMC Public Health*, *16* (1), 399. https://doi.org/10.1186/s12889-016-3058-1

*Rosenkranz, T., Müller, K. W., Dreier, M., Beutel, M. E., & Wölfling, K. (2017). Addictive potential of internet applications and differential correlates of problematic use in internet gamers versus generalized internet users in a representative sample of adolescents. *European Addiction Research*, *23* (3), 148-156. https://doi.org/10.1159/000475984

*Sánchez-Iglesias, I., Bernaldo-de-Quirós, M., Labrador, F. J., Estupiñá Puig, F. J., Labrador, M., & Fernández-Arias, I. (2020). Spanish validation and scoring of the internet gaming disorder scale-short-form (IGDS9-SF). *The Spanish Journal of Psychology*, *23*, e22. https://doi.org/10.1017/

SJP.2020.26

*Salam, Z., Sadiq, Z., Tajamul, U., Sethi, M. R., & Irfan, M. (2019). Internet gaming disorder in students of Peshawar: A cross sectional survey. *Journal of Ayub Medical College*, *31* (4), 548-552.

*Saquib, N., Saquib, J., Wahid, A., Ahmed, A. A., Dhuhayr, H. E., Zaghloul, M. S., Ewid, M., & Al-Mazrou, A. (2017). Video game addiction and psychological distress among expatriate adolescents in Saudi Arabia. *Addictive Behaviors Reports*, *6*, 112-117. https://doi.org/10.1016/j.abrep.2017.09.003

Scerri, M., Anderson, A., Stavropoulos, V., & Hu, E. (2019). Need fulfilment and internet gaming disorder: A preliminary integrative model. *Addictive Behaviors Reports*, *9*, 100144. https://doi.org/10.1016/j.abrep.2018.100144

Schneider, L. A., King, D. L., & Delfabbro, P. H. (2017). Family factors in adolescent problematic internet gaming: A systematic review. *Journal of Behavioral Addictions*, *6* (3), 321-333. https://doi.org/10.1556/2006.6.2017.035

*Schneider, L. A., King, D. L., & Delfabbro, P. H. (2018). Maladaptive coping styles in adolescents with internet gaming disorder symptoms. *International Journal of Mental Health and Addiction*, *16* (4), 905-916. https://doi.org/10.1007/s11469-017-9756-9

*Seok, S., & DaCosta, B. (2012). The world's most intense online gaming culture: Addiction and high-engagement prevalence rates among South Korean adolescents and young adults. *Computers in Human Behavior*, *28* (6), 2143-2151. https://doi.org/10.1016/j.chb.2012.06.019

*Severo, R. B., Soares, J. M., Affonso, J. P., Giusti, D. A., de Souza Junior, A. A., de Figueiredo, V. L., … Pontes, H. M. (2020). Prevalence and risk factors for internet gaming disorder. *Brazilian Journal of Psychiatry*, *42* (5), 532-535. https://doi.org/10.1590/1516-4446-2019-0760

*Shi, J., Boak, A., Mann, R., & Turner, N. E. (2019). Adolescent problem video gaming in urban and non-urban regions. *International Journal of Mental Health and Addiction*, *17* (4), 817-827. https://doi.org/10.1007/s11469-018-9872-1

*Shi, L. J., Wang, Y. Y., Yu, H., Wilson, A., Cook, S., Duan, Z. Z., … Chen, R. S. (2020). The relationship between childhood trauma and internet gaming disorder among college students: A structural equation model. *Journal of Behavioral Addictions*, *9* (1), 175-180. https://doi.org/10.1556/2006.2020.00002

*Strittmatter, E., Kaess, M., Parzer, P., Fischer, G., Carli, V., Hoven, C. W., … Wasserman, D. (2015). Pathological internet use among adolescents: Comparing gamers and non-gamers. *Psychiatry Research*, *228* (1), 128-135. https://doi.org/10.1016/j.psychres.2015.04.029

Sugaya, N., Shirasaka, T., Takahashi, K., & Kanda, H. (2019). Bio-psychosocial factors of children and adolescents with internet gaming disorder: A systematic review. *BioPsychoSocial Medicine*, *13*, 3. https://doi.org/10.1186/s13030-019-0144-5

*Taechoyotin, P., Tongrod, P., Thaweerungruangkul, T., Towattananon, N., Teekapakvisit, P., Aksornpusitpong, C., … Piyaraj, P. (2020). Prevalence and associated factors of internet gaming disorder among secondary school students in rural community, Thailand: A cross-sectional study. *BMC Research Notes*, *13* (1), 11. https://doi.org/10.1186/s13104-019-4862-3

Tateno, M., Skokauskas, N., Kato, T. A., Teo, A. R., & Guerrero, A. P. S. (2016). New game software (Pokémon Go) may help youth with severe social withdrawal, hikikomori. *Psychiatry Research*, *246*, 848-849. https://doi.org/10.1016/j.psychres.2016.10.038

Tateno, M., Teo, A. R., Ukai, W., Kanazawa, J., Katsuki, R., Kubo, H., & Kato, T. A. (2019). Internet addiction, smartphone addiction, and hikikomori trait in Japanese young adult: Social isolation and social network. *Frontiers in Psychiatry*, *10*, 455. https://doi.org/10.3389/fpsyt.2019.00455

*Tejeiro Salguero, R. A., & Morán, R. M. (2002). Measuring problem video game playing in adolescents. *Addiction*, *97* (12), 1601-1606. https://doi.org/10.1046/j.1360-0443.2002.00218.x

*Teng, Z. J., Griffiths, M. D., Nie, Q., Xiang, G. C., & Guo, C. (2020a). Parent-adolescent attachment and peer attachment associated with internet gaming disorder: A longitudinal study of first-year undergraduate students. *Journal of Behavioral Addictions*, *9* (1), 116-128. https://doi.org/10.1556/2006.2020.00011

*Teng, Z. J., Pontes, H. M., Nie, Q., Griffiths, M. D., & Guo, C. (2021). Depression and anxiety symptoms associated with internet gaming disorder before and during the COVID-19 pandemic: A longitudinal study. *Journal of Behavioral Addictions*, *10* (1), 169-180. https://doi.org/10.1556/2006.2021.00016

Teng, Z. J., Pontes, H. M., Nie, Q., Xiang, G. C., Griffiths, M. D., & Guo, C. (2020b). Internet gaming disorder and psychosocial well-being: A longitudinal study of older-aged adolescents and emerging adults. *Addictive Behaviors*, *110*, 106530. https://doi.org/10.1016/j.addbeh.2020.106530

*Throuvala, M. A., Janikian, M., Griffiths, M. D., Rennoldson, M., & Kuss, D. J. (2019). The role of family and personality traits in internet gaming disorder: A mediation model combining cognitive and attachment perspectives. *Journal of Behavioral Addictions*, *8* (1), 48-62. https://doi.org/10.1556/2006.8.2019.05

Torres-Rodríguez, A., Griffiths, M. D., Carbonell, X., & Oberst, U. (2018). Internet gaming disorder in adolescence: Psychological characteristics of a clinical sample. *Journal of Behavioral Addictions*, *7* (3), 707-718. https://doi.org/10.1556/2006.7.2018.75

*Turner, N. E., Paglia-Boak, A., Ballon, B., Cheung, J. T. W., Adlaf, E. M., Henderson, J., … Mann, R. E. (2012). Prevalence of problematic video gaming among Ontario adolescents. *International Journal of Mental Health and Addiction*, *10* (6), 877-889. https://doi.org/10.1007/s11469-012-9382-5

*Vadlin, S., Åslund, C., Hellström, C., & Nilsson, K. W. (2016). Associations between problematic gaming and psychiatric symptoms among adolescents in two samples. *Addictive Behaviors*, *61*, 8-15. https://doi.org/10.1016/j.addbeh.2016.05.001

*van Rooij, A. J., Schoenmakers, T. M., Vermulst, A. A., van den Eijnden, R. J., & van de Mheen, D. (2011). Online video game addiction: Identification of addicted adolescent gamers. *Addiction*, *106* (1), 205-212. https://doi.org/10.1111/j.1360-0443.2010.03104.x

*van Rooij, A. J., Kuss, D. J., Griffiths, M. D., Shorter, G. W., Schoenmakers, M. T., & van de Mheen, D. (2014). The (co-) occurrence of problematic video gaming, substance use, and psychosocial problems in adolescents. *Journal of Behavioral Addictions*, *3* (3), 157-165. https://doi.org/

10.1556/JBA.3.2014.013

*Wan, C. S., & Chiou, W. B. (2007). The motivations of adolescents who are addicted to online games: A cognitive perspective. *Adolescence*, *42* (165), 179-197.

*Wang, C. W., Chan, C. L., Mak, K. K., Ho, S. Y., Wong, P. W., & Ho, R. T. (2014). Prevalence and correlates of video and internet gaming addiction among Hong Kong adolescents: A pilot study. *The Scientific World Journal*, *2014*, 874648. https://doi.org/10.1155/2014/874648

Wang, R., Li, M., Zhao, M., Yu, D., Hu, Y., Wiers, C. E., … Yuan, K. (2019). Internet gaming disorder: Deficits in functional and structural connectivity in the ventral tegmental area-Accumbens pathway. *Brain Imaging and Behavior*, *13* (4), 1172-1181. https://doi.org/10.1007/s11682-018-9929-6

*Wartberg, L., & Kammerl, R. (2020). Empirical relationships between problematic alcohol use and a problematic use of video games, social media and the internet and their associations to mental health in adolescence. *International Journal of Environmental Research and Public Health*, *17* (17), 6098. https://doi.org/10.3390/ijerph17176098

*Wartberg, L., Kriston, L., & Kammerl, R. (2017a). Associations of social support, friends only known through the internet, and health-related quality of life with internet gaming disorder in adolescence. *Cyberpsychology, Behavior and Social Networking*, *20* (7), 436-441. https://doi.org/10.1089/cyber.2016.0535

*Wartberg, L., Kriston, L., & Thomasius, R. (2017b). The prevalence and psychosocial correlates of internet gaming disorder. *Deutsches Arzteblatt International*, *114* (25), 419-424. https://doi.org/10.3238/arztebl.2017.0419

*Wartberg, L., Kriston, L., & Thomasius, R. (2020). Internet gaming disorder and problematic social media use in a representative sample of German adolescents: Prevalence estimates, comorbid depressive symptoms and related psychosocial aspects. *Computers in Human Behaviors*, *103*, 31-36. https://doi.org/10.1016/j.chb.2019.09.014

*Wartberg, L., Zieglmeier, M., & Kammerl, R. (2021). An empirical exploration of longitudinal predictors for problematic internet use and problematic gaming behavior. *Psychological Reports*, *124* (2), 543-554. https://doi.org/10.1177/0033294120913488

*Wartberg, L., Kriston, L., Zieglmeier, M., Lincoln, T., & Kammerl, R. (2019). A longitudinal study on psychosocial causes and consequences of internet gaming disorder in adolescence. *Psychological Medicine*, *49* (2), 287-294. https://doi.org/10.1017/S003329171800082X

*Wartberg, L., Kriston, L., Kramer, M., Schwedler, A., Lincoln, T. M., & Kammerl, R. (2017c). Internet gaming disorder in early adolescence: Associations with parental and adolescent mental health. *European Psychiatry*, *43*, 14-18. https://doi.org/10.1016/j.eurpsy.2016.12.013

Wartberg, L., Brunner, R., Kriston, L., Durkee, T., Parzer, P., Fischer-Waldschmidt, G., … Kaess, M. (2016). Psychopathological factors associated with problematic alcohol and problematic internet use in a sample of adolescents in Germany. *Psychiatry Research*, *240*, 272-277. https://doi.org/10.1016/j.psychres.2016.04.057

Weinstein, A., & Lejoyeux, M. (2020). Neurobiological mechanisms underlying internet gaming disorder. *Dialogues in Clinical Neuroscience*, *22* (2), 113-126. https://doi.org/10.31887/DCNS.2020.22.2/aweinstein

Weinstein, N., Przybylski, A. K., & Murayama, K. (2017). A prospective study of the motivational and health dynamics of internet gaming disorder. *Peerj*, *5*, e3838. https://doi.org/10.7717/peerj.3838

*Wichstrøm, L., Stenseng, F., Belsky, J., von Soest, T., & Hygen, B. W. (2019). Symptoms of internet gaming disorder in youth: Predictors and comorbidity. *Journal of Abnormal Child Psychology, 47* (1), 71-83. https://doi.org/10.1007/s10802-018-0422-x

*Yang, X., Huang, B., & Wong, K. M. (2021). Prevalence and socio-demographic, anthropometric, and cognitive correlates of internet gaming disorder among children in China. *Children and Youth Services Review*, *122*, 105893. https://doi.org/10.1016/j.childyouth.2020.105893

*Yang, X., Jiang, X., Mo, P. K., Cai, Y., Ma, L., & Lau, J. T. (2020). Prevalence and interpersonal correlates of internet gaming disorders among Chinese adolescents. *International Journal of Environmental Research and Public Health*, *17* (2), 579. https://doi.org/10.3390/ijerph17020579

Yao, Y. W., Liu, L., Ma, S. S., Shi, X. H., Zhou, N., Zhang, J. T., & Potenza, M. N. (2017). Functional and structural neural alterations in internet gaming disorder: A systematic review and meta-analysis. *Neuroscience & Biobehavioral Reviews*, *83*, 313-324. https://doi.org/10.1016/j.neubiorev.2017.10.029

Yao, Y. W., Wang, L. J., Yip, S. W., Chen, P. R., Li, S., Xu, J., … Fang, X. Y. (2015). Impaired decision-making under risk is associated with gaming-specific inhibition deficits among college students with Internet gaming disorder. *Psychiatry Research*, *229* (1-2), 302-309. https://doi.org/10.1016/j.psychres.2015.07.004

Yen, J. Y., Lin, H. C., Chou, W. P., Liu, T. L., & Ko, C. H. (2019). Associations among resilience, stress, depression, and internet gaming disorder in young adults. *International Journal of Environmental Research and Public Health*, *16* (17), 3138. https://doi.org/10.3390/ijerph16173181

Yen, J. Y., Yeh, Y. C., Wang, P. W., Liu, T. L., Chen, Y. Y., & Ko, C. H. (2018). Emotional regulation in young adults with internet gaming disorder. *International Journal of Environmental Research and Public Health*, *15* (1), 30. https://doi.org/10.3390/ijerph15010030

Young, K. S. (1996). Psychology of computer use: XL. Addictive use of the internet: A case that breaks the stereotype. *Psychological Reports*, *79* (3), 899-902. https://doi.org/10.2466/pr0.1996.79.3.899

*Yu, C. F., Li, X., & Zhang, W. (2015). Predicting adolescent problematic online game use from teacher autonomy support, basic psychological needs satisfaction, and school engagement: A 2-year longitudinal study. *Cyberpsychology*, *Behavior and Social Networking*, *18* (4), 228-233. https://doi.org/10.1089/cyber.2014.0385

*Yu, H., & Cho, J. (2016). Prevalence of internet gaming disorder among Korean adolescents and associations with non-psychotic psychological symptoms, and physical aggression. *American Journal of Health Behavior*, *40* (6), 705-716. https://doi.org/10.5993/AJHB.40.6.3

*Yu, S. M., Ivan Jacob, A. P., Zhang, M. X., & Anise, M. S. W. (2019). Psychometric validation of the internet gaming disorder-20 test among Chinese middle school and university students. *Journal of Behavioral Addictions, 8* (2), 295-305. https://doi.org/10.1556/2006.8.2019.18

*Yu, Y. L., Yang, X., Wang, S. P., Wang, H. W., Chang, R. J., Tsamlag, L., … Lau, J. (2020). Serial multiple mediation of the association between internet gaming disorder and suicidal ideation by insomnia and depression in adolescents in Shanghai, China. *BMC Psychiatry*, *20* (1), 460. https://doi.org/10.1186/s12888-020-02870-z

*Yu, Y. Q., Li, J. B., & Lau, J. T. (2021a). Awareness and potential impacts of the medicalization of internet gaming disorder: Cross-sectional survey among adolescents in China. *Journal of Medical Internet Research*, *23* (2), e22393. https://doi.org/10.2196/22393

*Yu, Y. Q., Mo, P. K., Zhang, J. X., Li, J. B., & Lau, J. T. (2019). Validation of the Chinese version of the revised internet gaming cognition scale among adolescents in China: Maladaptive cognitions as potential determinants of internet gaming disorder. *International Journal of Environmental Research and Public Health*, *17* (1), 290. https://doi.org/10.3390/ijerph17010290

*Yu, Y. Q., Mo, P. K., Zhang, J. X., Li, J. B., & Lau, J. T. (2021b). Why is internet gaming disorder more prevalent among Chinese male than female adolescents? The role of cognitive mediators. *Addictive Behaviors*, *112*, 106637. https://doi.org/10.1016/j.addbeh.2020.106637

*Zamani, E., Kheradmand, A., Cheshmi, M., Abedi, A., & Hedayati, N. (2010). Comparing the social skills of students addicted to computer games with normal students. *Addiction & Health*, *2* (3-4), 59-65.

Zhai, X., Asmi, F., Zhou, R., Ahmad, I., Anwar, M. A., Saneinia, S., & Li, M. (2020). Investigating the mediation and moderation effect of students' addiction to virtual reality games: A perspective of structural equation modeling. *Discrete Dynamics in Nature and Society*, *2020*, 5714546. https://doi.org/10.1155/2020/5714546

*Zhai, Z. W., Hoff, R. A., Howell, J. C., Wampler, J., Sarin, S. K., & Potenza, M. N. (2020). Differences in associations between problematic video-gaming, video-gaming duration, and weapon-related and physically violent behaviors in adolescents. *Journal of Psychiatric Research*, *121*, 47-55. https://doi.org/10.1016/j.jpsychires.2019.11.005

*Zhang, M. X., Wang, X. R., Yu, S. M., & Wu, A. (2019). Purpose in life, social support, and internet gaming disorder among Chinese university students: A 1-year follow-up study. *Addictive Behaviors*, *99*, 106070. https://doi.org/10.1016/j.addbeh.2019.106070

第二章

网络游戏成瘾的干预研究概览

鉴于网络游戏成瘾带来的巨大负面作用，越来越多的研究者和临床医生尝试对这一疾病进行干预和治疗。但是，由于缺乏标准化的、具有指导性的操作流程，目前对网络游戏成瘾的治疗可谓“各显神通”，不同研究者依据自身的专业背景和临床干预经验，借鉴针对其他精神疾病和成瘾的干预策略，尝试了各种方法以应对网络游戏成瘾。

根据现有的关于网络游戏成瘾机制以及其他成瘾性疾病的研究结果，网络游戏成瘾的治疗方法涵盖了行为学、药理学和神经调节等多个方面。网络游戏成瘾治疗相关研究的迅速增加，部分源于社会现实中日益迫切的治疗需求，很多临床医生会遇到大量主动前来治疗游戏成瘾的人，或者被父母强制带来寻求帮助的网络游戏成瘾青少年。面对这一新出现的疾病，临床上迫切需要实证支持的有效治疗方法。一些论文回顾了治疗网络游戏成瘾的策略及其疗效（King et al.，2017；King & Delfabbro，2014；Zajac et al.，2017，2020），也有综述类研究关注游戏障碍的治疗服务（King et al.，2022）和康复资源的重要性（Gavriel-Fried et al.，2023），并探讨了未来研究的方向（Basenach et al.，2023）。

然而，早期的研究综述中，有的在纳入研究标准上相对宽松，有的缺乏控制组（Zhao et al.，2022），有的缺乏RCT，从而限制了结论的科学性。鉴于该领域的进展，我们将论述重点放在有控制组的干预研究上（有控制组的研究才算是科学的研究，能有效排除安慰剂效应等），并就未来的研究方向提出了建议。为了帮助读者迅速了解该领域的进展及其存在的不足之处，就需要对目前的研究及其结果进行深入的归纳和剖析。为此，我们回顾了目前针对网络游戏成瘾干预的相关研究，总结了这些研究的优势和不足，并提出了未来研究的趋势。

一、网络游戏成瘾干预的元分析研究

为了从宏观上全面了解网络游戏成瘾干预的进展和存在的问题，我们采用了元分析的方法来评估已发表的有关网络游戏成瘾的干预研究。

（一）文献检索

首先，为了更全面地了解现有的针对网络游戏成瘾的干预策略，我们在Web of Science、PubMed、Scopus（ScienceDirect）三大数据库中对截至2023年12月所发表的论文进行了检索，并依据研究者的研究策略进行了分类。图2-1展示了完整的检索流程。

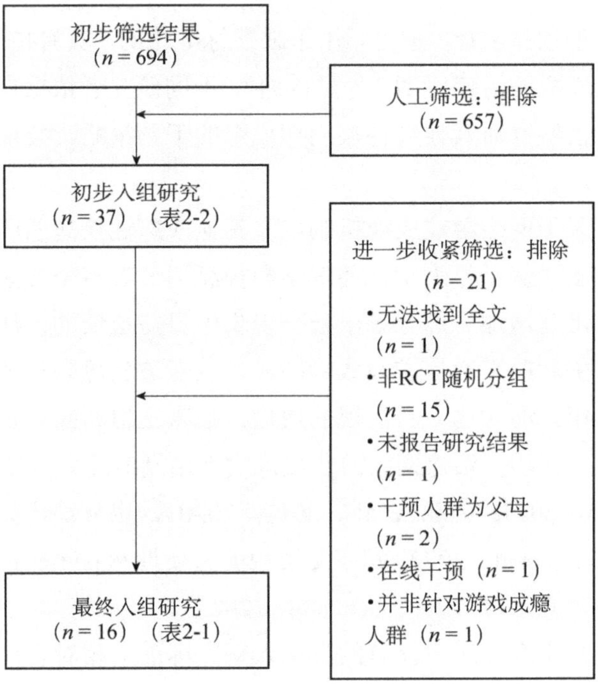

图2-1　论文检索和筛选流程图

世界著名学术数据库简介

Web of Science是一个综合性的学术文献检索工具，由Clarivate Analytics（前身为汤森路透）开发和维护。它涵盖了各个学科领域的优秀学术期刊、会议论文、专利和其他学术文献资源。Web of Science提供了全球范围内的文献索引和引用信息，可以帮助研究人员追踪和评估学术研究的影响力及引用情况。Web of Science还提供了一些评价指标，如影响因子（impact factor）和引用频次（citation count），用于评估期刊和研究论文的质量与影响力。同时，通过引文分析和评价指标，研究人员可以评估自己的研究成果在学术界的影响力，并与其他研究者进行交流和合作。

PubMed是一个广泛使用的在线数据库，提供了大量的生物医学文献资源。它由美国国家生物技术信息中心（National Center of Biotechnology Information，NCBI）维护，是研究人员、医疗专业人员及生命科学和医学领域学生的宝贵资源。PubMed收录了来自各种科学期刊的文章信息，包括与医学、生物学、生物化学、遗传学等相关的文章，并提供了许多出版物的摘要和全文，用户可以通过关键词、作者或期刊名称等搜索特定文章。PubMed还提供了高级搜索选项、过滤器和工具，帮助用户细化搜索并获取相关的科学文章。

Scopus是一种全球性的学术文献数据库，由爱思唯尔（Elsevier）公司开发和维护。Scopus提供了广泛的文献检索和分析功能，可以帮助研究人员找到相关的学术文献、评估研究成果的影响力，并进行学术研究的跟踪和分析。Scopus数据库涵盖了包括来自不同国家和地区的各个学科领域的学术期刊、会议论文和专利等，为研究人员提供了一个全面的学术资源平台。

1. 检索逻辑

[“internet gaming” OR “gaming” OR “video game” OR “online gaming” OR “digital gaming” OR “game”]

AND [“addiction” OR “pathological” OR “excessive” OR “problem” OR “disorder”]

AND [“treatment” OR “intervention” OR “training” OR “modification”]

依据这一检索逻辑，有694篇论文进入了第一轮的筛选。

2. 论文选择标准

符合以下标准的论文才会被选入：①对治疗效果进行了评估；②包括控制组；③每组至少有10名参与者；④包括结果测量、网络游戏成瘾的症状和严重程度以及游戏持续时间。论文排除标准包括如下方面：①无治疗、干预或预防；②评论或理论性文章；③无英文版本。

3. 人工筛选过程

对依据检索逻辑确定的标题、摘要、引文信息和引文描述符分两步进行筛选：初步筛选去除无关论文；然后，根据纳入和排除标准筛选全文，并对摘要和正文内容进行评估。

4. 数据提取过程

我们从所有符合纳入标准的论文中收集了以下数据：治疗类型、样本大小、样本平均年龄和标准差（如无平均年龄，则取年龄范围）、研究设计、对比组的特征（如果有）、诊断“网络游戏成瘾”的方法（具体测量方法和测量类型）、与网络游戏成瘾相关的主要结果变量（即网络游戏成瘾症状的严重程度、游戏时间）。如果研究包括治疗后即时评估之外的后续评估，则列出治疗后评估和最长后续评估的结果。最后，我们将所有数据整理成表格，以便对不同研究进行比较。

（二）纳入的研究

如果按照严格筛选，只有16项研究进入最后的统计与分析范畴（表2-1）。但是将筛选的标准适度放宽松，比如，对控制组的要求不是特别严格，那么会有37项干预研究进入最后的范畴（表2-2，未包含与表 2-1 相同的 16 项研究）。在本章中，我们将着重介绍表 2-1 中这16项符合严格科学流程的研究，以展示当前研究的最新进展。但是在整本书的设计上，特别是在接下来的章节中，我们在具体介绍某种研究方法和策略的有效性时会建立在这37项研究的基础上，以展示当前网络游戏成瘾干预研究的全貌，使读者更全面地了解网络游戏成瘾干预研究的进展。

由表2-1的结果可以发现：尽管网络游戏成瘾已受到研究人员和公众的广泛关注，但随机对照试验数量相对较少，经验验证疗法也寥寥无几。在各种治疗方法中，认知行为疗法（CBT）、药物（安非他酮和艾司西酞普兰）、经颅直流电刺激（tDCS）、正念冥想（mindfulness meditation，MM）和家庭疗法至少得到了初步支持。然而，对网络游戏成瘾治疗方法的研究和经验验证疗法效果的确定仍处于早期阶段。

综述起来，纳入的研究可分为基于认知行为疗法的方法、药物疗法、非侵入性脑部刺激（NIBS）和其他疗法。6项研究评估了基于认知行为疗法或认知行为疗法加心理治疗的方法，两项研究评估了药物治疗，两项研究评估了经颅直流电刺激疗法，一项研究评估了家庭疗法，一项研究评估了演讲和写作课程疗法，还有一项研究评估了正念冥想。

二、网络游戏成瘾干预的策略及其效果评述

（一）基于认知行为疗法的策略

有7项研究对认知行为疗法进行了测试。

第一项研究比较了在药物治疗的基础上加用认知行为疗法的效果。32名被试被分配到认知行为疗法加安非他酮治疗组，33名被试被分配到仅安非他酮治疗组。经过8周的干预后，与药物组相比，认知行为疗法+安非他酮组的游戏时间大幅减少，网络成瘾严重程度也大幅减轻（Kim et al.，2012）。

第二项研究直接比较了认知行为疗法和基本心理咨询方法的效果，每组各包含14名被试，为期6周。两种方法都能减轻网络游戏成瘾的严重程度，且组间差异不显著（Li & Wang，2013）。

第三项研究比较了72名接受认知行为疗法治疗的被试和71名等待治疗的控制组被试。经过15周的认知行为疗法治疗后，治疗组72名男性中有50人的病情得到缓解，而控制组71名男性中只有17人的病情得到缓解，这反映出认知行为疗法的优越性（King et al.，2020）。

在第四项研究中，38名被试被随机分配到两组：一组是回避游戏线索（CBM：回避）组；另一组是接近游戏线索（CBM：趋向）组。被试通过推动或拉动操纵杆，接受回避或接近游戏线索的内隐训练。结果显示，单节课的训练能显著减弱被试接近游戏线索的自动行为倾向（Rabinovitz & Nagar，2015）。

第五项研究比较了VRT、认知行为疗法和为期4周的休闲游戏治疗的效果。结果显示，认知行为疗法组和VRT组的游戏成瘾得分都有所下降（Park et al.，2016）。

在第六项研究中，48名被试被分配到SRC训练组或虚假训练组。经过4天的训练后，SRC训练组的网络游戏成瘾严重程度、焦虑和游戏欲望都有所降低，而虚假训练组则没有出现这些效果（He et al.，2021）。

第七项研究对患有游戏障碍和其他网络使用障碍的人进行了基于认知行为疗法的干预。经过4个疗程的训练后，他们的游戏障碍的症状严重程度明显减轻（Lindenberg et al.，2022）。

基于认知行为疗法的方法评价：以认知行为疗法为基础的方法是目前研究最为广泛的治疗策略。认知行为疗法对许多疾病都有可靠的证据基础。对于包括人格障碍、进食障碍、成瘾行为、愤怒、犯罪行为、疼痛管理以及与医疗条件相关

表2-1 经严格筛选的16项研究

项目	作者及年份	国家	干预策略	并发症	被试数量（男，女）	干预周期（疗程）	年龄（$M \pm SD$）或年龄范畴	研究设计	入组标准及测量工具	结果测量指标	显著结果
基于CBT的策略	Kim et al.，2012	韩国	CBT+安非他酮 仅安非他酮	重度抑郁	32（32，0）人 33（33，0）人	8周（8） 8周（8）	16.2±1.4岁 15.9±1.6岁	RCT	YIAS得分＞50分； +每周游戏时间＞30小时； +适应不良治疗或痛苦； +自我报告	每周游戏时间；网络游戏成瘾症状（采用YIAS测量）	CBT+安非他酮组的每周游戏时间和YIAS得分下降幅度大于仅安非他酮组（治疗后），组间差异在随访（治疗后4周）时保持不变
	Li & Wang，2013	中国	CBT群体治疗 基本心理咨询	无	14（14，0）人 14（14，0）人	6周（12） 6周（12）	12—19岁	RCT	每周游戏时间＞30小时； +在线游戏认知成瘾量表得分＞35分； +得分＞30分； +痛苦或适应不良行为； +自我报告并经精神科医生诊断	网络游戏成瘾症状（采用YIAS测量）	两组的YIAS得分均有所下降，但无组间差异（治疗后）
	Rabinovitz & Nagar，2015	以色列	CBM（趋向） CBM（回避）	无	19（19，0）人 19（19，0）人	1次	23.1±4.0岁 22.5±4.0岁	RCT	GAS中的游戏问题得分较高； +每周游戏时间＞10小时，持续时间≥1年	动机偏差的强度	单次训练明显降低了被试接近游戏线索的自动行为倾向。此外，CBM减少了被试的主观冲动和游戏意图，并减少了他们寻求游戏的行为
	Park et al.，2016	韩国	VRT组 CBT组 控制组	无	12（12，0）人 12（12，0）人 12（12，0）人	4周	23.6±2.7岁 24.2±3.2岁 23.3±2.9岁	RCT	每周游戏时间＞30小时； +生活受到干扰+痛苦或适应不良； +YIAS得分＞50分； +自我报告	网络游戏成瘾症状（采用YIAS测量）	VRT似乎减轻了网络游戏成瘾的严重程度，显示出与CBT相似的效果
	Wölfling et al.，2019	德国、澳大利亚	CBT 控制组	无	72（72，0）人 71（71，0）人	15周 15周	17—55岁	RCT	根据临床专家评分和AICA-S自我报告测量，在过去6个月中达到网络成瘾标准	网络和电脑游戏成瘾自我报告（采用AICA-S测量）	CBT组72名男性中有50人（69.4%）的症状有所缓解，而WLC组71名男性中有17人（23.9%）的症状有所缓解

续表

项目	作者及年份	国家	干预策略	并发症	被试数量（男，女）	干预周期（疗程）	年龄（$M\pm SD$）或年龄范畴	研究设计	入组标准及测量工具	结果测量指标	显著结果
基于CBT的策略	He et al.，2021	中国	SRC虚假训练组 SRC训练组	无	24（4，20）人 24（5，19）人	4天 4天	18—22岁	RCT	网络游戏成瘾得分≥32分； +每天游戏时间≥2小时，持续时间≥1年； +大部分时间（50%以上）上网+主要玩《王者荣耀》游戏；自我报告	对游戏提示的反应时间	实验组被试对游戏提示的反应时间明显增加，且网络游戏障碍严重程度、焦虑程度和渴求程度的得分明显下降。然而，控制组被试并没有表现出这些效果
	Lindenberg et al.，2022	德国	基于CBT的干预 仅测量组	无	85（无）人 126（无）人	4个疗程	12—18岁	RCT	使用德文版强迫性上网量表对高危参与者进行筛查	干预组的症状明显减轻	与仅进行评估的控制组相比，干预组的症状在12个月内明显减轻（39.8%对27.7%）
正念冥想	Li et al.，2017	美国	MORE+认知疗法组 控制组	无	15（14，1）人 15（10，4）人	8周 8周	22.2±3.8岁 27.8±5.5岁	RCT	DSM-5症状≥3个；+自我报告	基于DSM-5网络游戏成瘾标准的核对表（是/否问题）	与支持组相比，治疗组的网络游戏成瘾症状的减轻幅度更大（治疗后3个月）
	Li et al.，2018	美国	MORE组 支持组	无	15（14，1）人 15（10，4）人	8周 8周	25±5.4岁	RCT	DSM-5症状≥3个	网络游戏成瘾严重程度；对玩电子游戏的渴求程度；与游戏相关的不良认知和积极再评价	正念疗法在减少与游戏相关的不良认知方面有一定效果，可以降低被试的网络游戏成瘾严重程度和对玩电子游戏的渴求程度
药物干预	Han & Renshaw，2012	韩国	安非他酮+教育 安慰剂+教育	重度抑郁	25（25，0）人 25（25，0）人	8周 8周	21.2±8.0岁 19.1±6.2岁	RCT	YIAS得分>50分； +每周游戏时间>30小时； +痛苦或损伤； +自我报告	每周游戏时间；网络游戏成瘾症状（采用YIAS测量）	与安慰剂+教育组相比，安非他酮+教育组的游戏时间和YIAS得分下降幅度更大（治疗后）

续表

项目	作者及年份	国家	干预策略	并发症	被试数量（男，女）	干预周期（疗程）	年龄（$M\pm SD$）或年龄范畴	研究设计	入组标准及测量工具	结果测量指标	显著结果
药物干预	Song et al.，2016	韩国	安非他酮 艾司西酞普兰 非治疗控制组	无	44（44，0）人 42（42，0）人 33（33，0）人	6周 6周 6周	20.0 ± 3.6岁 19.8 ± 4.2岁 19.6 ± 4.0岁	RCT	DSM-5标准，未确定具体衡量标准； +由精神科医生诊断	网络游戏成瘾症状（采用YIAS测量）	治疗组（安非他酮组和艾司西酞普兰组）的YIAS得分有所下降，但非治疗控制组没有下降。安非他酮组的下降幅度大于艾司西酞普兰组（治疗后）
非侵入性脑部刺激	Wu et al.，2020	中国	tDCS 虚假tDCS	无	33（33，0）人	1周	18—25岁	RCT	DSM-5症状≥5个； +IAT得分≥50分； +大部分时间（50%以上）用于游戏； +每周游戏时间>20小时，持续时间≥1年	对渴求和负面感觉的主观评价以及皮肤传导反应	干预后，右侧大脑前交叉皮层（具体为DLPFC）的tDCS提高了被试对游戏刺激的渴求程度和负性情绪调节能力
	Wu et al.，2021	中国	tDCS 虚假tDCS	无	33（33，0）人	1周	18—25岁	RCT	DSM-5症状≥3个； +Young在线网络成瘾测试修订版得分≥50分； +大部分时间（50%以上）用于游戏； +每周游戏时间>20小时，持续时间≥1年	对渴求和负面感觉的主观评价以及皮肤传导反应	与虚假tDCS相比，tDCS减少了游戏相关（相对于非游戏）分心物的干扰，降低了背景渴求，但不影响线索诱发的渴求
其他干预策略	Kim et al.，2013	韩国	MMORPG演讲和写作课程 一般教育课程	无	27（27，0）人 32（32，0）人	8周（21） 8周（21）	17.4 ± 0.6岁 17.5 ± 0.6岁	RCT	每天玩≥4小时； +自我报告	过去一个月平均每天游戏时间（单位为分钟）	实验组游戏时长显著降低
	Nielsen et al.，2021	瑞士	MDFT组 FTAU组	无	12（11，1）人 30（30，0）人	6个月	无	RCT	DSM-5症状≥5个；诊断访谈	网络游戏成瘾发病率（采用基于DSM-5的Petry网络游戏成瘾量表（法文版）测量）；游戏频率	在为期一年的治疗中，两种家庭疗法都降低了网络游戏成瘾发病率，并且减少了符合网络游戏成瘾标准的人数，其中MDFT的效果优于FTAU

续表

项目	作者及年份	国家	干预策略	并发症	被试数量（男，女）	干预周期（疗程）	年龄（$M\pm SD$）或年龄范畴	研究设计	入组标准及测量工具	结果测量指标	显著结果
其他干预策略	Wu et al.，2022	中国	EABM 虚假训练组	无	45（35，10）人 42（38，4）人	6天 6天	20.56±1.42岁 20.57±1.45岁	RCT	DSM-5症状≥5个；+Young在线网络成瘾测试得分≥50分	培训减少了与游戏有关的积极偏差和强迫性游戏行为	EABM通过重塑前额纹状体通路的功能组织，减少了强迫性游戏想法和行为

表2-2 除表2-1之外的其他21项研究

作者及年份	干预策略	干预周期（疗程）	研究设计	入组标准及测量工具	结果测量指标	显著结果	为何未包含在最终16项研究中
Szász-Janocha et al.，2020	认知行为小组治疗计划	2016.4—2017.12	RCT（在线）		CIUS；分心指数（智能手机分心量表）	在为期4个月的随访中，使用电子游戏依赖量表（CSAS）对症状严重程度进行评估，发现症状严重程度明显减轻	无法找到全文
Throuvala et al.，2020	使用智能手机应用程序进行在线RCT，让参与者进行正念练习、自我监控和情绪跟踪	10天	RCT预实验		减少分心（智能手机分心量表）	结果表明，在减少智能手机分心方面具有很高的效应大小	在线治疗，被试未被诊断为网络游戏成瘾
Pearson et al.，2020	家庭和学校试点干预	12周	RCT		屏幕时间（小时和分钟）；食物摄入频率（儿童营养问卷频率量表）	儿童在校期间和周末观看电视以及玩电脑游戏的情况有所减少，而自我报告的智能手机使用情况有所增加；在任何干预组别中，评估的饮食变量报告均未发现任何变化	并非专门针对网络游戏成瘾的干预措施
Li et al.，2018	基于家长的干预措施	基线、干预后1周和干预后3个月	RCT		每周游戏时间（分钟）；接触暴力电子游戏的情况；游戏症状（青少年网络成瘾量表）；所有这些均由家长进行评估	在3个月期间，这3项标准普遍降低	基于家长的研究
Krossbakken et al.，2018	基于临床和研究文献的家长指南	4个月跟踪调查	前测、后测	DSM-5 症状≥5个	DSM-5症状；儿童睡眠习惯问卷（CSHQ，6个项目）；家长调解量表	家长报告了更多的视频游戏问题，且使用了更多的家长调解策略，但没有证据表明《家长心理教育指南》对预防儿童问题视频游戏行为的有效性	基于家长的研究，属于预防
Bae et al.，2018	药物治疗	12周	非RCT	DSM-5标准；诊断访谈	网络游戏成瘾症状（采用YIAS测量）	YIAS得分下降（治疗后）	非RCT

续表

作者及年份	干预策略	干预周期（疗程）	研究设计	入组标准及测量工具	结果测量指标	显著结果	为何未包含在最终16项研究中
González-Bueso et al.，2018	CBT	6周	非RCT	DQVMIA经调整用于评估网络游戏成瘾；自我报告和诊断面谈	网络游戏成瘾症状（采用DQVMIA测量）	两组的DQVMIA得分均有所下降，但组间差异不显著（治疗后）	非RCT
Torres-Rodríguez et al.，2018	CBT	6个月	前测、后测	DSM-5症状≥5个+IGD-20得分≥71分；自我报告和诊断面谈	每周游戏时间（小时）；网络游戏成瘾症状（采用IGD-20测量）	与控制组相比，治疗组的游戏时间和网络游戏成瘾症状减少（治疗后）；差异持续存在，但未进行组间比较（3个月后随访）	非RCT
Lee et al.，2021	tDCS	4周	无控制组	两种或两种以上网络游戏成瘾症状或平均每天玩游戏1小时及以上；自我报告	网络游戏成瘾症状（采用YIAS测量）；每周游戏时间（小时）	YIAS和每周游戏次数减少（治疗后）	只存在前后检验
Pornnoppadol et al.，2018	寄宿营 vs. 家长管理	7天	RCT、无控制组	GAST-家长版达到临界分数；家长报告	网络游戏成瘾症状（采用GAST-家长版测量）	所有4个治疗组的GAST得分均有所下降。所有3个积极治疗组在治疗后当天和治疗后6个月的效果都优于控制组	非研究
Nam et al.，2017	药物治疗	12周	前测、后测	YIAS得分＞50分；游戏时间＞4小时/天或30小时/周；痛苦或损伤；自我报告	网络游戏成瘾症状（采用YIAS测量）	两组的YIAS得分均有所下降，但组间差异不显著（治疗后）	无控制组

续表

作者及年份	干预策略	干预周期（疗程）	研究设计	入组标准及测量工具	结果测量指标	显著结果	为何未包含在最终16项研究中
Yao et al.，2017	CBT	6周	实验组	DSM-5症状≥5个；每周游戏时间≥14小时；游戏是主要的互联网活动；诊断面谈	网络游戏成瘾症状（采用CIAS测量）	CIAS得分下降（治疗后）	无控制组
King et al.，2017	短暂自愿戒断	84小时	实验组	当前网络游戏玩家；9人符合网络游戏成瘾标准；自我报告	网络游戏成瘾症状（采用IGD检查表测量）；每周游戏时间（小时）	从基线到28天随访期间，所有样本的IGD检查表得分均有所下降（与非网络游戏成瘾参与者相比，9名符合网络游戏成瘾标准的参与者的得分下降幅度更大）。整个小组的游戏时间没有减少（28天随访时），但符合网络游戏成瘾标准的参与者的游戏时间减少幅度更大	无控制组
Sakuma et al.，2017	自我发现	9天	非RCT	符合格里菲斯成瘾的6个组成部分；符合DSM-5网络游戏成瘾标准；诊断访谈	每日游戏时间（小时）和每周游戏时间（小时和天数）	每天游戏时间和每周游戏时间减少，但每周游戏天数没有减少（治疗后3个月）	非RCT
Park et al.，2016	药物治疗（安非他酮vs.艾司西酞普兰）	12周	非RCT	DSM-5标准	网络游戏成瘾症状（采用YIAS测量）	两组的YIAS均有下降，但组间无差异（治疗后）	无控制组
Zhang et al.，2016	CBT	6周	前测、后测	CIAS得分≥67分；每周游戏时间>14小时，持续时间≥1年；玩4款最流行游戏中的1款；自我报告	每周游戏时间（小时）；网络游戏成瘾症状（采用CIAS测量）	与控制组相比，干预组的CIAS得分更低，游戏时间更少（治疗后）	无控制组

续表

作者及年份	干预策略	干预周期（疗程）	研究设计	入组标准及测量工具	结果测量指标	显著结果	为何未包含在最终16项研究中
Pallesen et al.，2015	折衷心理疗法		非RCT	所有项目的GASA-7得分≥3分，和/或所有项目的PVP得分为4或5	网络游戏成瘾症状（自我报告的GASA，家长报告的PVP）	家长报告的PVP症状减少，但自我报告的GASA症状未见减少（治疗后）	非RCT
Jäger et al.，2012	（手册化的STICA）认知行为疗法	4个月	前测、后测	根据AICA；AICA自我报告得分≥7分	AICA-S得分	暂无	无研究成果
Han & Renshaw，2012	家庭疗法	3周	无控制组	游戏时间大于4小时/天且大于30小时/周；YIAS得分＞50分；治疗受损或痛苦；自我报告	每周游戏时间（小时）；网络游戏成瘾症状（采用YIAS测量）	游戏时间减少，YIAS得分下降（治疗后）	非RCT
Sharma & Mahapatra，2021	60分钟多模式心理治疗	10周	无控制组	网络游戏障碍测试、网络成瘾测试	游戏前评分	治疗后，IAT和IGD-20得分显著下降	无控制组
Zhao et al.，2022	诱发-消除	2天	RCT（在线）	DSM-5症状≥5个	游戏前比较	经过训练后，网络游戏成瘾患者的游戏渴求水平在3个月后的随访中明显降低	无控制组

的一般压力在内的各种障碍，认知行为疗法可能优于其他疗法（Pfeiffer et al.，2011；Hollon & Beck.，2013）。此外，与其他疗法相比，认知行为疗法可能具有特殊的持久性，因为人们可以学习如何成功实施他们所习得的技能，关于赌博成瘾等其他行为成瘾的数据支持了这一观点。

在对成瘾的治疗上，有关认知行为疗法对酒精依赖和病态赌博治疗的一些经验性研究已经证明了认知行为疗法的有效性（Assanangkornchai & Srisurapanont，2007；Ladouceur et al.，1994）。多个元分析研究指出，认知行为疗法对一系列物质使用障碍有治疗效果（Carroll & Onken，2005；Dutra et al.，2008；Irvin et al.，1999；Magill & Ray，2009）。一项元分析综合了2006年之前发表的53项针对被诊断为酒精或毒品成瘾成人的认知行为疗法对照实验，报告了认知行为疗法具有“小而有统计学意义”的治疗效果，58%的接受认知行为疗法治疗的患者比控制组患者的表现更好（Magill & Ray，2009）。图2-2展示了认知行为疗法的主要模块、每个模块所针对的心理能力以及与成瘾核心要素之间的关系。

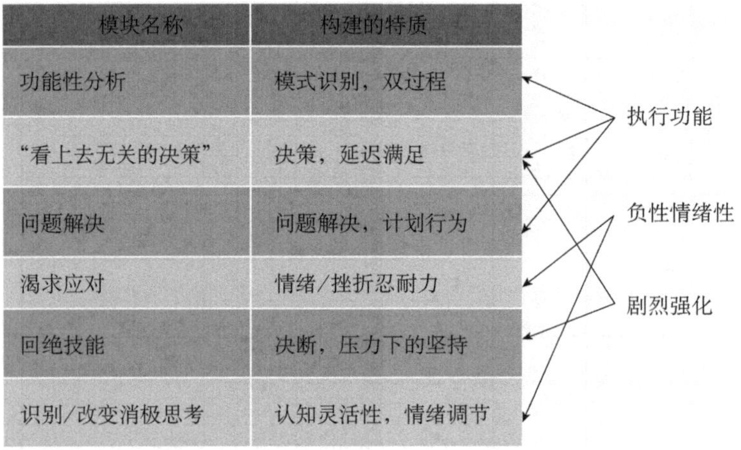

图2-2　认知行为疗法的模块内容与成瘾的核心要素的关系（Kwako et al.，2016）

注：最左侧部分为“模块名称”，也就是认知行为疗法干预的模块内容；“构建的特质”部分则为操作时要构建的心理能力；最右侧部分为所要提升的目标或解决的问题。比如，提高执行功能的认知行为疗法模块应该包括功能性分析、问题解决和“看上去无关的决策”；负性情绪性是通过给予渴求应对及识别/改变消极思考的模块来解决的

对于网络游戏成瘾，认知行为疗法可在以下两个领域起到一定效果：①改变对过度游戏行为的不良适应性信念；②减少或戒除后应对不愉快情绪状态的方法。例如，认知行为疗法降低了个体对游戏线索的自动偏好，而偏差再训练方法则减

少了个体对游戏的主观冲动和意图以及寻求游戏的行为（Rabinovitz & Nagar，2015）。与其他方法相比，以认知行为疗法为基础的疗法在这两个领域可能更胜一筹。

网络游戏成瘾的一个主要特征是游戏行为控制不佳。在成瘾研究中，对游戏的渴求体现为一种强烈的动机状态，这种状态会引发个体寻求网络游戏的行为（Dong et al.，2017a），渴求可能会将人们的注意力转移到成瘾相关的线索上，并影响其对成瘾相关信息的评估（Sayette，2016）。

渴求也可能促使患者追求即时满足而非长期回报（Balodis & Potenza，2015；Dong & Potenza，2014）。多项研究表明，网络游戏成瘾患者对游戏相关线索存在认知偏差。例如，在面对游戏线索时，网络游戏成瘾者比休闲游戏使用者表现出更强烈的渴求（Dong et al.，2011）。游戏行为可能会增加网络游戏成瘾者对游戏的渴求（Dong et al.，2017b）。网络游戏成瘾者对游戏的渴求可能会使次要奖励比主要奖励更突出，从而进一步促进他们的游戏行为（Zhou et al.，2021）。认知行为疗法可提供应对游戏渴求的技能。

网络游戏成瘾患者可能会表现出对游戏渴求的执行控制能力受损，这可能与特定的大脑活动有关（Dong et al.，2020；Dong & Potenza，2014；Weinstein & Lejoyeux，2020）。例如，与常人相比，网络游戏成瘾被试与执行控制相关的脑区表现出差异（体积较小、活动和连接性不同）（Dong et al.，2017a）。对游戏渴求的增强可能体现在奖赏加工相关脑区激活程度的增强上（Chun et al.，2020；Dong et al.，2018；Ma et al.，2019）。此外，研究者在网络游戏成瘾者中还观察到执行控制相关脑区和奖赏加工相关脑区之间存在不同的功能连接，包括纹状体内部（Dong et al.，2021；Wang et al.，2017）。认知行为疗法能够在多大程度上影响网络游戏成瘾者的大脑机制，并增强其控制游戏行为的动机、倾向或能力，这值得进一步研究。

尽管有数据支持以认知行为疗法为基础的网络游戏成瘾治疗方法的有效性，但仍有问题存在。要使认知行为疗法达到最佳疗效，成瘾者应积极地参与其中。在临床环境中，一些网络游戏成瘾者可能会否认游戏行为对他们产生的不良影响，从而不愿意接受治疗，这可能反映在出勤率低和无法完成认知行为疗法家庭作业上。这种情况也可能会影响治疗研究。首先，网络游戏成瘾者可能不愿意参加治疗研究；其次，他们可能不愿意接受认知行为疗法治疗。这些因素可能会给关于认知行为疗法和其他针对网络游戏成瘾的干预策略的研究带来挑战。不过，将动机、参与度和认知行为疗法真实度的测量方法纳入治疗实验，有助于克服这些挑战。此外，目前大多数用于治疗网络游戏成瘾的基于认知行为疗法的疗法是从治疗药物使用障碍或其他精神障碍的认知行为疗法中借鉴而来的，因此可能缺乏针对网络游戏成瘾的认知行为疗法元素。此外，对治疗方法有效成分的研究也很有限。其中，研究持续时间较短可能是较为突出的问题。因为根据前人研究，与其他疗法相比，认知行为疗法具有持续效果（Potenza et al.，2011）。总之，尽管针对网络游戏成瘾的认知行为疗法的初步研究似乎很有前景，但还需要更多设计良好的研究来进一步将其确立为一种循证方法。

（二）正念冥想

有两项研究使用正念方法。第一项研究将正念冥想与控制组进行了比较。经过8周的治疗，治疗组的症状比控制组明显减轻（Li et al.，2017）。另一项研究比较了MORE训练和支持组对照条件。经过8周的治疗，正念治疗组的网络游戏成瘾程度明显减弱，对玩电子游戏的渴求程度也明显减弱（Li et al.，2018）。

正念冥想策略的评价：正念冥想的训练及效果更多是“普遍性”的，训练的内容具有通用性，因而缺乏针对某种特定疾病的特定措施。这往往使得正念冥想看上去好似“灵丹妙药”一样，只要进行类似训练，任何精神疾病都可以得到缓解和治疗。因此，未来的研究趋向之一则是开发具有针对性的正念冥想干预策略，使得针对不同的疾病所开展的冥想流程有所差异，从而进一步提高干预的效率。

（三）药物治疗

有两项研究对安非他酮和艾司西酞普兰这两种药物的治疗进行了比较。其中一项研究中，每种药物都与网络游戏成瘾教育一起使用，从而产生两组（安非他酮+教育；艾司西酞普兰+教育）被试。50名被试被分配到这两组中。治疗8周后，安非他酮能有效减少被试的游戏时间并减轻网络游戏成瘾症状（Han et al.，2018）。在随后的一项研究中，研究人员将被试分为三组：安非他酮组、艾司西酞普兰组和控制组。经过6周的治疗后，安非他酮组和艾司西酞普兰组的网络游戏成瘾程度都有所减轻，而控制组则没有（Song et al.，2016）。网络游戏成瘾程度由YIAS测量，该量表由20个项目组成，评估被试的网络使用问题，包括心理依赖、强迫使用、戒断、学习、工作、睡眠或家庭问题以及时间管理。对于每个项目，被试可从1=“很少”到5=“总是”或“不适用”进行选择。以往的研究已经证实了该量表的可靠性和有效性（Widyanto et al.，2011；Widyanto & Mcmurran，2004）。

有证据表明，安非他酮和艾司西酞普兰可有效减轻网络游戏成瘾症状（Zajac et al.，2020）。就药物治疗而言，只有两项研究进行了RCT；第一项研究展示了安非他酮的初步疗效证据，但样本较少；第二项研究发现，安非他酮的疗效优于艾司西酞普兰。

药物治疗的评价：现阶段应谨慎考虑药物治疗。第一，我们对网络游戏成瘾的神经化学原理了解有限，因此无法据此开发药物。第二，药物可能会产生不良反应，因此需要考虑风险-收益比。第三，只有韩国的一个研究小组公布了药物治疗的随机对照试验结果，这就存在可推广性问题。第四，大多数药物治疗研究的样本较小，持续时间有限，需要进行更大规模、更长时间的研究。第五，未来研究需要更多探讨并发症在多大程度上影响药物选择并影响临床改善的情况（Balodis & Potenza，2015；Potenza et al.，2019）。总之，未来应在不同地区开展更多规模更大、持续时间更长的治疗研究，以考察潜在的文化差异和可推广性。

（四）非侵入性脑部刺激

Wu及其同事发表的两篇tDCS研究似乎使用了同一被试组和疗程的数据，但依赖指标却不同。第一项研究表明，右侧dlPFC的tDCS可调节被试的渴求程度和情绪状态（Wu et al.，2020）。第二项研究表明，tDCS减少了游戏相关分心物的干扰，降低了无游戏刺激时的平常状态下的背景渴求，但没有降低游戏线索诱发的渴求（Wu et al.，2021）。

近年来，由于精神疾病涉及大脑功能的差异，NIBS技术得到了发展（Perera et al.，2016；Philip et al.，2019）。对前额叶皮层的特定区域进行tDCS可增强网络游戏成瘾所涉及的两个调控过程（执行控制与奖赏加工），表明这可能是未来进一步干预的有效途径。然而，不同研究所涉及的目标脑区和刺激参数并不一致，未来的研究应确定最有效的刺激位置和参数。虽然大脑刺激可能对治疗网络游戏成瘾有一定作用，但大脑刺激可能无法有效解决所有与网络游戏成瘾相关的问题，例如，不能完全改变个体对游戏的态度和动机，因此，应将NIBS与认知行为疗法和其他疗法一起进行研究。

非侵入性脑部刺激的评价：目前能在人类身上应用的无创干预策略主要是经

颅电刺激和经颅磁刺激，二者因为限于自身技术的特点，往往不能作用于大脑深部，只能作用于皮层区域。而很多精神疾病的病灶脑区往往位于较深的脑部，不能对其进行直接干预，必然大大限制了相应干预措施的应用范围。

（五）其他干预策略

关于其他类型干预策略的研究数量较少，难以独立成为一个体系，我们将其放在一起进行介绍。

一项研究为玩MMORPG的被试开设了演讲和写作课程，并设有接受普通课程的控制组，实验组和控制组的被试人数分别为27人和32人。结果发现，在为期8周的课程结束后，实验组的进步大于控制组（Kim et al.，2013）。

另一项研究比较了多维家庭疗法（MDFT）和常规家庭治疗（FTAU）。结果显示，两种家庭疗法都能在一年时间内降低被试符合网络游戏成瘾标准的可能性。此外，两种疗法均使得符合网络游戏成瘾标准的人数减少，且MDFT的效果优于FTAU（Nielsen et al.，2021）。

最近的一项研究测试了治疗网络游戏成瘾的情绪联想偏差修正方法，还探讨了相关的神经认知机制。结果发现，经过连续6天的训练，被试的强迫性游戏想法和行为明显减少，而这一过程与前额纹状体通路的变化有关（Wu et al.，2022）。

其他干预策略的评价：其他干预策略包括演讲和写作课程、家庭治疗等。虽然每种方法都可以单独归类，但鉴于迄今为止关于这些方法的研究数量较少，所以我们将其描述为其他干预策略。演讲和写作课程似乎有助于减弱与游戏有关的渴求，但其潜在机制仍不清楚。家庭治疗的基础是健全的家庭功能可以促进儿童的身心健康，而对网络游戏成瘾的干预可能会改善不良的家庭关系（Paulus et al.，2018）。此外，青少年的网络游戏成瘾发病率通常高于其他年龄组，未成年青少年的治疗需要家庭的配合和帮助并从中获益，因此，家庭治疗至少可被视为青少年网络游戏成瘾的辅助治疗方法。以正念为基础的治疗似乎能有效改变成瘾或相关行为/症状患者的不良认知过程，提高其应对能力（Brewer et al.，2010；Garland & Howard，2018），这对治疗网络游戏成瘾可能有用。

三、网络游戏成瘾干预研究的评价与展望

（一）迄今为止，大多数治疗研究在亚洲进行

梳理文献发现，16项治疗研究中有10项研究是在亚洲进行的，以中国和韩国

居多，原因如下。首先，网络游戏成瘾在亚洲的发病率高于大多数西方国家（Cho et al.，2017；Gao et al.，2022）。这一发现可能反映了文化特征。例如，有研究表明，集体主义文化中个体的自我监控能力可能弱于个人主义文化中的个体（Li et al.，2023），但也存在其他可能性。例如，包括同伴关系、社会支持或来自父母的心理控制（父母的心理控制可能对青少年网络游戏成瘾产生间接影响）在内的人际因素的作用也值得思考（Zhuang et al.，2023）。其次，东亚国家的研究人员经常关注网络游戏成瘾的负面影响，政府会据此制定相关政策。例如，国家新闻出版署发布的《关于进一步严格管理切实防止未成年人沉迷网络游戏的通知》规定了未成年人允许的游戏时间，即所有网络游戏企业仅可在周五、周六、周日和法定节假日每日20时至21时向未成年人提供1小时网络游戏服务，其他时间均不得以任何形式向未成年人提供网络游戏服务。此外，政府还为关于有效干预网络游戏成瘾的研究提供了大量支持（Montag & Becker，2020）。无论原因如何，都有必要在非亚洲地区开展更多的治疗研究。

网络游戏成瘾的发病率有所上升，尤其是在青少年和年轻成年人中（Gao et al.，2022）。与网络游戏成瘾相关的因素可能因年龄组不同而异。例如，幼儿的风险因素可能包括家庭功能失调、被欺凌或参与欺凌，以及多动/注意力不集中（Gao et al.，2022）。对于成年人来说，人际关系问题、逃避动机、孤独、抑郁可能是重要影响因素（Ropovik et al.，2023）。因此，不同发育阶段患者的干预方法可能会有所不同。除此之外，其他个体差异也值得考虑。例如，男性和女性参与游戏的动机可能不同，男性的正强化动机更突出，而女性的负强化动机更突出。这些因素在干预中的影响程度值得研究。

总之，目前一些有关网络游戏成瘾干预的研究采用并修改了其他精神疾病的治疗策略，以检验其对网络游戏成瘾者的疗效和耐受性，今后的研究中必须考虑针对网络游戏成瘾的其他干预方法。鉴于新疗法的严格试验可能需要数年才能完成，这一领域的进展可能会比较缓慢。此外，这些关于其他干预策略的研究仍处于试验阶段，大多尚未经过严格设计的研究评估，未来可能有必要进行更多的研究。

（二）网络游戏成瘾干预研究的未来趋势

基于上述研究结果，我们认为，未来有关网络游戏成瘾干预发展的研究可以集中在以下方向。

1. 探索认知行为疗法及其加其他方法的最有效方法

迄今为止，认知行为疗法似乎是研究得最为广泛的网络游戏成瘾社会心理治疗方法。根据现有数据，在不久的将来，它也将是一种重要且有前景的治疗方法，值得进一步评估。未来的工作应包括更多设计良好的研究，为网络游戏成瘾治疗提供证据。此外，未来的网络游戏成瘾认知行为疗法治疗应探索如何提高疗效，具体而言，研究人员应比较不同的时间、频率和针对网络游戏成瘾的治疗方法，还应尝试将治疗程序标准化（例如，通过手册化疗法，并在研究和临床环境中进行忠实性检查），以及合并使用其他治疗方法，以最大限度地提高治疗效果。

2. 谨慎使用药物治疗

虽然初步研究显示，安非他酮和艾司西酞普兰可以减弱网络游戏成瘾患者对游戏的渴求，但人们对这些作用背后的神经机制仍然知之甚少，而且需要考虑潜在的不良反应。因此，在有临床症状的情况下，应由经验丰富的精神科医生谨慎使用这种方法。在此过程中，研究者和精神科医生应讨论风险、益处和替代方案，并告知患者目前没有正式治疗网络游戏成瘾的药物。随着对有关网络游戏成瘾神经机制信息的了解进一步深入，研究人员应继续测试其他药物疗法。

3. 在使用NIBS技术时找到特定的刺激目标和有效的刺激参数

NIBS是一种治疗网络游戏成瘾的潜在技术。在此过程中，个性化的神经靶点可能会提高NIBS治疗精神疾病的疗效（Fitzgerald et al.，2012；Jha et al.，2016）。这种方法可能会为未来的研究提供一个潜在的方向。个性化目标可能被证明是最有效的治疗方法，值得在这方面对网络游戏成瘾进行进一步研究。随着人们对与网络游戏成瘾有关并受NIBS影响的大脑回路的了解不断加深，NIBS可能会展现出巨大的前景。

4. 考虑个体差异

除上述主要治疗策略外，还应考虑每个成瘾者的个体化情况。例如，过度网络游戏可能是由于个体孤独、试图逃避社会或对不安全依恋的补偿。对于这些网络游戏成瘾者，可能需要采取其他策略，包括但不限于家庭疗法。

5. 在治疗网络游戏成瘾时考虑性别因素

性别差异与网络游戏成瘾的发展、维持和恢复有关（Dong & Potenza，2022）。不同性别网络游戏成瘾者的大脑反应也存在性别差异。例如，与女性相比，男性更易出现高冲动性、抑制控制受损和攻击性行为（Yen et al.，2017）。在维持阶段，男性可能比女性对游戏相关的奖励更敏感，急性游戏行为在男性中可能比在女性中引起更高水平的渴求（Dong et al.，2017a）。在康复过程中，患有网络游戏成瘾的女性比男性报告了更多的负面情绪，女性的游戏行为与情感障碍有关（Ko et al.，2007）。这些与性别相关的差异表明，在网络游戏成瘾的不同阶段，不同性别的个体易受影响的程度不同。因此，未来的治疗研究应考虑性别因素，并制定以性别为基础的预防和治疗策略。

对于男性来说，治疗的一个重要步骤是停止游戏行为，以终止“游戏—渴求的增强—抑制控制的减弱—产生更多游戏行为”的恶性循环（Dong & Potenza，2022）。然而，对于女性来说，游戏行为可能更多地与缓解情绪困扰联系在一起。因此，为女性提供更多的情感支持或减少对游戏的情感依赖可能尤为重要，这可能有助于打破“游戏—孤独/抑郁/压力—产生更多游戏行为”的恶性循环。

6. 关注并发症

对于网络游戏成瘾治疗，现有的大多数研究选择了没有其他精神障碍的网络游戏成瘾被试。然而，在临床环境中，网络游戏成瘾往往与其他精神疾病同时存在，包括重度抑郁障碍和注意力缺陷/多动障碍等。我们的综述中有两项研究报告了网络游戏成瘾患者同时存在重度抑郁障碍的情况，结果显示，网络游戏成瘾和重度抑郁障碍的严重程度在治疗后都有所减轻。然而，在随访期间，被试的网络游戏行为相比于之前仍减少，但抑郁症状却再次出现。未来的治疗研究应包括更多患有特定并发症的网络游戏成瘾被试。

小　结

综合当前对网络游戏成瘾干预的研究，我们发现其存在以下几个特点。

首先，目前关于网络游戏成瘾的基础研究文献总数呈爆发式增长，每年有大量的相关文献发表。但针对网络游戏成瘾干预或治疗的研究增长得相对迟缓，特别是能进行较好的实验控制（包括随机采样、对比组）的研究更是稀少。这反映出当前的研究更多处在基础探究层面，或者以发表论文为主的研究层面，因为基础性研究相对容易，能在短期内产出，但是干预类型的研究则费时费力，且需要投入更多的资源，实验的开展和发表工作相对来说都要困难很多。

其次，目前关于网络游戏成瘾的干预手段和方法虽然较为多样，但大多是基于经验性的研究，或者是将其他成瘾疾病的治疗方法迁移到对网络游戏成瘾的治疗中。其导致的结果必然是缺乏相对统一的干预策略，更难以在同一个层面上探讨如何改正参数进而提高某项干预措施的疗效。表面上，多种多样的干预技术被应用到了网络游戏成瘾的治疗中，但其背后真正的根源却在于缺乏一个相对科学的能够被广泛接受的操作。这反映出当前的干预研究尚处在“百花齐放”的初级阶段，未来的研究将逐渐形成相对标准和统一的推荐干预流程，并在临床上进行推广。

最后，目前关于研究结论有效性的证据仍亟待加强。以研究最多的认知行为疗法为例，虽然它是目前研究广泛的网络游戏成瘾治疗方法，但支持其有效性的证据仍然需要加强，目前的研究结果仍无法得出确定的结论。未来仍需要更严格的研究来制定认知行为疗法的治疗指南，特别是最佳的治疗时间（如疗程数）、短期和长期的选择（即治疗反应的持久性），以及基于个人和小组的治疗效果差异等方面都需要明晰。

参考文献

Assanangkornchai, S., & Srisurapanont, M.(2007). The treatment of alcohol dependence. *Current Opinion in Psychiatry*, *20* (3), 222-227. https://doi.org/10.1097/YCO.0b013e3280fa837d

Bae, S., Hong, J. S., Kim, S. M., & Han, D. H.(2018). Bupropion shows different effects on brain functional connectivity in patients with internet-based gambling disorder and internet gaming disorder. *Frontiers in Psychiatry*, *9*, 130. https://doi.org/10.3389/fpsyt.2018.00130

Balodis, I. M., & Potenza, M. N.(2015). Anticipatory reward processing in addicted populations: A focus on the monetary incentive delay task. *Biological Psychiatry*, *77* (5), 434-444. https://doi.org/10.1016/j.biopsych.2014.08.020

Basenach, L., Renneberg, B., Salbach, H., Dreier, M., & Wölfling, K.(2023). Systematic reviews and meta-analyses of treatment interventions for internet use disorders: Critical analysis of the methodical quality according to the PRISMA guidelines. *Journal of Behavioral Addictions*, *12* (1),

9-25. https://doi.org/10.1556/2006.2022.00087

Brewer, J. A., Bowen, S., Smith, J. T., Marlatt, G. A., & Potenza, M. N.(2010). Mindfulness-based treatments for co-occurring depression and substance use disorders: What can we learn from the brain? *Addiction*, *105* (10), 1698-1706. https://doi.org/10.1111/j.1360-0443.2009.02890.x

Carroll, K. M., & Onken, L. S.(2005). Behavioral therapies for drug abuse. *The American Journal of Psychiatry*, *162* (8), 1452-1460. https://doi.org/10.1176/appi.ajp.162.8.1452

Cho, Y. U., Lee, D., Lee, J. E., Kim, K. H., Lee, D. Y., & Jung, Y. C.(2017). Exploratory metabolomics of biomarker identification for the internet gaming disorder in young Korean males. *Journal of Chromatography B, Analytical Technologies in the Biomedical and Life Sciences*, *1057*, 24-31. https://doi.org/10.1016/j.jchromb.2017.04.046

Chun, J. W., Park, C. H., Kim, J. Y., Choi, J., Cho, H., Jung, D. J., … Choi, I. Y.(2020). Altered core networks of brain connectivity and personality traits in internet gaming disorder. *Journal of Behavioral Addictions*, *9* (2), 298-311. https://doi.org/10.1556/2006.2020.00014

Dong, G., & Potenza, M. N.(2014). A cognitive-behavioral model of internet gaming disorder: The oretical underpinnings and clinical implications. *Journal of Psychiatric Research*, *58*, 7-11. https://doi.org/10.1016/j.jpsychires.2014.07.005

Dong, G., & Potenza, M. N.(2022). Considering gender differences in the study and treatment of internet gaming disorder. *Journal of Psychiatric Research*, *153*, 25-29. https://doi.org/10.1016/j.jpsychires.2022.06.057

Dong, G., Huang, J., & Du, X.(2011). Enhanced reward sensitivity and decreased loss sensitivity in internet addicts: An fMRI study during a guessing task. *Journal of Psychiatric Research*, *45* (11), 1525-1529. https://doi.org/10.1016/j.jpsychires.2011.06.017

Dong, G., Li, H., Wang, L., & Potenza, M. N.(2017a). Cognitive control and reward/loss processing in internet gaming disorder: Results from a comparison with recreational internet game-users. *European Psychiatry*: *The Journal of the Association of European Psychiatrists*, *44*, 30-38. https://doi.org/10.1016/j.eurpsy.2017.03.004

Dong, G., Wang, L., Du, X., & Potenza, M. N.(2017b). Gaming increases craving to gaming-related stimuli in individuals with internet gaming disorder. *Biological Psychiatry. Cognitive Neuroscience and Neuroimaging*, *2* (5), 404-412. https://doi.org/10.1016/j.bpsc.2017.01.002

Dong, G., Zheng, H., Liu, X., Wang, Y., Du, X., & Potenza, M. N.(2018). Gender-related differences in cue-elicited cravings in internet gaming disorder: The effects of deprivation. *Journal of Behavioral Addictions*, *7* (4), 953-964. https://doi.org/10.1556/2006.7.2018.118

Dong, G., Dong, H. H., Wang, M., Zhang, J. L., Zhou, W. R., Du, X. X., & Potenza, M. N.(2021). Dorsal and ventral striatal functional connectivity shifts play a potential role in internet gaming disorder. *Communications Biology*, *4* (1), 866. https://doi.org/10.1038/s42003-021-02395-5

Dong, G., Wang, Z., Dong, H., Wang, M., Zheng, Y., Ye, S., … Potenza, M. N.(2020). More stringent criteria are needed for diagnosing internet gaming disorder: Evidence from regional brain features and whole-brain functional connectivity multivariate pattern analyses. *Journal of Behavioral Addictions*, *9* (3), 642-653. https://doi.org/10.1556/2006.2020.00065

Dutra, L., Stathopoulou, G., Basden, S. L., Leyro, T. M., Powers, M. B., & Otto, M. W.(2008). A meta-analytic review of psychosocial interventions for substance use disorders. *The American Journal of Psychiatry*, *165* (2), 179-187. https://doi.org/10.1176/appi.ajp.2007.06111851

Fitzgerald, P. B., Hoy, K. E., Herring, S. E., McQueen, S., Peachey, A. V. J., Segrave, R. A., … Daskalakis, Z. J.(2012). A double blind randomized trial of unilateral left and bilateral prefrontal cortex transcranial magnetic stimulation in treatment resistant major depression. *Journal of Affective Disorders*, *139* (2), 193-198. https://doi.org/10.1016/j.jad.2012.02.017

Gao, Y. X., Wang, J. Y., & Dong, G. H.(2022). The prevalence and possible risk factors of internet gaming disorder among adolescents and young adults: Systematic reviews and meta-analyses. *Journal of Psychiatric Research*, *154*, 35-43. https://doi.org/10.1016/j.jpsychires.2022.06.049

Garland, E. L., & Howard, M. O.(2018). Mindfulness-based treatment of addiction: Current state of the field and envisioning the next wave of research. *Addiction Science & Clinical Practice*, *13* (1), 14. https://doi.org/10.1186/s13722-018-0115-3

Gavriel-Fried, B., Serry, M., Katz, D., Hidvégi, D., Demetrovics, Z., & Király, O.(2023). The concept of recovery in gaming disorder: A scoping review. *Journal of Behavioral Addictions*, *12* (1), 26-52. https://doi.org/10.1556/2006.2023.00002

González-Bueso, V., Santamaría, J. J., Fernández, D., Merino, L., Montero, E., Jiménez-Murcia, S., … Ribas, J.(2018). Internet gaming disorder in adolescents: Personality, psychopathology and evaluation of a psychological intervention combined with parent psychoeducation. *Frontiers in Psychology*, *9*, 787. https://doi.org/10.3389/fpsyg.2018.00787

Han, D. H., & Renshaw, P. F.(2012). Bupropion in the treatment of problematic online game play in patients with major depressive disorder. *Journal of Psychopharmacology*, *26* (5), 689-696. https://doi.org/10.1177/0269881111400647

Han, X., Wu, X., Wang, Y., Sun, Y., Ding, W., Cao, M., … Zhou, Y.(2018). Alterations of resting-state static and dynamic functional connectivity of the dorsolateral prefrontal cortex in subjects with internet gaming disorder. *Frontiers in Human Neuroscience*, *12*, 41. https://doi.org/10.3389/fnhum.2018.00041

He, J., Pan, T., Nie, Y., Zheng, Y., & Chen, S.(2021). Behavioral modification decreases approach bias in young adults with internet gaming disorder. *Addictive Behaviors*, *113*, 106686. https://doi.org/10.1016/j.addbeh.2020.106686

Hollon, S. D., & Beck, A. T.(2013). Cognitive and cognitivebehavioral therapies. In M. Lambert (Ed.), *Bergin and Garfield's Handbook of Psychotherapy and Behavior Change* (6th ed., pp. 393-442). Hoboken: John Wiley & Sons.

Irvin, J. E., Bowers, C. A., Dunn, M. E., & Wang, M. C.(1999). Efficacy of relapse prevention: A meta-analytic review. *Journal of Consulting and Clinical Psychology*, *67* (4), 563-570. https://doi.org/10.1037//0022-006x.67.4.563

Jha, S., Chadda, R. K., Kumar, N., & Bal, C. S.(2016). Brain spect guided repetitive transcranial magnetic stimulation (rTMS)in treatment resistant major depressive disorder. *Asian Journal of Psychiatry*, *21*, 1-6. https://doi.org/10.1016/j.ajp.2016.02.003

Jäger, S., Müller, K. W., Ruckes, C., Wittig, T., Batra, A., Musalek, M., Mann, K., Wölfling, K., & Beutel, M. E. (2012). Effects of a manualized short-term treatment of internet and computer game addiction (STICA): Study protocol for a prospective randomised controlled multicentre trial. *Trials*, *13* (43)1-12. doi: 10.1186/1745-6215-13-43

Kim, P. W., Kim, S. Y., Shim, M., Im, C. H., & Shon, Y. M.(2013). The influence of an educational course on language expression and treatment of gaming addiction for massive multiplayer online role-playing game (MMORPG)players. *Computers & Education*, *63*, 208-217. https://doi.org/10.1016/j.compedu.2012.12.008

Kim, S. M., Han, D. H., Lee, Y. S., & Renshaw, P. F.(2012). Combined cognitive behavioral therapy and bupropion for the treatment of problematic on-line game play in adolescents with major depressive disorder. *Computers in Human Behavior*, *28* (5), 1954-1959. https://doi.org/10.1016/j.chb.2012.05.015

King, D. L., & Delfabbro, P. H.(2014). Internet gaming disorder treatment: A review of definitions of diagnosis and treatment outcome. *Journal of Clinical Psychology*, *70* (10), 942-955. https://doi.org/10.1002/jclp.22097

King, D. L., Wölfling, K., & Potenza, M. N.(2020). Taking gaming disorder treatment to the next level. *JAMA Psychiatry*, *77* (8), 869-870. https://doi.org/10.1001/jamapsychiatry.2020.1270

King, D. L., Achab, S., Higuchi, S., Bowden-Jones, H., Müller, K. W., Billieux, J., … Delfabbro, P. H.(2022). Gaming disorder and the COVID-19 pandemic: Treatment demand and service delivery challenges. *Journal of Behavioral Addictions*, *11* (2), 243-248. https://doi.org/10.1556/2006.2022.00011

King, D. L., Delfabbro, P. H., Wu, A. M. S., Doh, Y. Y., Kuss, D. J., Pallesen, S., … Sakuma, H.(2017). Treatment of internet gaming disorder: An international systematic review and CONSORT evaluation. *Clinical Psychology Review*, *54*, 123-133. https://doi.org/10.1016/j.cpr.2017.04.002

Ko, C. H., Yen, J. Y., Yen, C. F., Lin, H. C., & Yang, M. J.(2007). Factors predictive for incidence and remission of internet addiction in young adolescents: A prospective study. *Cyberpsychology & Behavior*, *10* (4), 545-551. https://doi.org/10.1089/cpb.2007.9992

Krossbakken, E., Torsheim, T., Mentzoni, R. A., King, D. L., Bjorvatn, B., Lorvik, I. M., & Pallesen, S.(2018). The effectiveness of a parental guide for prevention of problematic video gaming in children: A public health randomized controlled intervention study. *Journal of Behavioral Addictions*, *7* (1), 52-61. https://doi.org/10.1556/2006.6.2017.087

Kwako, L. E., Momenan, R., Litten, R. Z., Koob, G. F., & Goldman, D.(2016). Addictions neuroclinical assessment: A neuroscience-based framework for addictive disorders. *Biological Psychiatry*, *80* (3), 179-189. https://doi.org/10.1016/j.biopsych.2015.10.024

Ladouceur, R., Boisvert, J. M., & Dumont, J.(1994). Cognitive-behavioral treatment for adolescent pathological gamblers. *Behavior Modification*, *18* (2), 230-242. https://doi.org/10.1177/01454455940182006

Lee, J. Y., Jang, J. H., Choi, A. R., Chung, S. J., Kim, B., Park, M., … Choi, J. S.(2021). Neuromodulatory effect of transcranial direct current stimulation on resting-state EEG activity in internet gaming disorder: A randomized, double-blind, sham-controlled parallel group trial. *Cerebral Cortex Communications*, *2* (1), tgaa095. https://doi.org/10.1093/texcom/tgaa095

Li, H., & Wang, S.(2013). The role of cognitive distortion in online game addiction among Chinese adolescents. *Children and Youth Services Review*, *35* (9), 1468-1475. https://doi.org/10.1016/j.childyouth.2013.05.021

Li, S., Wu, Z., Zhang, Y., Xu, M., Wang, X., & Ma, X.(2023). Internet gaming disorder and aggression: A meta-analysis of teenagers and young adults. *Frontiers in Public Health*, *11*, 1111889. https://doi.org/10.3389/fpubh.2023.1111889

Li, W., Garland, E. L., & Howard, M. O.(2018). Therapeutic mechanisms of mindfulness-oriented recovery enhancement for internet gaming disorder: Reducing craving and addictive behavior by targeting cognitive processes. *Journal of Addictive Diseases*, *37* (1-2), 5-13. https://doi.org/10.1080/10550887.2018.1442617

Li, W., Garland, E. L., McGovern, P., O'Brien, J. E., Tronnier, C., & Howard, M. O.(2017). Mindfulness-oriented recovery enhancement for internet gaming disorder in U.S. adults: A stage I randomized controlled trial. *Psychology of Addictive Behaviors*: *Journal of the Society of Psychologists in Addictive Behaviors, 31* (4), 393-402. https://doi.org/10.1037/adb0000269

Lindenberg, K., Kindt, S., & Szász-Janocha, C.(2022). Effectiveness of cognitive behavioral therapy-based intervention in preventing gaming disorder and unspecified internet use disorder in adolescents: A cluster randomized clinical trial. *JAMA Network Open*, *5* (2), e2148995. https://doi.org/10.1001/jamanetworkopen.2021.48995

Ma, S. S., Worhunsky, P. D., Xu, J. S., Yip, S. W., Zhou, N., Zhang, J. T., … Fang, X. Y.(2019). Alterations in functional networks during cue-reactivity in internet gaming disorder. *Journal of Behavioral Addictions*, *8* (2), 277-287. https://doi.org/10.1556/2006.8.2019.25

Magill, M., & Ray, L. A.(2009). Cognitive-behavioral treatment with adult alcohol and illicit drug users: A meta-analysis of randomized controlled trials. *Journal of Studies on Alcohol and Drugs*, *70* (4), 516-527. https://doi.org/10.15288/jsad.2009.70.516

Montag, C., & Becker, B.(2020). Internet and smartphone use disorder in Asia. *Addictive Behaviors*, *107*, 106380. https://doi.org/10.1016/j.addbeh.2020.106380

Nam, B., Bae, S., Kim, S. M., Hong, J. S., & Han, D. H.(2017). Comparing the effects of bupropion and escitalopram on excessive internet game play in patients with major depressive disorder. *Clinical Psychopharmacology and Neuroscience*, *15* (4), 361-368. https://doi.org/10.9758/cpn.2017.15.4.361

Nielsen, P., Christensen, M., Henderson, C., Liddle, H. A., Croquette-Krokar, M., Favez, N., & Rigter, H.(2021). Multidimensional family therapy reduces problematic gaming in adolescents: A randomised controlled trial. *Journal of Behavioral Addictions*, *10* (2), 234-243. https://doi.org/10.1556/2006.2021.00022

Pallesen, S., Lorvik, I. M., Bu, E. H., & Molde, H.(2015). An exploratory study investing the effects of a treatment manual for video game addiction. *Psychological Reports*, *117* (2), 490-495. https://doi.org/10.2466/02.PR0.117c14z9

Park, S. Y., Kim, S. M., Roh, S., Soh, M. A., Lee, S. H., Kim, H., … Han, D. H.(2016). The effects of a virtual reality treatment program for online gaming addiction. *Computer Methods and Programs in Biomedicine*, *129*, 99-108. https://doi.org/10.1016/j.cmpb.2016.01.015

Paulus, F. W., Ohmann, S., von Gontard, A., & Popow, C.(2018). Internet gaming disorder in children and adolescents: A systematic review. *Developmental Medicine and Child Neurology*, *60* (7), 645-659. https://doi.org/10.1111/dmcn.13754

Pearson N., Biddle S., Griffiths P., Sherar L., McGeorge S., Haycraft E. (2020). Reducing screen-time and unhealthy snacking in 9-11 year old children: the Kids FIRST pilot randomised controlled trial. *BMC Public Health*, *20*(1), 122. doi: 10.1186/s12889-020-8232-9.

Perera, T., George, M. S., Grammer, G., Janicak, P. G., Pascual-Leone, A., & Wirecki, T. S.(2016). The clinical TMS society consensus review and treatment recommendations for TMS therapy for major depressive disorder. *Brain Stimulation*, *9* (3), 336-346. https://doi.org/10.1016/j.brs.2016.03.010

Petry, N. M., Rehbein, F., Gentile, D. A., Lemmens, J. S., Rumpf, H. J., Mößle, T., … O'Brien, C. P.(2016). Griffiths et al.'s comments on the international consensus statement of internet gaming disorder: Furthering consensus or hindering progress? *Addiction*, *111* (1), 175-178. https://doi.org/10.1111/add.13189

Pfeiffer, P. N., Heisler, M., Piette, J. D., Rogers, M. A. M., & Valenstein, M.(2011). Efficacy of peer support interventions for depression: A meta-analysis. *General Hospital Psychiatry*, *33* (1), 29-36. https://doi.org/10.1016/j.genhosppsych.2010.10.002

Philip, N. S., Barredo, J., Aiken, E., Larson, V., Jones, R. N., Shea, M. T., … van 't Wout-Frank, M.(2019). Theta-burst transcranial magnetic stimulation for posttraumatic stress disorder. *The American Journal of Psychiatry*, *176* (11), 939-948. https://doi.org/10.1176/appi.ajp.2019.18101160

Pornnoppadol, C., Ratta-apha, W., Chanpen, S., Wattananond, S., Dumrongrungruang, N., Thongchoi, K., … Vasupanrajit.(2018). A comparative study of psychosocial interventions for internet gaming disorder among adolescents aged 13-17years. *International Journal of Mental Health and Addiction*, *18* (4), 932-948. https://doi.org/ 10.1007/s11469-018-9995-4

Potenza, M. N., Sofuoglu, M., Carroll, K. M., & Rounsaville, B. J.(2011). Neuroscience of behavioral and pharmacological treatments for addictions. *Neuron*, *69* (4), 695-712. https://doi.org/10.1016/j.neuron.2011.02.009

Potenza, M. N., Balodis, I. M., Derevensky, J., Grant, J. E., Petry, N. M., Verdejo-Garcia, A., & Yip, S. W.(2019). Gambling disorder. *Nature Reviews Disease Primers*, *5* (1), 51. https://doi.org/10.1038/s41572-019-0099-7

Rabinovitz, S., & Nagar, M.(2015). Possible end to an endless quest? Cognitive bias modification for excessive multiplayer online gamers. *Cyberpsychology, Behavior and Social Networking*, *18* (10), 581-587. https://doi.org/10.1089/cyber.2015.0173

Ropovik, I., Martončik, M., Babinčák, P., Baník, G., Vargová, L., & Adamkovič, M.(2023). Risk and protective factors for (internet)gaming disorder: A meta-analysis of pre-COVID studies. *Addictive Behaviors*, *139*, 107590. https://doi.org/10.1016/j.addbeh.2022.107590

Sakuma, H., Mihara, S., Nakayama, H., Miura, K., Kitayuguchi, T., Maezono, M., … Higuchi, S.(2017). Treatment with the self-discovery camp (SDiC)improves internet gaming disorder. *Addictive Behaviors*, *64*, 357-362. https://doi.org/10.1016/j.addbeh.2016.06.013

Sayette, M. A.(2016). The role of craving in substance use disorders: Theoretical and methodological issues. *Annual Review of Clinical Psychology*, *12*, 407-433. https://doi.org/10.1146/annurev-clinpsy-021815-093351

Sharma, P., & Mahapatra, A.(2021). Phenomenological analysis of maladaptive daydreaming associated with internet gaming addiction: A case report. *General Psychiatry*, *34* (2), e100419. https://doi.org/10.1136/gpsych-2020-100419

Song, J., Park, J. H., Han, D. H., Roh, S., Son, J. H., Choi, T. Y., … Lee, Y. S.(2016). Comparative study of the effects of bupropion and escitalopram on internet gaming disorder. *Psychiatry and Clinical Neurosciences*, *70* (11), 527-535. https://doi.org/10.1111/pcn.12429

Szász-Janocha, C., Vonderlin, E., & Lindenberg, K.(2020). Die wirksamkeit eines frühinterventionsprogramms für jugendliche mit computerspiel- und internetabhängigkeit: Mittelfristige effekte der protect+ studie. *Zeitschrift Für Kinder- Und Jugendpsychiatrie Und Psychotherapie*, *48* (1), 3-14. https://doi.org/10.1024/1422-4917/a000673

Throuvala, M. A., Griffiths, M. D., Rennoldson, M., & Kuss, D. J.(2020). Mind over matter: Testing the efficacy of an online randomized controlled trial to reduce distraction from smartphone use. *International Journal of Environmental Research and Public Health*, *17* (13), 4842. https://doi.org/10.3390/ijerph17134842

Torres-Rodríguez, A., Griffiths, M. D., Carbonell, X., & Oberst, U.(2018). Treatment efficacy of a specialized psychotherapy program for internet gaming disorder. *Journal of Behavioral Addictions*, *7* (4), 939-952. https://doi.org/10.1556/2006.7.2018.111

Wang, Y., Wu, L., Zhou, H., Lin, X., Zhang, Y., Du, X., & Dong, G.(2017). Impaired executive control and reward circuit in Internet gaming addicts under a delay discounting task: Independent component analysis. *European Archives of Psychiatry and Clinical Neuroscience*, *267* (3), 245-255. https://doi.org/10.1007/s00406-016-0721-6

Weinstein, A., & Lejoyeux, M.(2020). Neurobiological mechanisms underlying internet gaming disorder. *Dialogues in Clinical Neuroscience*, *22* (2), 113-126. https://doi.org/10.31887/DCNS.2020.22.2/aweinstein

Widyanto, L., & Mcmurran, M.(2004). The psychometric properties of the internet addiction test. *Cyberpsychology & Behavior*, *4*, 7. https://doi.org/10.1089/cpb.2004.7.443

Widyanto, L., Griffiths, M. D., & Brunsden, V.(2011). A psychometric comparison of the internet addiction test, the internet-related problem scale, and self-diagnosis. *Cyberpsychology, Behavior and Social Networking*, *14* (3), 141-149. https://doi.org/10.1089/cyber.2010.0151

Wölfling, K., Müller, K. W., Dreier, M., Ruckes, C., Deuster, O., Batra, A., … Beutel, M. E.(2019). Efficacy of short-term treatment of internet and computer game addiction: A randomized clinical trial. *JAMA Psychiatry*, *76* (10), 1018-1025. https://doi.org/10.1001/jamapsychiatry.2019.1676

Wu, L. L., Potenza, M. N., Zhou, N., Kober, H., Shi, X. H., Yip, S. W., … Zhang, J. T.(2020). A role for the right dorsolateral prefrontal cortex in enhancing regulation of both craving and negative emotions in internet gaming disorder: A randomized trial. *European Neuropsychopharmacology*, *36*, 29-37. https://doi.org/10.1016/j.euroneuro.2020.04.003

Wu, L. L., Potenza, M. N., Zhou, N., Kober, H., Shi, X. H., Yip, S. W., … Zhang, J. T.(2021). Efficacy of single-session transcranial direct current stimulation on addiction-related inhibitory control and craving: A randomized trial in males with internet gaming disorder. *Journal of Psychiatry & Neuroscience*, *46* (1), 111-118. https://doi.org/10.1503/jpn.190137

Wu, L., Xu, J., Song, K., Zhu, L., Zhou, N., Xu, L., … Potenza, M. N.(2022). Emotional bias modification weakens game-related compulsivity and reshapes frontostriatal pathways. *Brain*, *145* (12), 4210-4221. https://doi.org/10.1093/brain/awac267

Yao Y. W., Chen P., Li C., Hare T., Li S., Zhang J., Liu l., Ma s., Fang X.(2017). Combined reality therapy and mindfulness meditation decrease intertemporal decisional impulsivity in young adults with Internet gaming disorder. *Computers in Human Behavior*, *68*, 210e216. http://dx.doi.org/10.1016/j.chb.2016.11.038

Yen, J. Y., Liu, T. L., Wang, P. W., Chen, C.S., Yen, C. F., & Ko, C. H.(2017). Association between internet gaming disorder and adult attention deficit and hyperactivity disorder and their correlates: Impulsivity and hostility. *Addictive Behaviors*, *64*, 308-313. https://doi.org/10.1016/j.addbeh.2016.04.024

Zajac, K., Ginley, M. K., & Chang, R.(2020). Treatments of internet gaming disorder: A systematic review of the evidence. *Expert Review of Neurotherapeutics*, *20* (1), 85-93. https://doi.org/10.1080/14737175.2020.1671824

Zajac, K., Ginley, M. K., Chang, R., & Petry, N. M.(2017). Treatments for internet gaming disorder and internet addiction: A systematic review. *Psychology of Addictive Behaviors*: *Journal of the Society of Psychologists in Addictive Behaviors*, *31* (8), 979-994. https://doi.org/10.1037/adb0000315

Zhang, J. T., Yao, Y. W., Potenza, M. N., Xia, C. C., Lan, J., Liu, L., … Fang, X. Y.(2016). Effects of craving behavioral intervention on neural substrates of cue-induced craving in internet gaming disorder. *NeuroImage*, *12*, 591-599. https://doi.org/10.1016/j.nicl.2016.09.004

Zhao, Q., Zhang, Y., Wang, M., Ren, J., Chen, Y., Chen, X., … Zhang, X.(2022). Effects of retrieval-extinction training on internet gaming disorder. *Journal of Behavioral Addictions*, *11* (1), 49-62. https://doi.org/10.1556/2006.2022.00006

Zhou, W. R., Wang, M., Dong, H. H., Zhang, Z., Du, X., Potenza, M. N., & Dong, G. H.(2021). Imbalanced sensitivities to primary and secondary rewards in internet gaming disorder. *Journal of Behavioral Addictions*, *10* (4), 990-1004. Advance online publication. https://doi.org/10.1556/2006.2021.00072

Zhuang, X., Zhang, Y., Tang, X., Ng, T. K., Lin, J., & Yang, X.(2023). Longitudinal modifiable risk and protective factors of internet gaming disorder: A systematic review and meta-analysis. *Journal of Behavioral Addictions*, *12* (2), 375-392. https://doi.org/10.1556/2006.2023.00017

第三章

认知行为疗法在网络游戏成瘾干预中的应用及其认知神经机制

一、什么是认知行为疗法

认知行为疗法（CBT）是由贝克（A.T. Beck）等心理治疗师于20世纪60年代在吸收各类疗法优点的基础上发展出的一种有结构、短程、认知取向的心理治疗方法。它最初主要针对抑郁症、焦虑症等心理疾病和不合理认知导致的心理问题，后来这一思想和治疗策略被广泛应用到各类心理疾病的治疗上。目前，认知行为疗法对抑郁、焦虑、强迫、人格障碍、应激障碍、进食障碍、精神病性障碍、双相障碍、失眠障碍、心身问题及各种成瘾问题等均具有成熟的治疗方案和明确的治疗效果。

心理学上的认知是指人们获得知识或应用知识的过程，包括感觉、知觉、记忆、思维、想象和语言等信息加工的过程。而认知行为疗法中的"认知"更多是指一个人对一件事或某一个对象的认识、看法和见解等。认知行为疗法的理论基础是：人的情绪来自人对自身所遭遇的事情的信念、评价、解释或哲学观点，而非来自事情本身。因此，"适应不良的行为与情绪，都源于适应不良的认知"（Beck，1976）。认知行为疗法的主要着眼点在患者不合理的认知上，通过改变患者对自己、他人或事情的看法与态度来缓解其心理问题。其治疗的目标不是针对情绪、行为这些外在表现，而是分析患者的思维活动和应对现实的策略，找出错误的认知并加以纠正（Corey，2010）。

在认知行为疗法中，治疗师将更多的注意力集中在患者的认知上（Hollon &

Digiuseppe，2011）。认知行为疗法采用言语干预与行为矫正技术的不同组合的方式来帮助患者改变适应不良的思维模式。某些认知行为疗法，如艾伯特·埃利斯（Ellis，1973）的理性情绪行为疗法和阿伦·贝克（Beck，1976）的认知疗法，均源自传统的认知领悟疗法；而其他治疗方法，如唐纳德·梅肯鲍姆（Meichenbaum，1976）和迈克尔·马奥尼（Mahoney，1977）开创的治疗体系，则源自传统的行为疗法。目前，贝克的认知疗法（cognitive therapy）体系受到更多关注（Beck，1976；Newman & Beck，2009）。

认知行为疗法采用特定的策略来纠正各种障碍背后的习惯性思维错误。根据认知治疗师的观点，抑郁是由思维中的“错误”导致的。他们认为，有抑郁倾向的人往往存在如下思维错误：①将挫折归咎于个人的不足，而不考虑情境因素；②选择性地关注消极事件，同时忽视积极事件；③对未来做出过度悲观的预测；④基于一些无关紧要的事件，对自身价值做出消极的结论。例如，想象你在一次课堂小测验中得了低分，如果你犯了刚才描述的多种思维错误，那么你可能会将低分数归咎于自己的愚蠢，而忽略某位同学关于这次测验不公平的评论，悲观地预测自己肯定通不过这门课程，并可能得出“自己天生就不是上大学这块料”的结论。

认知行为疗法的目标是改变患者的消极思维和适应不良的信念（Kellogg & Young，2008）。一开始，治疗师指导患者去发现他们存在的自动化的消极想法，即人们在分析问题时容易给出的那种自我挫败的说法，如“我不够聪明”“没有人真的喜欢我”“这都是我的错”。随后，治疗师会训练患者将这些自动化想法置于现实的检验之下。这一疗法已经被应用于治疗多种心理障碍，并且研究者已证明，认知行为疗法对焦虑障碍的治疗非常有价值（Rachman，2009）。下文我们以抑郁为例，说明错误认知对抑郁的消极影响（Li & Wang，2013）。

比如，一个长期自卑的人更倾向于“认为”自己表现得不够好，连自己的父母也不喜欢他。这导致他做事缺乏信心，面对他人时感到自卑。在贝克看来，个体消极的想法往往反映了潜在的机能不良的信念和假设。当这些信念被个体遭遇到的情境性事件所激发时，个体的情绪状态便出现了抑郁模式。贝克认为患者可以通过修正其机能不良的思维模式，进而从一系列精神问题中摆脱出来。因此，治疗的策略便在于帮助他重新构建认知结构、重新评价自己、重建对自己的信心以及改变认为自己“不好”的认知。认知行为疗法因其循证基础、结构清晰、短程高效等特点，已成为世界上流行最为广泛、被使用最多的心理治疗方法。

表3-1很好地展示了贝克的抑郁认知理论中的各种消极思维，这些消极思维会

引发人们的抑郁。因此，如果我们纠正这些观点，就能够帮助人们摆脱抑郁。贝克的理论最初专注于抑郁的成因，后来逐渐扩展到解释其他心理障碍上。

表3-1 贝克的抑郁认知理论中的各种消极思维及其举例

加剧抑郁的消极思维	具体描述
过度泛化	如果某事在某种情况下如此，那么在任何稍微相似的情况下也是如此
选择性抽象化	只有失败、能力匮乏是重要的事情，我应该用错误、缺点等来衡量自己
过度的责任感（假设是自己的原因）	我对所有的坏事、失败等都负有责任
假设时间上的因果关系（没有足够证据地进行预测）	如果某事过去如此，那么它将永远如此
自我参照	我是每个人关注的中心，尤其是涉及糟糕的表现或个人属性时更是如此
"灾难化"	总是想到最坏的情况，事情最可能发生在自己身上
两极化思维	任何事要么是这个极端，要么是那个极端（非黑即白，非好即坏）

二、认知行为疗法的基本操作步骤

一个典型的认知行为疗法治疗流程通常包括下面的几个步骤（Rabinovitz & Nagar，2015；Park et al.，2016）。治疗师会依据每个人的特点制定具有个性化的治疗方案，因此，在整体流程的基础上，具体的治疗内容则会因人而异。

（1）评估和诊断：首先，治疗师会与患者进行初步的评估和诊断，了解患者的症状、病史和问题，这有助于确定治疗的目标和制定个性化的治疗方案。认知行为疗法的第一步是调查问题，这个步骤的目的是识别问题所在。治疗师会询问患者有关其问题的细节，包括何时、哪里、如何发生以及持续多长时间。在这个过程中，治疗师要与患者建立信任关系，以便更好地了解问题的严重程度和对患者的影响。

（2）建立治疗关系：治疗师会与患者建立信任和合作关系，确保患者感到舒适和安全。这有助于患者开放自己，分享自己的问题和想法。

（3）识别和挑战消极思维：治疗师会教导患者如何识别和挑战消极的思维模式。在这个步骤中，治疗师与患者一起评估这些认知是否真实、准确和有用。如果不是，治疗师将帮助患者学习新的思考方式并实践这些新思考方式。通过认知重建技术，患者可以学习如何挑战自己的负面想法，并逐渐改变自己的思维模式。治疗师会与患者一起明确导致问题的不健康认知，如过度泛化、黑白思维和过度关注负面事物，会帮助患者了解这些不健康的认知如何导致情感和行为问题，并教授给他们一些面对这些认知的技能。

（4）行为实验：治疗师会鼓励患者进行行为实验，以验证其消极的思维模式。通过暴露于恐惧情境或挑战任务，患者可以逐渐减少恐惧和焦虑，并增强自信心。治疗师会教给患者新的技能，如放松技巧、沟通技巧、冥想等，以帮助他们更好地解决问题。这些技能都是非常实用的，并可以帮助患者在日常生活中更好地应对困难。患者会练习他们学习到的新技能，并向治疗师反馈进展情况。治疗师会帮助患者排除困难和障碍，并鼓励他们坚持练习新技能。在此基础上，治疗师会帮助患者巩固他们学习到的新技能，并提供指导，以帮助他们保持好的进展。治疗师可能还会为患者提供预防复发的策略，以帮助他们在未来保持稳定。

（5）应对计划：治疗师会与患者一起制定应对计划，以应对未来的挑战和困难。这有助于患者在实际生活中应用所学的技能，并持续改善自己的情绪和行为。治疗师和患者一起制定这个应对计划，该计划包括具体的目标和达成这些目标的方法。这些目标可能是改变不健康的行为习惯、挑战不健康的认知、学习新的沟通技能、增强自我价值感等。

（6）结束治疗：在治疗结束时，治疗师会与患者进行总结和评估，以确定治疗效果如何和是否需要接受进一步的治疗。同时，治疗师也会提供一些后续支持和技术，以帮助患者在日常生活中继续应用所学的技能。

三、认知行为疗法在网络游戏成瘾中的应用现状

认知行为疗法是一种以问题为导向的短期心理治疗方法，适用于各种精神疾病，尤其是重度抑郁症和成瘾性疾病（Assanangkornchai & Srisurapanont，2007；Ladouceur et al.，1994；Beck et al.，2001）。对重度抑郁障碍患者而言，CBT是一种成熟、有效的治疗方法（Spirito et al.，2011）。在对酒精依赖和病态赌博的心理进行社会治疗的多项实证研究中，认知行为疗法的疗效也得到了证实（Assanangkornchai & Srisurapanont，2007；Ladouceur et al.，1994）。此外，认知行为疗法被认为能有效改善药物依赖患者的其他症状，如情绪、焦虑和生活质量（Arnedt et al.，2007；Hides et al.，2010）。在认知行为疗法治疗过程中，患者被要求密切关注自己的思想、情感和行为，以防止病情复发并获得新的应对技能（Beck & Perkins，2001）。Young（2007）对114名网络成瘾的成年人进行了一项认知行为疗法研究，结果表明大多数被试在接受8次治疗后能控制自己的成瘾行为。

大量研究表明网络游戏成瘾者有认知偏差，这些偏差产生于游戏活动并影响着游戏行为，网络游戏成瘾者表现出抑制奖赏寻求的控制能力受损（Dong & Potenza，2014）。因此，有效治疗网络游戏成瘾的策略应该包括以下关键步骤：改变成瘾人群对游戏行为的不良信念；减少其在离开游戏后产生的戒断体验和其他不愉快的情绪状态。这些策略最终会减少个体的不良游戏行为，改善个体的自我控制能力、人际关系，重塑其对生活的责任感。

然而，对网络游戏成瘾治疗的实际操作却非常困难。目前，临床医生，包括有经验的多学科团队常常感到缺乏相对规范和有效的应对网络游戏成瘾的治疗策略。另外，很多网络游戏成瘾者即便面对大量的科学研究证据，仍然固执地否认游戏有任何负面后果，并强烈希望中断治疗而继续游戏。因此，一些被治疗者的低配合度也是一个很大的挑战。

更大的挑战是，目前这一领域缺乏实践的相关资料，包括结构化的、分步骤的治疗手册，同时缺乏针对网络游戏成瘾治疗所采用的程序和技术的全面描述（King et al.，2017a）。一些关于网络游戏成瘾治疗的同行评议文章甚至没有描述治疗中可能涉及的基本信息。因此，临床治疗者经常面临困境，如证据基础不完整、治疗指南尚未制定等（King & Delfabbro，2014）。

2017年，King等综述了东西方在治疗网络游戏成瘾方面的研究，以评估总体治疗状况和治疗效果。该研究发现，目前研究者在对网络游戏成瘾的治疗上存在以下几个特点：①70%的网络游戏成瘾治疗的研究是由韩国和中国的团队进行的，西方人群网络游戏成瘾治疗的代表性很低，只有少数研究在美国进行。②大多数治疗研究有一个重要的设计缺陷，即缺乏后续追踪。这意味着研究者往往无法判断治疗是否产生了长期效果。此外，这些研究主要是前测/后测设计，缺乏随机化组间设计或实验过程中双盲的技术操作。③有1/3的研究没有采用组间比较的控制组。④大多数研究没有为其样本量的确定给出充分的理由，且在评估治疗结果方面存在多种不一致的情况（例如，对网络游戏成瘾症状、状态诊断、并发症或不同研究阶段的游戏时间的测量不一致），并且缺乏追踪随访（King et al.，2017a）。

虽然在过去的几十年里，高质量的研究已经为网络游戏成瘾的科学干预奠定了较为坚实的基础，但仍有许多地方需要改进。总之，目前仍然很难对网络游戏成瘾的心理和药物治疗有效性做出明确的论断。

四、采用认知行为疗法治疗网络游戏成瘾的理论基础

越来越多的研究证明，认知行为疗法是一种能有效治疗网络游戏成瘾的方法（Winkler et al.，2013；King et al.，2017b；Zajac et al.，2017）。网络游戏成瘾模型认为，网络游戏成瘾是由个体的认知控制能力降低导致的，网络游戏成瘾损害了决策过程和抑制控制过程，导致个体不能有效抑制游戏冲动（Brand et al.，2016；Dong & Potenza，2014；Delfabbro et al.，2016；King & Delfabbro，2018）。这些受损的心理特征恰恰是认知行为疗法干预效果显著的领域。Dong和Potenza在其提出的认知-行为模型中指出了成瘾的核心要素：执行控制、决策和奖赏寻求。三者之间的相互作用决定了一个人对游戏的渴求，并最终决定了个体的行为。依据不同的内容，研究者提出了干预的核心：对执行控制、决策、奖赏寻求等过程，采取认知行为疗法进行干预；对奖赏寻求，采取认知偏差调整的方法等。认知行为疗法可以有效提升个体的这些认知能力，进而改善网络游戏成瘾症状（Dong & Potenza，2014）。

Kimberly和Brand依据I-PACE（自我-情感-认知-执行的交互模型）理论，提出了针对网络成瘾的认知行为疗法干预策略，即网络成瘾的认知行为疗法（CBT-IA），并阐明了这种治疗方法与I-PACE模型的关系。CBT-IA是专门为治疗网络成瘾而开发的治疗策略，将经典的认知行为疗法元素与特定的网络相关问题结合起来（Young，2010）。CBT-IA包括三个阶段，即行为矫正、认知重建和减少伤害，它们分别对应着问题的不同特征，具体如图3-1所示。

在一项针对128名网络成瘾患者的研究中，CBT-IA被发现在减少症状、改变适应不良认知等与网络成瘾的相关症状方面是有效的（Young，2013）。Winkler等的元分析发现，采用认知行为疗法治疗网络行为问题的效果优于其他心理治疗疗法（Winkler et al.，2013）。

综合来看，目前推荐的心理治疗包括认知行为疗法及其与辅助策略的结合，主要目标有以下几个：改变导致和维持过度游戏的不良认知（如态度、信念、偏见）；培养应对策略，减少不玩游戏时的退缩行为和其他负面情绪状态（如抑郁）；发展社交技能和建立新的行为模式（如体育活动等），以取代游戏活动。虽然一些治疗中心会提供短期的静修疗法，但目前难以证明该疗法有长期疗效。

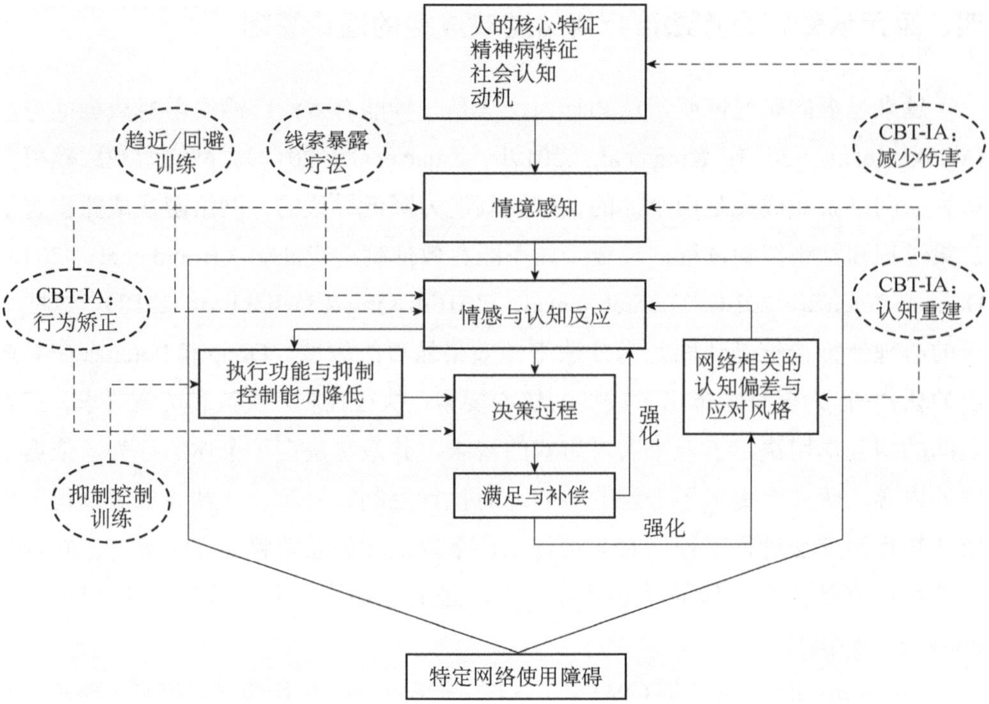

图3-1　将CBT-IA元素和进一步的治疗方法整合到I-PACE模型中（Young & Brand，2017）

五、认知行为疗法干预网络游戏成瘾的实证研究

认知行为干预是目前应用最广泛的疗法，不同的研究者往往依据自身经验和侧重点，对认知行为疗法进行改编或者将其与其他疗法结合起来，进而探究干预效果。笔者在查阅采用认知行为疗法干预网络游戏成瘾的研究后发现，研究者会依据网络游戏成瘾群体的特点，对认知行为疗法进行适当的调整，且取得了较好的干预效果。

（一）基于认知行为疗法的PROTECT疗法对网络游戏成瘾干预有效性的研究

美国心理学协会认为，一个有效的心理预防或干预措施，应强调干预的理论基础、最佳剂量-反应关系和系统性锚定（例如，在学校中）等具体信息。通常，预防应在症状显现之前开始，针对可能获得最大益处的个体，根据增加疾病发病风险的因素（如年龄和首次症状）进行选择性干预（即选择性指示预防）。风险选择有可能提高成本效益，因此，针对高风险个体的预防计划必须证明，其效果相对于自发缓解和回归到平均水平的预期效果有增量效果。

目前，很多关于游戏障碍或互联网使用障碍预防的研究经常受到批评，原因是它们大多缺乏随机化实验设计、跟踪测量和诊断访谈等来评估发病率。因此，一项重要内容在于设计纵向、随机临床试验对研究群体进行观察，并且设置好控制组，看他们在自然状态下发展成为成瘾障碍患者的概率，以考察干预能否减少或预防疾病发病。

Lindenberg等尝试探究基于认知行为疗法和成瘾认知行为病理学模型（图3-2）而制定的PROTECT（科技媒体的专业应用）干预策略能否降低症状的严重程度，同时探究其能否降低高危青少年发展成为游戏障碍和网络使用障碍患者的可能（Lindenberg et al.，2022）。Lindenberg等的研究中，422名有网络游戏成瘾风险的青少年被试被随机分配到PROTECT干预组（n=167）和控制组（n=255；仅评估不干预），研究者对其症状严重程度进行了分析。干预在24个小组（每个小组由3—11名青少年组成）中进行。

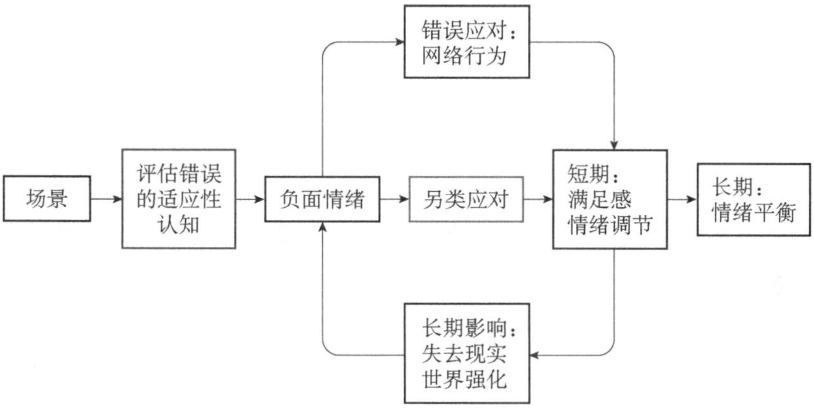

图3-2　网络游戏成瘾的认知行为病理学模型（Lindenberg et al.，2020）

在该实验中，干预组的短期干预PROTECT包括四个模块：①无聊和动机问题；②拖延和表现焦虑；③社会交往；④情绪调节。这四个模块的提出基于认知行为干预策略和成瘾的认知行为病理学模型（Cheng & Li，2014；Bakken et al.，2009）。针对以上模块，研究者具体采取了如下干预策略：①心理教育；②认知重组（识别和修改功能失调的信念）；③行为矫正（提高解决问题的技能、功能性行为训练和应急管理）；④改善情绪调节（基于感官、想象和正念技术的训练）。下面分别对这四种干预策略进行介绍。

第一，心理教育。该策略是指运用合理动机故事等方法让他们认识到自己的思维存在的问题（Lemmens et al.，2015；Wittek et al.，2016），目的是向患者展示导致网络游戏成瘾的可能途径，并提示他们导致网络游戏成瘾的这些信念、行为和情绪失调都可以通过上述的认知行为治疗技术得到解决。

第二，认知重组。PROTECT以认知行为模式为基础，认为过度概括、灾难化或苛求等认知偏差会导致负面情绪（Bakken et al.，2009；Lindenberg et al.，2018），而过度使用网络是一种条件反射，是个体应对负面情绪的不良策略。因此，每次干预课程中都会详细阐述认知行为病理学模型，说明上网活动的消极后果（条件反射，如分散注意力）如何导致恶性循环（操作性条件反射），从而在长期内产生有害影响（如成绩不佳）。PROTECT的目的不是制止网络活动，而是使个体根据经验标准（可能性有多大？）、逻辑标准（有证据吗？）、规范标准（我可以这样做吗？）、功能标准（符合我的目标吗？）和享乐标准（它能增加我的幸福感吗？）对其扭曲的认知进行反思，使这些导致功能失调的信念逐步被更现实的认知所取代（Lindenberg et al.，2018）。

第三，行为矫正。该策略包括提高问题解决能力、行为训练和应急管理等方面。其中，问题解决能力的训练方案按照结构化的行动序列来制定（Wartberg et al.，2015；Wartberg & Lindenberg，2020），其顺序通常如下：①定向、问题定义和生成备选解决方案（即生成解决方案）；②对每个可能的解决方案进行评估（即评估解决方案）；③决定一个选项（即选择解决方案）；④行动阶段（即计划实施），实现选定的解决方案并对其有效性进行评估（Rothmund et al.，2018）。

第四，情绪调节。为了提高情绪调节能力，PROTECT以心理生理学情绪调节技术为基础，将这些技术与认知行为疗法相结合，这已被证明在预防和治疗焦虑症、抑郁症、慢性疼痛和注意力缺陷障碍等多种适应症方面是有效的（Lindenberg et al.，2017）。

Lindenberg等（2020）的研究结果如下：①对于游戏障碍的症状，干预组的症状减轻效果明显优于控制组（图3-3），这表明PROTECT的干预效果超出了仅仅提高问题意识、回归到平均水平或自发缓解的范围。②干预组在拖延症方面也有显著改善。③随着时间的推移，干预组和控制组在其他方面，如一般心理病理学、抑郁症状、社交焦虑、情绪调节、与学校相关的社交行为和学习行为等都有所改善，但两组之间的差异并不显著。④干预组在最初一个月内的游戏障碍或其他互联网使用障碍的症状严重程度有所提高，而控制组则有所减轻。⑤干预的剂量（4

次访谈，每次90分钟）可能不足以对所有并发症症状的减轻产生显著影响，因为这些并发症更为普遍且PROTECT干预对这些并发症并不具有针对性。此外，该研究还提到，由于COVID-19大流行，预防游戏成瘾或其他互联网使用障碍尤为重要，未来的研究可以在更大的样本中进行，并重点关注高风险参与者，以进一步确认网络游戏成瘾的发病率数据是否准确。

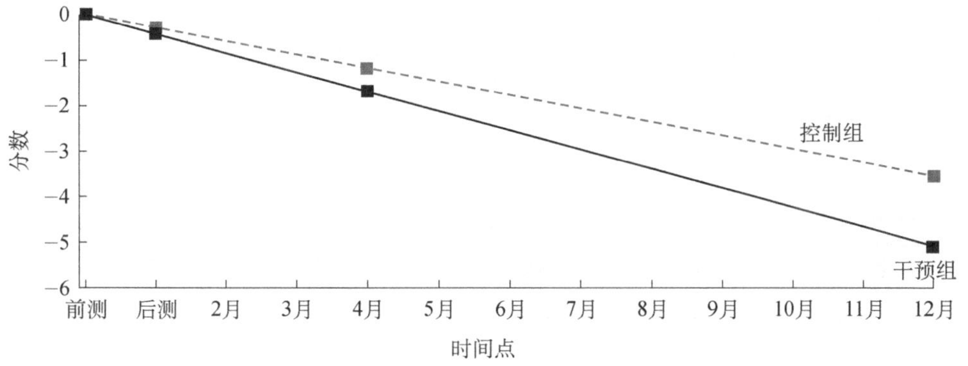

图3-3　PROTECT干预组和控制组在实验过程中的症状严重程度变化情况（Lindenberg et al.，2020）

（二）认知扭曲与认知重建在游戏成瘾干预中的作用

Li和Wang尝试探究认知扭曲（cognitive distortion，又译作认知失真）在游戏成瘾中的作用，并且尝试应用“认知重建”对这些错误思想进行干预，探究其对游戏成瘾的治疗效果（Li & Wang，2013）。

Li和Wang（2013）认为，认知扭曲在游戏成瘾中发挥重要的作用。认知扭曲是指个体在解释情境时出现的逻辑错误，包括选择性抽象聚焦、过度概括、个人化、灾难性思维和非此即彼思维等（Beck，1976）。研究发现，认知扭曲在很多精神类疾病（如重度抑郁症、焦虑症、慢性疼痛、物质滥用和病态赌博）的发展中起着重要作用（Mackillop et al.，2006；Moss-Morris & Petrie，1997；Nasir et al.，2010）。

不但如此，贝克还提出了认知“三位一体”（Beck’s cognitive triad）理论（图3-4）。“三位一体”涉及自动、自发和看似无法控制的消极观点，主要是个体关于自我、世界和未来的消极观点。这种消极观点的例子如下：①关于自我的消极思想，如“我一文不值”或“我一无是处”；②关于世界的消极观点，如“没有人会重视我”或“所有人都在无视我”；③关于未来的消极观点，如“事情只会变得更糟！”或“事情永远不会改变”。

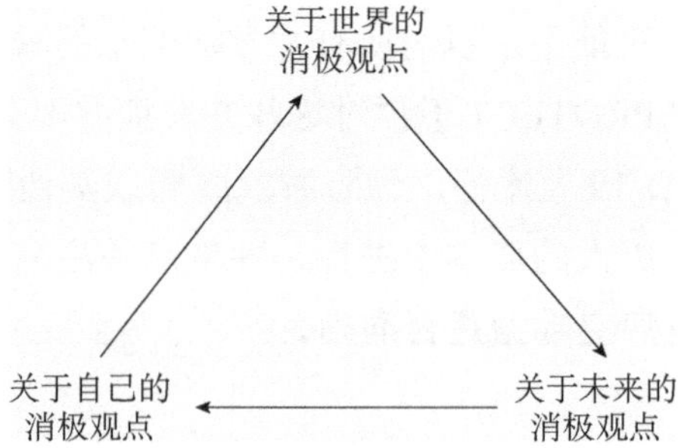

图3-4 贝克提出的认知“三位一体”理论（Beck，1976）

因此，要想纠正一个人扭曲的认知，就需要对一个人进行认知重建（cognitive reconstruction），认知重建是贝克认知行为疗法的主要组成部分（Beck，1976）。而认知重建的核心目的是消除“自动思考”，调整个体的功能失调或对自身的负面看法。因此，治疗师首先要筛查治疗对象报告的压力性事件与缘由。例如，一个男生不敢在公众面前发言，缘由可能在于他认为自己“毫无价值”的评价会招致他人的嘲讽。其次，治疗师和治疗对象要努力共同创建一个更符合现实的认知，例如，“发言内容是我能控制的，我可以提前进行发言，让发言更有针对性”。

Davis（2001）首次提出了一个认知行为模型，其中认知扭曲被认为是问题性互联网使用的核心因素。该模型中提出的逻辑错误的认知包括反复思考（不断纠结于与互联网使用相关的问题，而不是生活中的其他事件）、自我怀疑、消极的自我评价（对自己持消极看法，并通过互联网以较温和的方式获得他人更积极的反应）和非此即彼思维（假设没有互联网，自己就一无是处，由此加剧个体对互联网的依赖，或者存在“互联网是唯一尊重我的地方”、“离线没有人爱我”和“互联网是我唯一的朋友”等特征）。这些认知扭曲在互联网使用时自动发生，从而导致个体对互联网的过度使用。这一假设得到了研究的证实，比如，研究发现，有问题的互联网使用者倾向于对自己的互联网使用持有消极看法（Decker & Gay，2011；Kalkan，2012）。

另外，研究表明，网络游戏成瘾人群还表现出自我调节能力不足的特征，且这一特征是导致网络游戏行为对个体产生负面影响的重要因素（Liu & Peng，2009）。它还会让游戏玩家难以控制游戏时间，难以停止游戏（Rau et al.，2006）。这些特征成为界定网络游戏成瘾的核心标准之一。

鉴于以上原因，研究者认为游戏成瘾群体在对待游戏行为上存在认知扭曲。于是，研究者开发了网络游戏认知扭曲量表（CDS）来评估全有或全无思维、反刍、在线舒适感和短期思维，该量表在中国青少年样本中显示出良好的心理测量特性（王苏，李欢欢，2009）。同时，研究者试图探究对游戏成瘾群体进行认知重建能否起到缓解成瘾的作用。

这项研究选取了中国广州的两所中学的青少年作为研究对象，他们自愿参与了这项研究，且没有得到任何报酬。由于数据缺失或没有上网经验等因素，有45人被排除在外，最终的有效被试为495人。被试的平均年龄为15.52岁（标准差为1.97岁），年龄分布在12—19岁。在签订知情同意书之前，主试会告知所有被试本研究的目的是探究与上网使用相关的因素，并且承诺他们将以匿名的方式填写问卷，以充分保护他们的隐私。在实际进行问卷调查之前，主试已经获得了被试和他们的父母签名的知情同意书。问卷调查以小组形式进行，需要30—35分钟完成作答（Li & Wang，2013）。

1. 该研究的认知行为疗法流程

在该研究的干预流程中，被试一共需要接受为期6周共12次的认知行为治疗，疗程安排如下。

疗程1—2：引导——介绍网络游戏成瘾的可能过程和不良后果，并设定治疗目标。

疗程3：规则——讨论治疗阶段应遵守的基本规则。

疗程4—5：介绍与网络游戏成瘾密切相关的认知扭曲，并质疑这些不合理的信念系统。

疗程6—7：重构理性信念系统——揭示过度玩网络游戏的动机和与网络游戏成瘾相关的非理性信念系统，并用理性信念系统取而代之。

疗程8：分级——制定计划，逐步应对玩网络游戏的强化物，包括人际冲突、日常琐事和与学习有关的压力，这些都可能与认知扭曲结合形成恶性循环。

疗程9—10：沟通技巧培训。

疗程11—12：回顾和预防复发——讨论治疗期间的经验和达到的目标，以及今后在使用互联网时如何监控认知扭曲和自我控制。

与之相对，控制组被试接受基础的心理咨询。

研究者通过对比干预前后网络游戏成瘾人群的游戏渴求等特征，探究这一干预策略的有效性，主要通过 Young 的网络成瘾测试（IAT）、在线游戏认知成瘾量表（OGCAS）、认知扭曲量表（CDS）、Zung 的焦虑自评量表（SAS）和自评抑郁量表（SDS）（1971 年编制）等工具来评估被试的心理状况。

2. 研究结果

由图3-5可以看到，相对于干预前，在认知行为疗法干预后，被试的网络游戏成瘾程度和游戏成瘾性认知（经在线游戏认知成瘾量表测量得到）得分都显著降低。认知行为疗法显著降低了认知扭曲和全盘否定的得分，而控制组这两个指标并未发生变化。

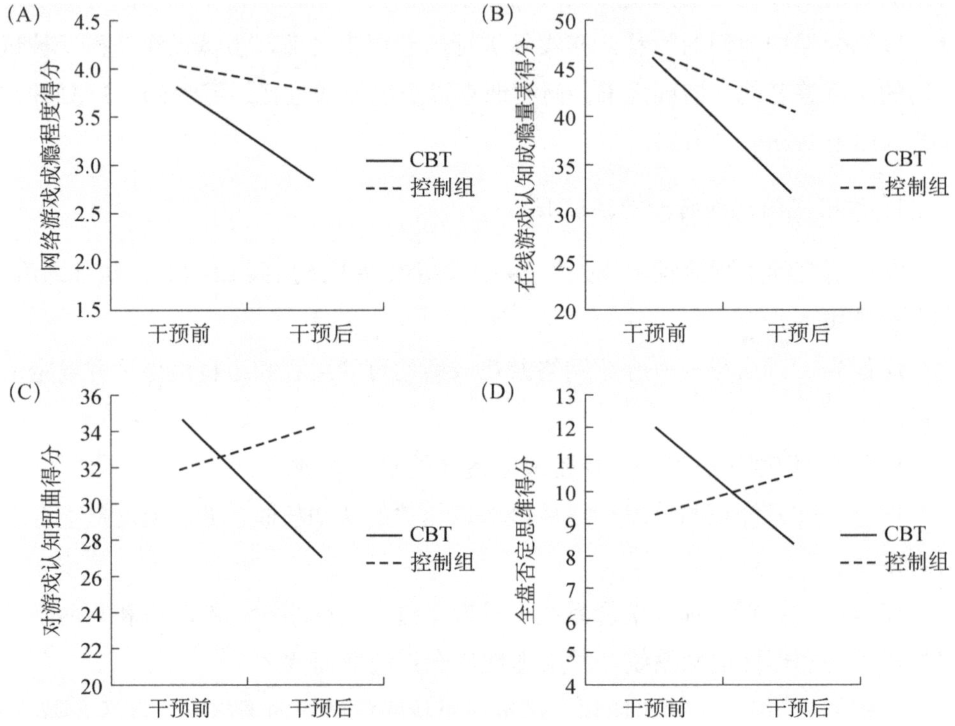

图3-5 认知重建前后网络游戏成瘾群体各项特征的变化（Li & Wang，2013）

（三）认知偏差修正在网络游戏成瘾干预中的作用

研究证明，过度游戏人群的大脑结构和功能连接出现损伤，如奖赏学习回路的变化以及被认为负责认知控制和抑制控制的额叶脑区的异常，这些人群的症状与酒精成瘾等群体的症状相似，他们均表现出认知、情绪和行为改变，以及耐受性差、戒断困难、先入为主、复发和渴求性强等特征（Charlton & Danforth，2010；Young，1996；Kuss，2013）。

冲动是导致成瘾行为的核心因素，与网络游戏成瘾也存在相关关系，并可预测网络游戏成瘾。有研究表明，网络游戏玩家的执行功能在其他方面也受到了损害，如反应抑制、错误处理、认知灵活性、决策制定以及对游戏相关刺激的注意偏差受损。网络游戏成瘾玩家还表现出高度追求新奇、冒险的倾向和低自尊的特征（Ko et al.，2006，2010；Lin et al.，2015），并且其身心健康遭受了严重的负面影响。

认知偏差（如注意偏差和接近偏差）被认为是线索-反应过程的一部分，与成瘾的发展和维持密不可分。当成瘾者接触到与成瘾有关的线索时，就会出现一个自动过程，表现在生理反应、主观渴求和认知偏差等方面。在这一点上，网络游戏成瘾患者与药物使用障碍患者很相似，都表现出线索诱发的大脑渴求反应和对成瘾相关线索的注意偏差（Metcalf & Pammer，2014；van Holst et al.，2012；Lorenz et al.，2013），表现出自动地接近成瘾相关刺激的行动倾向（Palfai & Ostafin，2003）。

既然网络游戏成瘾群体存在认知偏差，那么对其进行修正是否能减轻他们的成瘾症状？

认知偏差修正（CBM）旨在改变那些被认为有助于发展和维持不良情绪反应或障碍的认知处理方式。CBM通过计算机系统任务来改变一个人注意侧重和解释的偏颇。CBM通过让个体系统地练习那些替代性的处理方式，改变那些可能导致个体产生负面情绪反应或失调（焦虑）的认知模式。CBM实验显示，尽管注意力CBM在降低临床人群情绪反应性方面的研究还很有限且处于早期阶段，但它仍然可以可靠地改变认知偏差的注意力和解释认知过程。研究人员已经开发了针对特定疾病的CBM项目，来加强对游戏冲动的控制或改变成瘾者的不良适应性认知过程。

CBM项目是针对成瘾中的特定障碍性适应不良认知过程而开发的，其方法是加强对游戏冲动的控制或改变个体的注意力和行动倾向的偏好。在酒精接近-回避任务（AAT）中，参与者需要通过拉或推操纵杆，来响应与图片内容无关的刺激特征（图片位置）。研究者通过该任务的变体，训练参与者在对图片位置做出反应时学会推开酒精图片，从而间接回避酒精。结果表明，使用该任务的单次重复训练可以改变参与者对酒精的接近偏好。此外，在对酒精依赖症患者进行的RCT中，接受过回避训练的患者对酒精的即时接近倾向不仅降低，而且在接下来的一年中复发的频率比控制组患者低10%—13%。

Rabinovitz和Nagar（2015b）研究的目的就是探究CBM这一干预策略在游戏成瘾群体中的有效性。研究人员招募了37名过度玩MMORPG的被试，然后将他们随机分配到两组：避免训练组和接近训练组。被试在实验室中完成了一系列任务和测量。最核心的CBM训练任务是接近-回避任务，以评估他们对游戏和电影图片的接近或避免倾向。整个研究包括4个阶段：练习阶段、测试前评估、接近-回避训练阶段和测试后评估。

在练习阶段，参与者需要学会根据图像方向推、拉操纵杆。在该研究中，操纵杆的动作是相反的，推表示接近，拉表示回避。

在测试前评估中，参与者被要求通过推或拉操纵杆对图像方向做出反应。网络游戏和动画电影的图片以推/拉形式出现的频率相同。

接近-回避训练阶段共进行了440个试次，每完成60个试次便中断一次。在回避游戏条件下，90%的游戏图片以“拉”的形式出现，10%的游戏图片以“推”的形式出现，而电影图片的出现概率则相反。在接近游戏条件下，推拉的比例则相反。

测试后评估与测试前评估的内容相同，包括对当前主观游戏冲动和游戏意向的测量。被试会看到他们所沉迷的游戏的图标，并被要求按下每个图标来测量游戏寻求行为。当前主观游戏冲动采用10分视觉模拟量表进行评估。

通过对比前后评估发现：①认知偏见对于成瘾行为的发展、维持和复发起到了重要作用；②过度玩MMORPG的被试对游戏相关线索表现出一种接近偏见；③单次训练可以改变这种接近偏见；④通过CBM过程可以减少被试对玩游戏的主观渴望和意愿，并减少他们寻求游戏的行为；⑤认知偏见修正可被应用于治疗行为成瘾，如网络游戏成瘾。

图3-6显示，两组（接近组和回避组）被试在游戏接近-回避任务上的分数在训练前后发生显著的变化。图中不同组的测量分数是标准化的差异分数，是在测试前和测试后根据被试对图片的回避动作（拉操纵杆）和接近动作（推操纵杆）的平均反应速度之间的差异得出的；正值表示接近偏差，负值表示回避偏差。结果表明，认知偏差修正能够显著改善网络游戏成瘾群体对游戏刺激的行为反应，降低他们对游戏的渴求程度，进而改善他们对游戏

行为的态度。

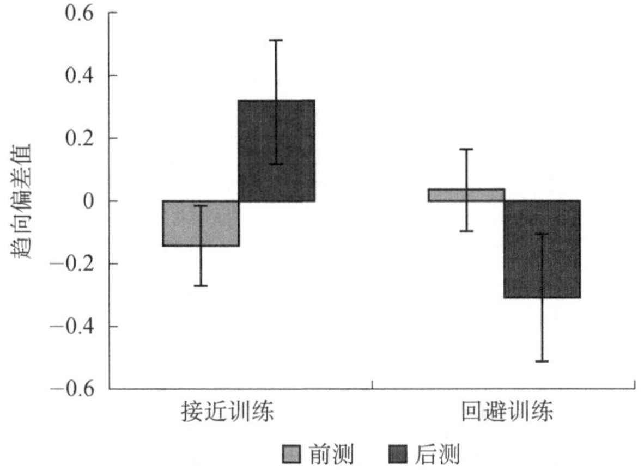

图3-6 接近/回避训练前后被试对游戏刺激的趋向偏差值（Rabinovitz & Nagar，2015b）

（四）基于网络和电脑游戏成瘾短期治疗在游戏成瘾干预中的作用

有研究者进一步发展了认知行为疗法，认为传统的治疗方法和被试日常行为相悖，因为被试在日常生活中难免都会接触到网络和游戏，而如果治疗的过程中脱离这一实际环境，即便治疗被证明有效，也不能推理他们在面对真正的游戏场景时的表现。为了弥补这些不足，研究者提出了基于网络和电脑游戏成瘾的短期治疗（STICA）（Wölfling et al.，2019），并且进行了多中心RCT。其特征是研究能够结合小组干预和个体干预的个性化认知行为疗法项目。

研究者通过随机临床试验的方式招募了187名电脑游戏成瘾的被试，经过筛查，其中部分被试不符合纳入标准，最终有143名被试被纳入研究（King et al.，2020）。这些被试被随机分配到两个组别，其中72名被试接受了短期治疗（STICA组，实验组），71名被试被分配到等待名单控制组。在治疗过程中，STICA组有12名患者退出研究，控制组有9名患者退出研究，两组被试的基本特征和医疗数据之间没有显著差异。治疗前，治疗师接受了研究者编写的治疗手册的培训，之后，治疗师的整个治疗过程都通过录像记录下来，并定期接受督导。整个研究共有4个评估时间点，包括基线（治疗前；t0）、治疗中期（治疗开始后2个月；t1）、治疗结束（约4个月的后评估；t2）以及追踪（实验组的6个月后随访；t3）。详细的干预阶段与策略如表3-2所示。

表3-2　STICA的阶段与策略

治疗阶段	干预策略举例
早期治疗（阶段 1—3）	确立改变行为的动机，制定切实可行的治疗目标（例如，不是戒除网络，而是从问题行为中脱离）； 心理教育（展示成瘾行为发展和维持的模型）； 与治疗师和小组建立信任联盟
行为修正（阶段 4—12）	为每位患者制定个性化模型，用来解释他们成瘾行为发展和维持的原因； 识别和改变诱因（作为渴望或消费的特定线索的内部和外部状态）； 行为分析和认知重组； 辨别情绪状态、压力管理、社交技巧，重建替代行为策略和兴趣，增强自我效能感，重建积极的自我概念； 尝试短期内完全戒除上网行为（持续 6 周）以探索其他活动； 在治疗指导下进行暴露训练和反应预防指导
巩固和预防复发（阶段 13—15）	重建替代行为策略和兴趣； 预防复发，停止游戏行为的技巧，游戏行为失控应急计划； 将行为修正工具运用到日常生活中，方便个体正常应用网络； 识别有可能导致复发的问题条件； 识别复发风险较高的特征，制定应对这些特征的个性化策略（制定个人的“应急计划”，作为小组和个人课程的一部分）； 巩固替代行为和兴趣

研究结果表明（图3-7），短期认知行为疗法对网络成瘾的治疗有效。在治疗结束时，实验组的网络成瘾下降率为69.4%，而控制组的网络成瘾缓解率为23.9%。同时，实验组在自我报告的网络成瘾症状、平日在线时间和心理社交功能等次要诊断上的表现均有显著改善。然而，在抑郁症状方面，实验组和控制组之间的差异并不显著。与控制组相比，实验组在外部评估的网络成瘾症状上也显著减少。这些结果都证明了这一干预策略的有效性。

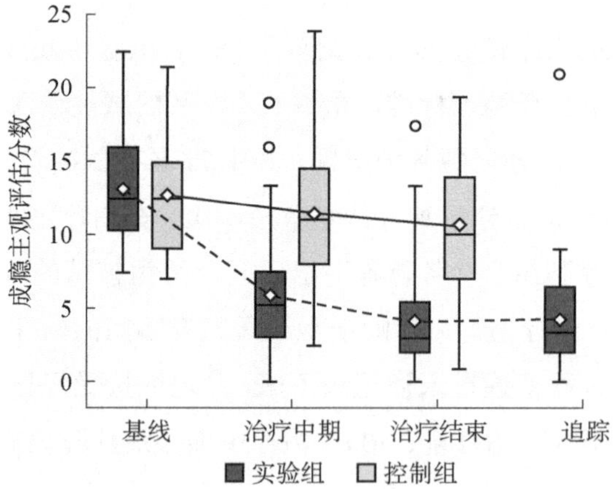

图3-7　不同测量点的网络和电脑游戏成瘾主观评估平均分变化情况（Wölfling et al.，2019）

（五）行为矫正策略在降低网络游戏成瘾群体游戏趋向偏差中的作用

成瘾的双过程模型（dual-process model of addiction）认为，人的行为和决策是由反思处理系统和冲动处理系统共同控制的（Bechara，2005；Wiers et al.，2007）。反思处理系统由前额叶皮层系统调节，该系统有助于个体基于长期利益做出理性的行为反应；相反，冲动处理系统则由杏仁核系统主导，该系统容易使个体基于即时快感做出冲动的行为反应（Deutsch et al.，2006；Strack et al.，2004）。这一理论认为，对于成瘾患者来说，反复的成瘾行为会抑制或破坏他们的反思处理系统，而使冲动处理系统变得异常活跃，尤其是在面对成瘾相关线索时，反思处理系统则会被大大削弱，由此导致冲动行为成为主导，使成瘾症患者对成瘾相关线索表现出认知和行为偏差（Bechara，2005；Ernst et al.，2014）。

依据这一理论，如果我们想帮助网络游戏成瘾人群降低对游戏的依赖，策略之一就是通过逆向训练来改变接近成瘾相关线索的偏好。当成瘾患者接触到与成瘾相关的线索，但却被阻止接近这些线索时，线索与冲动行为之间的联系就会被阻断。这样，成瘾患者的冲动处理系统就会被抑制，从而达到治疗成瘾的目的（Wiers et al.，2013），这就是所谓的接近偏差修正（ApBM）。在以往的研究中，研究者已经证明接近偏差修正能有效改变以下几种类型成瘾的行为偏差，如酒精使用障碍（Eberl et al.，2013；Wiers et al.，2015）、尼古丁使用障碍（Machulska et al.，2016）和赌博障碍（Boffo et al.，2017）等，这为研究者尝试将这一策略应用在网络游戏成瘾人群身上提供了很好的证据。

Rabinovitz和Nagar（2015）的研究首先尝试将这一策略应用于游戏沉迷人群。他们招募了38名沉迷于MMORPG的被试，并将他们随机分配到回避训练组（19人）和接近训练组（19人）。接近-回避任务（AAT）用于测量被试对MMORPG线索的接近偏向。然后，被试接受了一个疗程的接近偏向修正训练。回避训练组被指导回避网络游戏线索，而接近训练组则被指导接近网络游戏线索。训练包括440个试次，持续约15分钟。训练结束后，使用接近-回避任务测定被试接近MMORPG线索的倾向。这一研究发现，网络游戏成瘾患者与其他类型的成瘾患者一样，倾向于接近与成瘾相关的线索，由此验证了接近偏差修正在改变这种倾向和降低成瘾严重程度方面的作用。

但是，这一研究存在一些不足：首先，训练和后测之间的间隔时间相对较短，被试无法从训练的即时状态中改变过来。被试只接受了一次大约15分钟的训练，然后就立刻进行了后测，导致后测结果的实验效果可能会受到行为习惯的影响（Wiers et al.，2013）。只有通过多次训练，且训练和测试之间存在一定的时间间隔，才能真正确定训练的效果。其次，这一实验的控制条件存在问题。实验中，研究者要求实验组被试回避成瘾相关线索，而要求控制组被试接近成瘾相关线索。这种设计没有在两组之间平衡行为的接近和回避，导致无法消除两种行为模式可能造成的实验效应。真正合格的控制组，应该采用虚假训练进行比较（Clerkin et al.，2016；Machulska et al.，2016；Schoenmakers et al.，2010）。因此，要想验证这一干预策略是否真正有效，就需要更加科学的实验设计。He等（2021）尝试探究针对接近偏向的反向修正训练能否改变被试对网络游戏刺激的偏向。

研究的被试纳入标准比较严格，主要包括：①在网络游戏成瘾严重程度量表上的得分在32分或以上；②平均每天游戏时间超过两个小时，并且这种行为已经持续了一年以上；③每天大部分时间（如超过50%的时间）在互联网上玩游戏；④主要玩《王者荣耀》游戏。排除标准包括：①存在潜在的精神疾病史（如抑郁症、精神分裂症等）；②存在任何精神药物治疗史；③存在物质使用障碍史。被试被要求在研究期间不参与其他心理或行为治疗。根据这些标准，共有63名大学生被选入研究中。由于参与意愿和时间冲突等因素，最终有48名被试（年龄在18—22岁）参与了正式研究。他们被随机分配到两个组，实验组有24名被试（5名男性，19名女性），控制组也有24名被试（4名男性，20名女性）。所有被试都是右利手，具有正常或矫正视力。

在实验过程中，实验组接受了接近偏向修正训练，控制组接受了相应的伪训练。训练过程使用了刺激-反应兼容性（SRC）任务作为实验范式。每次训练分为4个20分钟的训练阶段，连续进行4天。实验组需要接近中性刺激并避免网络游戏刺激，而控制组也被要求进行相应的伪训练，他们随机接近中性刺激或网络游戏刺激。具体任务见图3-8。

在训练过程中，被试需要按下按钮使人偶远离网络游戏刺激并接近中性刺激。如果参与者回答错误，他们会收到反馈，并需要在进行下一个试次之前做出正确的回答。为了与控制组保持一致，训练被分为两个区组，但两个区组之间的反应是相同的，每个区组各包含112个试次。为了避免训练后立刻测量产生偏差，研究者选择在训练结束后的次日进行后测，重新评估接近偏向分数。

在SRC任务中，任务分为两个区组：第一区组包含两种类型的试次，分别为接近网络游戏刺激和回避中性刺激；第二区组包含两种类型的试次，分别为接近中性刺激和回避网络游戏刺激。参与者按“←”键表示接近，按“→”键表示回避。游戏设备“魔法棒”为网络游戏线索，普通“手杖”为中性线索。

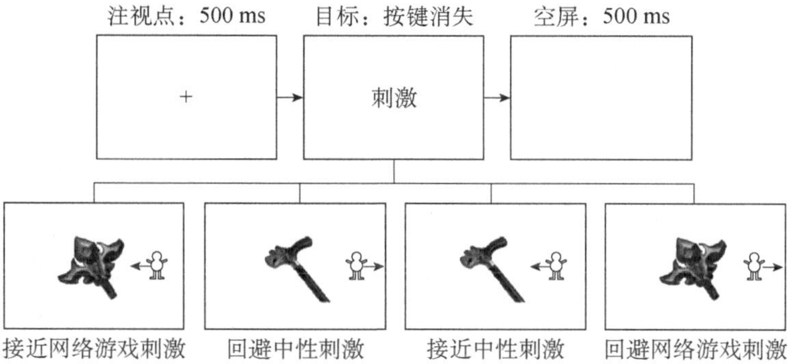

图3-8　研究中训练任务示意图（He et al.，2021）

从图3-9（A）中可以发现，实验组和控制组在基线（前测）中对网络游戏刺激的接近偏差得分无显著差异，而在后测中，实验组对网络游戏刺激的接近偏差得分降低，且低于控制组。图3-9（B）显示，实验组和控制组在前测中对中性刺激的接近偏差得分无显著差异，而在后测中，实验组对中性刺激的接近偏差得分明显升高，且高于控制组。图3-9（C）显示，实验组在训练前后对网络游戏刺激的接近偏差变化与网络游戏成瘾分数的变化呈正相关。图3-9（D）显示，实验组在训练前后对网络游戏刺激的接近偏差变化与降低的贝克焦虑量表分数的变化呈正相关。

综上，这一研究发现：网络游戏成瘾患者存在接近网络游戏刺激的倾向，相对于中性刺激，他们对网络游戏刺激表现出显著的接近偏向。更重要的是，基于接近偏向修正的行为干预方法显著降低了实验组对网络游戏刺激的接近偏向，并显著提高了他们对中性刺激的接近偏向。实验组的接近偏向分数的降低与网络游戏成瘾严重程度的降低呈显著正相关。接近偏向修正训练可以有效改变这种接近偏向，并且能够降低网络游戏成瘾的严重程度、渴望程度以及缓解焦虑。这些结果表明，接近偏向是网络游戏成瘾发展和维持的重要因素，而行为干预可以改变这种偏向，并对网络游戏成瘾的治疗具有潜在的益处。

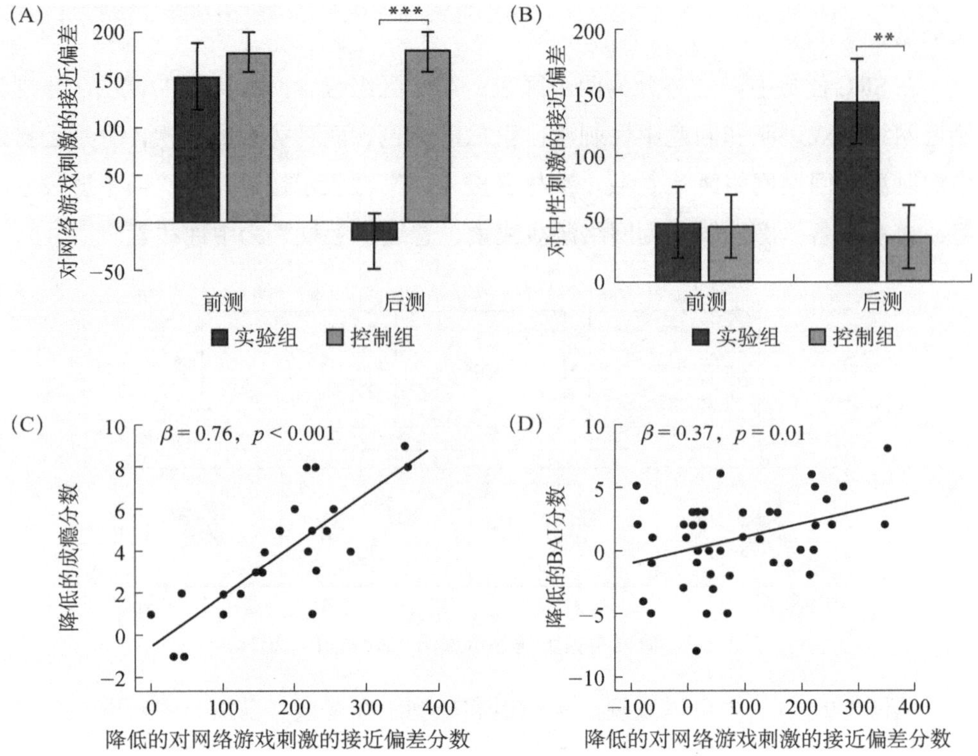

图3-9 训练前后两组被试接近偏差变化图（He et al.，2021）

六、认知行为疗法在网络游戏成瘾干预中的作用及其认知神经机制

前文所述的几个研究均从不同的侧面证明了认知行为疗法及其变式在治疗网络游戏成瘾方面的有效性。但是，这些研究结果主要是经由行为测量和自我报告的方法获得的，不能揭示这一变化背后的认知神经机制。下面的研究则在更深刻层面上对这一问题进行了探讨。

（一）虚拟现实疗法在网络游戏成瘾中的应用及其效果

虚拟现实疗法（VRT）是一种利用虚拟现实技术，通过创建模拟环境和情境来进行治疗的方法。虚拟现实疗法通常包括一个宽屏幕用于显示立体图像、一个VR眼镜、一个供治疗师使用的独立显示器、键盘和计算机。

虚拟现实疗法的目的是通过模拟和暴露于特定情境中，帮助参与者减少对游戏的渴望和依赖，改变他们的认知和行为模式。虚拟现实疗法可以用于治疗各种心理和行为问题，如焦虑、恐惧症、创伤后应激障碍等（Rothbaum et al.，2014）。这一技术还被证明能抑制某些形式的成瘾性障碍，包括尼古丁和酒精依赖（Jansari et al.，2013；Bohil et al.，2011；Lee et al.，2009）。比如，虚拟现实疗法通过调节边缘系统的神经生物学失衡，可降低个体对酒精的渴求（Son et al.，2015）。虚拟现实疗法能同时刺激（与渴求有关的）伏隔核和（与厌恶有关的）杏仁核，促进边缘系统奖赏刺激的反应（Kim et al.，2014）。不但如此，研究发现，与一般认知行为疗法相比，针对酒精的虚拟现实疗法方案能更有效地降低个体对酒精的渴求（Lee et al.，2009）。

可以说，虚拟现实疗法提供了一种安全、可控的环境，让参与者在虚拟世界中体验和应对各种情境，以促进他们的康复和恢复。因此，研究者试图将这一疗法应用到对网络游戏成瘾的治疗中[图3-10（A）]。

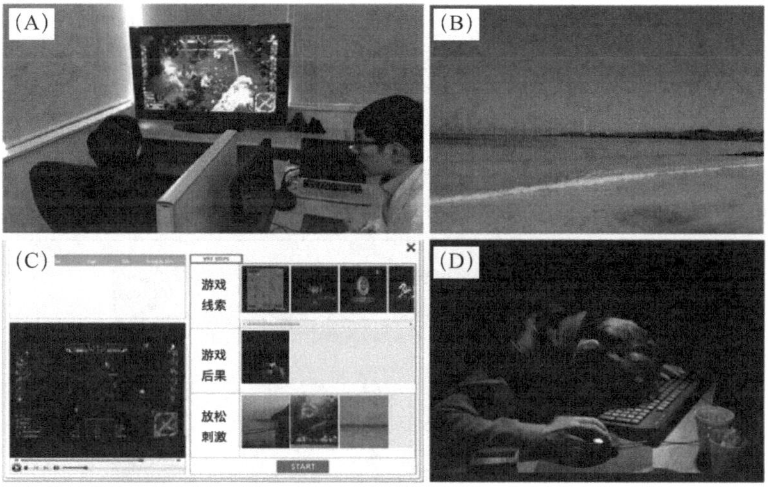

图3-10　Park等（2016）的研究中使用的虚拟现实系统

注：（A）虚拟现实疗法的房间：被试在高风险情况下接触游戏线索；（B）放松视频举例；（C）虚拟现实系统的控制屏幕；（D）长期病态游戏的厌恶后果的视觉刺激之一

Park等（2016）对这一策略及其伴随的认知神经机制进行了研究。他们将被试分为三组，即认知行为疗法组、认知行为疗法+虚拟现实疗法组（均为网络游戏成瘾组）和健康控制组。研究过程中，他们设计的虚拟现实疗法策略包括三个阶段，三个阶段在每个干预组中的顺序都是相同的。

干预的整个流程安排如下。

首先，预访谈。预访谈由一名精神科医生在第一次治疗前约30分钟进行。首先，为每位被试拍照，并记录下他们的声音。接着，被试回答“你生命中最珍贵的东西是什么”和“过度玩游戏导致的最棘手的问题是什么”。这些内容将用于VRT会话的最后一个步骤，即声音辅助认知重建步骤。

其次，放松阶段。在放松过程中，被试会接触到一段带有放松声音的放松视频，时间约为5分钟。被试可以从8段不同的视频中选择一段自己认为最舒服的视频。被试被要求观看显示器上的视频，并尽可能保持放松。这一步骤的目的是缓解被试开始每次治疗时的紧张情绪[图3-10（B）]。治疗师可以根据参与者的状态控制播放时间。

再次，暴露于高风险情境中。此时，被试会接触到他经常玩的游戏中的游戏线索（例如，射击的场景、升级的场景以及游戏最后激动人心的阶段的场景），时间约为10分钟。让被试自主选择在高风险情境中观看哪些游戏场景，目的是诱发被试对游戏的渴望[图3-10（C）]。

最后，声音辅助认知重建。当被试处于最刺激的游戏场景中时，播放厌恶诱导噪声（恼人的哔哔声或警报声），从而将高风险情境刺激和厌恶诱导刺激配对。厌恶诱导噪声会让被试感到烦躁和焦虑，从而使其在最刺激的游戏场景中产生厌恶反应[图3-10（D）]。

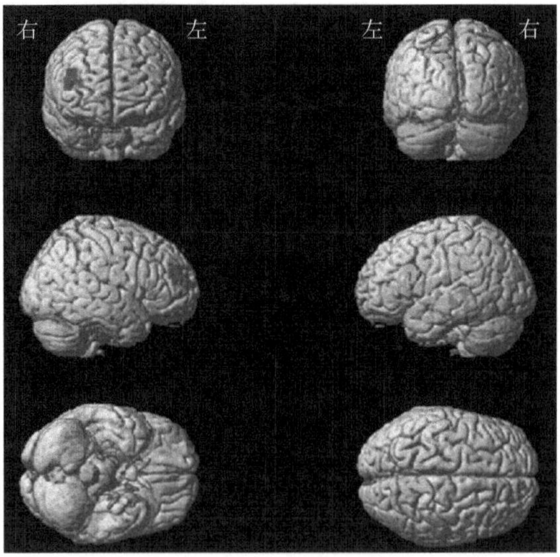

图3-11　与健康控制组相比，网络游戏成瘾组在基线时显示低频振幅（ALFF）降低的脑区（Park et al.，2016）（见文后彩图3-11）

研究者将被试的照片融入长期病态游戏的厌恶性后果场景中，如与家庭成员的冲突、学习成绩低下、失业和健康问题等。此外还将播放语音文件，其中包含被试对“你生命中最珍贵的东西是什么”这一问题的回答。这些步骤的目的是通过强化和建设积极的主题来帮助被试。

干预实验结束后再次进行测量，以对比干预前后的效果。首先，在行为层面上，虚拟现实疗法可以有效降低网络游戏成瘾的严重程度。在干预后，CBT组和VRT组的YIAS得分均有所下降。其次，在大脑反应上，与健康控制组相比，网络游戏成瘾组被试右侧额中回的活动降低（图3-11）。

另外，进一步的功能连接分析显示，虚拟现实疗法能刺激边缘系统，改善皮质-纹状体-边缘回路的功能连接。在虚拟现实疗法治疗后，后扣带回皮层（PCC）种子到左侧额叶中部和双侧颞叶的功能连接增强（图3-12）。

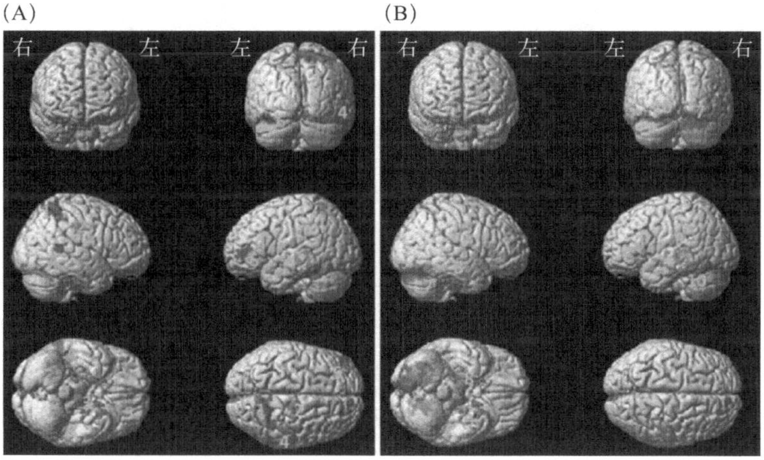

图 3-12　干预后的后扣带回皮层种子到其他脑区的功能连接变化（Park et al.，2016）见文后彩图 3-12

注：（A）虚拟现实疗法（VRT）组；（B）认知行为疗法（CBT）组

整体而言，使用虚拟现实疗法能够有效降低网络游戏成瘾群体的成瘾程度。虚拟现实疗法通过促进边缘系统对奖赏刺激的调节反应，来防止习惯性游戏行为的发生。

（二）情绪偏差矫正在游戏成瘾干预中的作用及其认知神经机制

成瘾的强化理论和激励敏感化理论认为，对待奖赏的调节反应是强迫性成瘾行为形成的一个重要因素（Robinson & Berridge，1993；Smith & Laiks，2018；Brand et al.，2019）。比如，成瘾过程中由于成瘾物质/行为所具有的愉悦体验的反复强化，成瘾线索更倾向于与即时奖赏感受相关联，从而使个体忽视与成瘾相关的长期负面后果或负面情绪，于是，个体就形成了对成瘾线索的积极情感联想偏差（EABs）。这种偏差进一步强化了刺激-接近-反应的习惯，并伴随着与强迫相关的神经适应，使成瘾线索自动引起强迫性参与成瘾行为（Luijten，2015；Nordquist et al.，2007）。随着这种偏差变得更加习惯化，处理成瘾线索的脑区可能会从腹侧纹状体转移到背侧纹状体（Liu et al.，2017；Everitt，2014），从而导致“与欲望相关”的强迫性参与，而不是“与喜欢相关”的冲动性参与。前额纹状体回路的异常激活及其内部的相互作用可能是与成瘾相关的抑制性控制障碍的基础，这种障碍可能会随着时间的推移而变得更加习惯化。

因此，对成瘾行为进行干预的策略之一在于改变这种情绪偏差，进而改变其自动化的成瘾行为。研究发现，在酒精成瘾被试群体中，将酒精线索与负面图片配对可能会增加被试对酒精的负面情绪并使其减少饮酒（Houben et al.，2010a；2010b），证明了这一策略的有效性。因此，探究这一策略对网络游戏成瘾人群的有效性十分有必要，并且其背后的认知神经机制也值得探究。

Wu等（2022）的研究通过广告等方式大范围招募潜在被试，将符合条件的被试随机分成两组，即情感联想偏差修正（EABM）组和虚假训练组，87名参与者完成了EABM训练或虚假训练。干预前后的评估包括强迫性游戏想法和行为、IAT评估的网络游戏成瘾严重程度、每周游戏时间、磁共振功能性渴求调节任务中的反应以及与游戏相关的情感联想偏差等。EABM训练的详细流程如下（图3-13）。

（1）参与者被随机分配到EABM组或虚假训练组。

（2）训练任务中的刺激包括游戏或健康活动的图片以及相关的情绪词对。每个图片都与一个固定的词对相关联。为了增强该训练的干预效果，研究者对EABM训练进行了优化，如提升奖励概率和延长训练时间等。

（3）每个训练试次开始时，计算机屏幕上会出现一个注视点，持续600—800 ms，然后呈现游戏或健康活动的图片。参与者需要仔细观察图片。

（4）图片呈现后，计算机屏幕上会出现一对情绪词。参与者需要选择其中一个词，若选择右侧词，需按下鼠标右键；若选择左侧词，需按下鼠标左键。选择完毕后，图片和词对会消失。

（5）反馈信息会显示在计算机屏幕上，包括当前试次中获得的奖励以及累积奖励。参与者被告知，除了研究结束后的基本报酬外，他们还可以额外获得训练结束后的累积奖励金额。

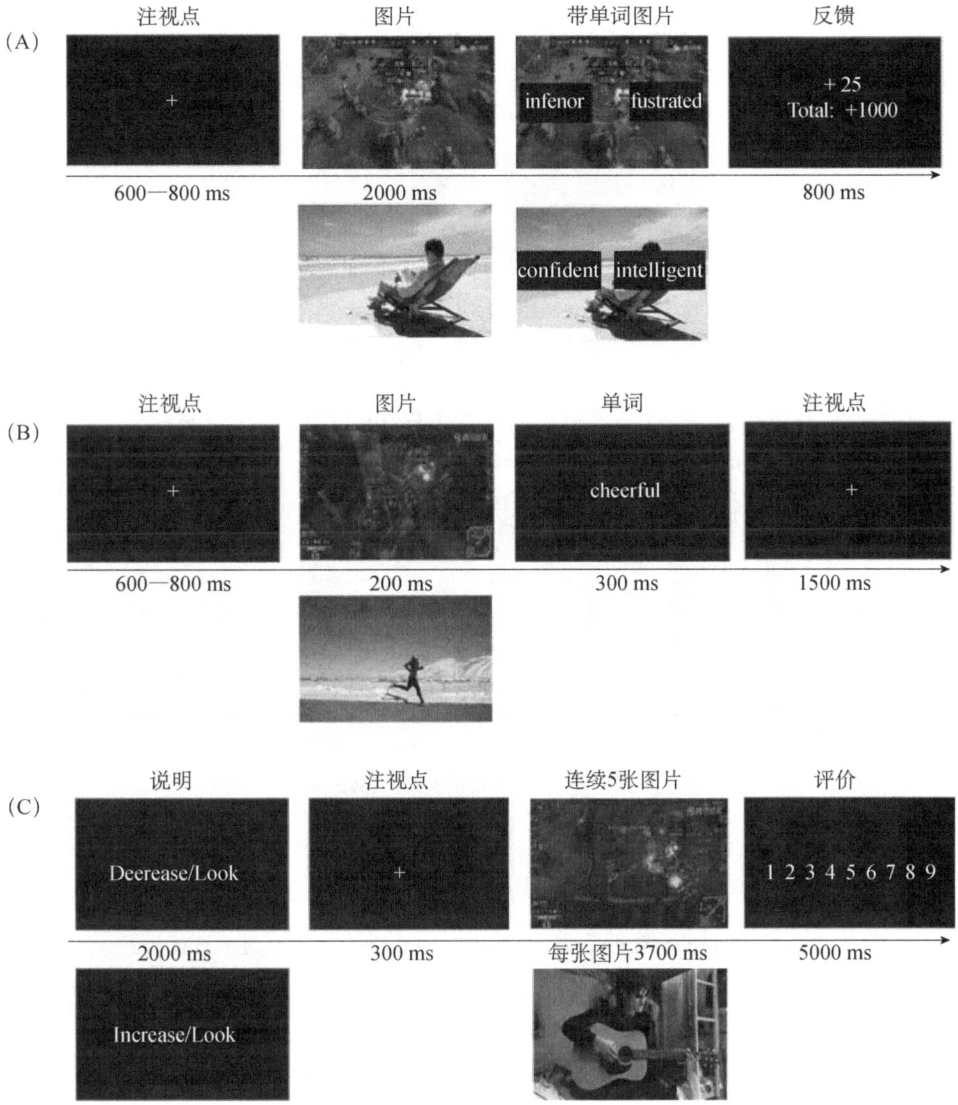

图3-13　EABM训练、启动任务和渴求调节任务示例（Wu et al.，2022）

注：（A）在EABM训练中，被试被要求观察图片，然后按照指示从词对中选择一个词，以获得尽可能多的金钱奖励。（B）在启动任务中，被试被要求观察图片，然后判断下面单词的情绪效价。（C）在渴求调节任务中，在“看”的条件下，被试在保持渴求的同时自然地观察图片；在“减”或“增”的条件下，被试通过对图片的认知再评价来减少或增加渴求。之后，参与者用利克特九点量表来评定自己对游戏或健康活动的渴望程度

通过对比干预前后的结果（图3-14），Wu等（2022）的研究发现：在行为上，EABM训练显著减少了参与者与游戏相关的积极情感联想偏差，降低了他们的强

迫性游戏思想和行为。

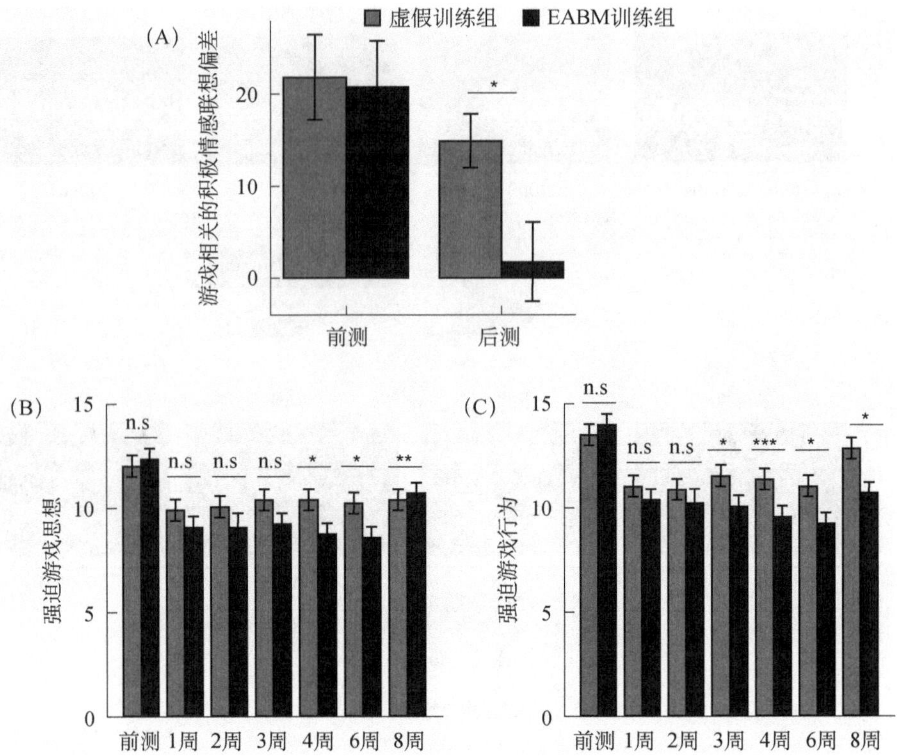

图3-14　干预前后行为结果的测量（Wu et al.，2022）

注：（A）与虚假训练相比，EABM训练减少了参与者与游戏相关的积极情感联想偏差。（B）在训练后第4、6和8周，与虚假训练相比，EABM训练减少了参与者的强迫性游戏思想。（C）在训练后第3、4、6和8周，与虚假训练相比，EABM训练减少了参与者的强迫性游戏行为。n.s表示不显著

结果表明，在“游戏-降低”条件下，相对于虚假训练，EABM训练降低了双侧背侧纹状体的激活水平。此外，EABM相关的双侧背侧纹状体活动降低与游戏相关的积极情感联想偏差减少有关（图3-15A）。EABM训练（与虚假训练）降低了“游戏-观看”条件下左侧背侧纹状体-腹侧前额叶/眶额皮层的功能连通性。此外，EABM相关的背侧纹状体-腹侧前额叶/眶额皮层功能连接性下降与强迫性游戏思想和行为的下降有关(图3-15B)。在”游戏-降低”条件下，EABM训练（相对于虚假训练）增加了背侧纹状体-腹侧前额叶功能连接。此外，EABM相关的背侧纹状体-腹侧前额叶功能连接的增加与游戏相关的积极情感联想偏差的减少有关（图3-15C）。

综合以上行为和大脑反应的结果，研究者发现，EABM训练对游戏相关的积极情感联想偏差、强迫性游戏思想和行为具有显著的干预效果。相对于虚假训练

组，EABM组的大脑反应在训练前没有显著差异，但在训练后显示出明显降低。同时，在EABM组中，脑区（双侧背侧纹状体）活动的减少以及游戏减少条件下的背侧纹状体-前扣带/眶额叶皮层功能连接的增加与游戏相关的积极情感联想偏差的减少呈正相关。游戏观看条件下的背侧纹状体-腹侧前额叶/眶额皮层功能连接的减少与强迫性游戏思想和行为的总分的减少呈正相关。此外，在EABM组中，通过将强迫性游戏思想和行为的改变作为中介，背侧纹状体-腹侧前额叶/眶额皮层功能连接的减少间接影响了IAT评估的游戏障碍严重程度。总体而言，该研究证明了EABM训练对于减少网络游戏成瘾群体的游戏行为具有一定的效果。

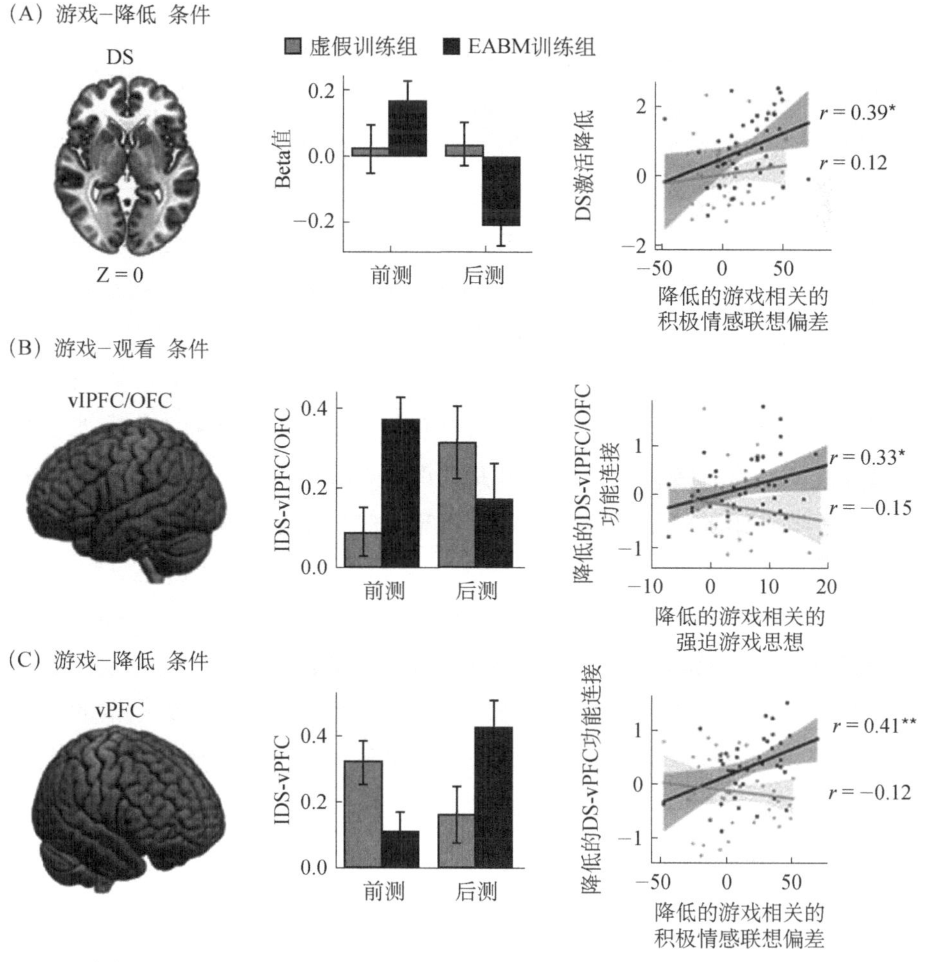

图3-15　干预对渴求调节任务中与背侧纹状体相关的神经反应的影响（Wu et al.，2022）（见文后彩图 3-15）

DS，背侧纹状体；vIPFC 腹外侧前额叶皮层；OFC，眶额皮层；vPFC，腹侧前额叶皮层

小 结

综合当前应用认知行为疗法对网络游戏成瘾进行干预的研究，其目标主要包括以下几点：首先，改变引发和维持过度游戏的不良认知（如态度、信念、偏见），改变错误的观念是进行其他干预的前提；其次，培养应对策略，目的在于减少不玩游戏时的退缩行为和其他不愉快的情绪状态（如抑郁）；最后，为填补减少游戏带来的心理空虚感，需要发展这些人群的社交技能，建立新的行为模式，如体育活动等，以取代游戏活动。综合来看，无论不同研究中的具体干预措施如何变化，其基本立足点都在以上几个方面。

针对目前的研究结论，我们认为未来对认知行为疗法的研究主要探讨以下几个方面：首先，当前研究结论基本证明了认知行为疗法的短期疗效，即能够降低短期的上网行为和游戏渴求，但认知行为疗法的长期疗效需要进一步验证，应该至少进行6个月的随访评估。其次，目前对治疗效果的评估采用的是问卷调查法或以游戏时间为指标的方法，未来应该由精神科医生从临床变化方面进行评估，特别是从认知神经科学等方面寻找相应的证据。再次，治疗过程应该日趋标准化，加强对治疗过程中产生治疗效果的机制研究，提供基于证据的治疗手册，对理论研究和临床实践进行规范，使理论研究真正指导临床实践。最后，在治疗时应该积极关注不同亚组的特征，包括性别差异等，应该依据性别设置具有特色的治疗策略。

网络游戏成瘾的治疗通常涉及认识到过度游戏行为对个人的负面影响、培养管理或抵制游戏诱惑的技能，以及在线上游戏圈子之外形成新的友谊。虽然控制游戏时间通常是必要的，但网络日益成为人们，尤其是未成年人生活的一部分，杜绝网络游戏行为往往是不现实的。因此，引导人们有节制地玩游戏是未来干预的目标所在。

参 考 文 献

Corey，G.（2010）．*心理咨询与治疗的理论及实践（第八版）*．谭晨，译．北京：中国轻工业出版社. https://book.douban.com/subject/4179683/

王苏，李欢欢.（2009）．青少年网络游戏认知偏差量表的初步编制及信效度检验．*中国临床心*

理学杂志，*17*（6），684-686. https://doi.org/CNKI:SUN:ZLCY.0.2009-06-012

Arnedt, J. T., Conroy, D. A., & Brower, K. J. (2007). Treatment options for sleep disturbances during alcohol recovery. *Journal of Addictive Diseases*, *26* (4), 41-54. https://doi.org/10.1300/J069v26n04_06

Assanangkornchai, S., & Srisurapanont, M. (2007). The treatment of alcohol dependence. *Current Opinion in Psychiatry*, *20* (3), 222-227. https://doi.org/10.1097/YCO.0b013e3280fa837d

Bakken, I. J., Wenzel, H. G., Götestam, K. G., Johansson, A., & Oren, A. (2009). Internet addiction among Norwegian adults: A stratified probability sample study. *Scandinavian Journal of Psychology*, *50* (2), 121-127. https://doi.org/10.1111/j.1467-9450.2008.00685.x

Bechara, A. (2005). Decision making, impulse control and loss of willpower to resist drugs: A neurocognitive perspective. *Nature Neuroscience*, *8* (11), 1458-1463. https://doi.org/10.1038/nn1584

Beck, A. T. (1976). *Cognitive Therapy and the Emotional Disorders*. New York: International Universities Press.

Beck, A. T., Wright, F. D., Newman, C. F., & Liese, B. S. (2001). *Cognitive Therapy of Substance Abuse*. New York: The Guilford Press.

Beck, R., & Perkins, T. S. (2001). Cognitive content-specificity for anxiety and depression: A meta-analysis. *Cognitive Therapy & Research*, *25* (6), 651-663. https://doi.org/10.1023/A:1012911104891

Boffo, M., Willemen, R., Pronk, T., Wiers, R. W., & Dom, G. (2017). Effectiveness of two web-based cognitive bias modification interventions targeting approach and attentional bias in gambling problems: Study protocol for a pilot randomised controlled trial. *Trials*, *18* (1), 452. https://doi.org/10.1186/s13063-017-2190-2

Bohil, C. J., Alicea, B., & Biocca, F. A. (2011). Virtual reality in neuroscience research and therapy. *Nature Reviews. Neuroscience*, *12* (12), 752-762. https://doi.org/10.1038/nrn3122

Brand, M., Young, K. S., Laier, C., Wölfling, K., & Potenza, M. N. (2016). Integrating psychological and neurobiological considerations regarding the development and maintenance of specific internet-use disorders: An interaction of person-affect-cognition-execution (I-PACE) model. *Neuroscience & Biobehavioral Reviews*, *71*, 252-266. https://doi.org/10.1016/j.neubiorev.2016.08.033

Brand, M., Wegmann, E., Stark, R., Müller, A., Wölfling, K., Robbins, T. W., & Potenza, M. N. (2019). The interaction of person-affect-cognition-execution (I-PACE) model for addictive behaviors: Update, generalization to addictive behaviors beyond internet-use disorders, and specification of the process character of addictive behaviors. *Neuroscience and Biobehavioral Reviews*, *104*, 1-10. https://doi.org/10.1016/j.neubiorev.2019.06.032

Charlton, J. P., & Danforth, I. D. W. (2010). Validating the distinction between computer addiction and engagement: Online game playing and personality. *Behaviour & Information Technology*, *29* (6), 601-613. https://doi.org/10.1080/01449290903401978

Cheng, C., & Li, A. Y. (2014). Internet addiction prevalence and quality of (real) life: A meta-analysis of 31 nations across seven world regions. *Cyberpsychology, Behavior and Social Networking*, *17* (12), 755-760. https://doi.org/10.1089/cyber.2014.0317

Clerkin, E. M., Magee, J. C., Wells, T. T., Beard, C., & Barnett, N. P. (2016). Randomized controlled trial of attention bias modification in a racially diverse, socially anxious, alcohol dependent sample. *Behaviour Research and Therapy*, *87*, 58-69. https://doi.org/10.1016/j.brat.2016.08.010

Davis, R. A. (2001). A cognitive-behavioral model of pathological internet use. *Computers in Human Behavior*, *2*, 17. https://doi.org/10.1016/S0747-5632 (00) 00041-8

Decker, S. A., & Gay, J. N. (2011). Cognitive-bias toward gaming-related words and disinhibition in World of Warcraft gamers. *Computers in Human Behavior*, *27* (2), 798-810. https://doi.org/10.1016/j.chb.2010.11.005

Delfabbro, P., Kaptsis, H., Dean, M., Gradisar M., & Daniel, K. (2016). Withdrawal symptoms in internet gaming disorder: A systematic review. *Clinical Psychology Review*. https://xueshu.baidu.com/usercenter/paper/show?paperid=694687f698545ac15701f8fb3085083f&site=xueshu_se

Deutsch, R., Gawronski, B., & Strack, F. (2006). At the boundaries of automaticity: Negation as reflective operation. *Journal of Personality & Social Psychology*, *91* (3), 385-405. https://doi.org/10.1037/0022-3514.91.3.385

Dong, G., & Potenza, M. N. (2014). A cognitive-behavioral model of internet gaming disorder: Theoretical underpinnings and clinical implications. *Journal of Psychiatric Research*, *58*, 7-11. https://doi.org/10.1016/j.jpsychires.2014.07.005

Eberl, C., Wiers, R. W., Pawelczack, S., Rinck, M., Becker, E. S., & Lindenmeyer, J. (2013). Approach bias modification in alcohol dependence: Do clinical effects replicate and for whom does it work best? *Developmental Cognitive Neuroscience*, *4*, 38-51. https://doi.org/10.1016/j.dcn.2012.11.002

Ellis, A. (1973). Are cognitive behavior therapy and rational therapy synonymous? *Rational Living*, *8* (2), 8-11.http://ovidsp.ovid.com/ovidweb.cgi?T=JS&CSC=Y&NEWS=N&PAGE=fulltext&D=psyc2&AN=1975-07945-001

Ernst, L. H., Plichta, M. M., Dresler, T., Zesewitz, A. K., Tupak, S. V., Haeussinger, F. B., … Ehlis, A. C. (2014). Prefrontal correlates of approach preferences for alcohol stimuli in alcohol dependence. *Addiction Biology*, *19* (3), 497-508. https://doi.org/10.1111/adb.12005

Everitt, B. (2014). Neural and psychological mechanisms underlying compulsive drug seeking habits and drug memories: Indications for novel treatments of addiction. *The European Journal of Neuroscience*, *40* (1), 2163-2182. https://doi.org/10.1111/ejn.12644

He, J., Pan, T., Nie, Y., Zheng, Y., & Chen, S. (2021). Behavioral modification decreases approach bias in young adults with internet gaming disorder. *Addictive Behaviors*, *113*, 106686. https://doi.org/10.1016/j.addbeh.2020.106686

Hides, L., Carroll, S., Lubman, D. I., & Baker, A. (2010). Brief motivational interviewing for depression and anxiety.

Hollon, S. D., & Digiuseppe, R. (2011). *Cognitive Theories of Psychotherapy*. https://doi.org/10.1037/12353-007

Houben, K., Havermans, R. C., & Wiers, R. W. (2010a). Learning to dislike alcohol: Conditioning negative implicit attitudes toward alcohol and its effect on drinking behavior. *Psychopharmacology*, *211* (1), 79-86. https://doi.org/10.1007/s00213-010-1872-1

Houben, K., Schoenmakers, T. M., & Wiers, R. W. (2010b). I didn't feel like drinking but I don't know why: The effects of evaluative conditioning on alcohol-related attitudes, craving and behavior.

Addictive Behaviors, *35* (12), 1161-1163. https://doi.org/10.1016/j.addbeh.2010.08.012

Jansari, A. S., Froggatt, D., Edginton, T., & Dawkins, L. (2013). Investigating the impact of nicotine on executive functions using a novel virtual reality assessment. *Addiction*, *108* (5), 977-984. https://doi.org/10.1111/add.12082

Kalkan, M. (2012). Predictiveness of interpersonal cognitive distortions on university students' problematic internet use. *Children and Youth Services Review*, *34* (7), 1305-1308. https://doi.org/10.1016/j.childyouth.2012.03.003

Kellogg, S. H., & Young, J. E. (2008). Cognitive therapy. In J. L. Lebow (Ed.), *Twenty-First Century Psychotherapies: Contemporary Approaches to Theory and Practice* (pp. 43-79). Hoboken: Wiley.

Kim, S. M., Han, D. H., Min, K. J., Kim, B.N., & Cheong, J. H. (2014). Brain activation in response to craving- and aversion-inducing cues related to alcohol in patients with alcohol dependence. *Drug and Alcohol Dependence*, *141*, 124-131. https://doi.org/10.1016/j.drugalcdep.2014.05.017

King, D. L., & Delfabbro, P. H. (2014). Internet gaming disorder treatment: A review of definitions of diagnosis and treatment outcome. *Journal of Clinical Psychology*, *70* (10), 942-955. https://doi.org/10.1002/jclp.22097

King, D. L., & Delfabbro, P. H. (2018). Theories and models of IGD-ScienceDirect. *Internet Gaming Disorder*, 23-51.

King, D. L., & Potenza, M. N. (2020). Gaming disorder among female adolescents: A hidden problem? *Journal of Adolescent Health*, *66* (6), 650-652. https://doi.org/10.1016/j.jadohealth.2020.03.011

King, D. L., Wölfling, K., & Potenza, M. N. (2020). Taking gaming disorder treatment to the next level. *JAMA Psychiatry*, *77* (8), 869-870. https://doi.org/10.1001/jamapsychiatry.2020.1270

King, D. L., Delfabbro, P. H., Griffiths, M. D., & Gradisar, M. (2011). Assessing clinical trials of internet addiction treatment: A systematic review and CONSORT evaluation. *Clinical Psychology Review*, *31* (7), 1110-1116. https://doi.org/10.1016/j.cpr.2011.06.009

King, D. L., Kaptsis, D., Delfabbro, P. H., & Gradisar, M. (2017a). Effectiveness of brief abstinence for modifying problematic internet gaming cognitions and behaviors. *Journal of Clinical Psychology*, *73* (12), 1573-1585. https://doi.org/10.1002/jclp.22460

King, D. L., Delfabbro, P. H., Wu, A. M. S., Doh, Y. Y., Kuss, D. J., Pallesen, S., … Sakuma, H. (2017b). Treatment of internet gaming disorder: An international systematic review and CONSORT evaluation. *Clinical Psychology Review*, *54*, 123-133. https://doi.org/10.1016/j.cpr.2017.04.002

Ko, C. H., Yen, J. Y., Chen, C. C., Chen, S. H., Wu, K., & Yen, C. F. (2006). Tridimensional personality of adolescents with internet addiction and substance use experience. *Canadian Journal of Psychiatry*, *51* (14), 887-894. https://doi.org/10.1177/070674370605101404

Ko, C. H., Hsiao, S., Liu, G. C., Yen, J. Y., Yang, M. J., & Yen, C. F. (2010). The characteristics of decision making, potential to take risks, and personality of college students with internet addiction. *Psychiatry Research*, *175* (1-2), 121-125. https://doi.org/10.1016/j.psychres.2008.10.004

Kuss, D. J. (2013). Internet gaming addiction: Current perspectives. *Psychology Research and Behavior Management*, *6*, 125-137. https://doi.org/10.2147/PRBM.S39476

Ladouceur, R., Boisvert, J. M., & Dumont, J. (1994). Cognitive-behavioral treatment for adolescent pathological gamblers. *Behavior Modification*, *18* (2), 230. https://doi.org/10.1177/01454455940182006

Lee, S. H., Han, D. H., Oh, S., Lyoo, I. K., Lee, Y. S., Renshaw, P. F., & Lukas, S. E. (2009). Quantitative electroencephalographic (qEEG) correlates of craving during virtual reality therapy in alcohol-dependent patients. *Pharmacology, Biochemistry, and Behavior*, *91* (3). https://doi.org/10.1016/j.pbb.2008.08.014

Lemmens, J. S., Valkenburg, P. M., & Gentile, D. A. (2015). The internet gaming disorder scale. *Psychological Assessment*, *27* (2), 567-582. https://doi.org/10.1037/pas0000062

Li, H., & Wang, S. (2013). The role of cognitive distortion in online game addiction among Chinese adolescents. *Children and Youth Services Review*, *35* (9), 1468-1475. https://doi.org/10.1016/j.childyouth.2013.05.021

Lin, X., Zhou, H., Dong, G., & Du, X. (2015). Impaired risk evaluation in people with internet gaming disorder: fMRI evidence from a probability discounting task. *Progress in Neuro-Psychopharmacology & Biological Psychiatry*, *56*, 142-148. https://doi.org/10.1016/j.pnpbp.2014.08.016

Lindenberg, K., Kindt, S., & Szász-Janocha, C. (2020). *Internet Addiction in Adolescents: The PROTECT Program for Evidence-Based Prevention and Treatment*. Cham: Springer.

Lindenberg, K., Kindt, S., & Szász-Janocha, C. (2022). Effectiveness of cognitive behavioral therapy-based intervention in preventing gaming disorder and unspecified internet use disorder in adolescents: A cluster randomized clinical trial. *JAMA Network Open*, *5* (2), e2148995. https://doi.org/10.1001/jamanetworkopen.2021.48995

Lindenberg, K., Halasy, K., Szász-Janocha, C., & Wartberg, L. (2018). A phenotype classification of internet use disorder in a large-scale high-school study. *International Journal of Environmental Research and Public Health*, *15* (4), 733. https://doi.org/10.3390/ijerph15040733

Lindenberg, K., Szász-Janocha, C., Schoenmaekers, S., Wehrmann, U., & Vonderlin, E. (2017). An analysis of integrated health care for internet use disorders in adolescents and adults. *Journal of Behavioral Addictions*, *6* (4), 579-592. https://doi.org/10.1556/2006.6.2017.065

Liu, L., Yip, S. W., Zhang, J. T., Wang, L. J., Shen, Z. J., Liu, B., … Fang, X. Y. (2017). Activation of the ventral and dorsal striatum during cue reactivity in internet gaming disorder. *Addiction Biology*, *22* (3). https://doi.org/10.1111/adb.12338

Liu, M., & Peng, W. (2009). Cognitive and psychological predictors of the negative outcomes associated with playing MMOGs (massively multiplayer online games). *Computers in Human Behavior*, *25* (6), 1306-1311. https://doi.org/10.1016/j.chb.2009.06.002

Lorenz, R. C., Krüger, J. K., Neumann, B., Schott, B. H., Kaufmann, C., Heinz, A., & Wüstenberg, T. (2013). Cue reactivity and its inhibition in pathological computer game players. *Addiction Biology*, *18* (1), 134-146. https://doi.org/10.1111/j.1369-1600.2012.00491.x

Luijten, M. (2015). S.14.01 The transition into dependence: From impulsivity to habit formation in addiction: A theoretical update and overview of translational research in human neuroscience. *European Neuropsychopharmacology*, *25*, S131. https://doi.org/10.1016/S0924-977X (15) 30072-9

Machulska, A., Zlomuzica, A., Rinck, M., Assion, H. J., & Margraf, J. (2016). Approach bias modification in inpatient psychiatric smokers. *Journal of Psychiatric Research*, *76*, 44-51. https://doi.org/10.1016/j.jpsychires.2015.11.015

Mackillop, J., Anderson, E. J., Castelda, B. A., Mattson, R. E., & Donovick, P. J. (2006). Convergent validity of measures of cognitive distortions, impulsivity, and time perspective with pathological gambling. *Psychology of Addictive Behaviors*: *Journal of the Society of Psychologists in Addictive Behaviors*, *20* (1), 75-79. https://doi.org/10.1037/0893-164X.20.1.75

Mahoney, M. J. (1977). Cognitive therapy and research: A question of questions. *Cognitive Therapy and Research*, *1* (1), 5-16. https://doi.org/10.1007/BF01173501

Meichenbaum, D. (1976). Behavior therapy: The state of the art. *Contemporary Psychology*: *A Journal of Reviews*, *21* (10), 707-708. https://doi.org/10.1037/014613

Metcalf, O., & Pammer, K. (2014). Impulsivity and related neuropsychological features in regular and addictive first person shooter gaming. *Cyberpsychology*, *Behavior and Social Networking*, *17* (3), 147-152. https://doi.org/10.1089/cyber.2013.0024

Moss-Morris, R., & Petrie, K. J. (1997). Cognitive distortions of somatic experiences: Revision and validation of a measure. *Journal of Psychosomatic Research*, *43* (3), 293-306. https://doi.org/10.1016/S0022-3999 (97) 00020-2

Nasir, R., Zamani, Z. A., Khairudin, R., & Latipun, K. (2010). Effects of family functioning, self-esteem, and cognitive distortion on depression among Malay and Indonesian juvenile delinquents. *Procedia-Social and Behavioral Sciences*, *7*, 613-620. https://doi.org/10.1016/j.sbspro.2010.10.083

Newman, C. F., & Beck, A. T. (2009). Cognitive therapy. In R. M. Kaplan, & B. J. Saddock (Eds.), *Comprehesive Textbook of Psychiatry* (9th ed., pp. 2857-2873). Baltimore: Lippincott, Williams, & Wilkins.

Nordquist, R. E., Voorn, P., de Mooij-van Malsen, J. G., Joosten, R. N. J. M. A., Pennartz, C. M. A., & Vanderschuren, L. J. M. J. (2007). Augmented reinforcer value and accelerated habit formation after repeated amphetamine treatment. *European Neuropsychopharmacology*, *17* (8), 532-540. https://doi.org/10.1016/j.euroneuro.2006.12.005

Palfai, T. P., & Ostafin, B. D. (2003). Alcohol-related motivational tendencies in hazardous drinkers: Assessing implicit response tendencies using the modified-IAT. *Behaviour Research and Therapy*, *41* (10), 1149-1162. https://doi.org/10.1016/s0005-7967 (03) 00018-4

Park, S. Y., Kim, S. M., Roh, S., Soh, M. A., Lee, S. H., Kim, H., … & Han, D. H. (2016). The effects of a virtual reality treatment program for online gaming addiction. *Computer Methods and Programs in Biomedicine*, *129*, 99-108. https://doi.org/10.1016/j.cmpb.2016.01.015

Rabinovitz, S., & Nagar, M. (2015). Possible end to an endless quest? Cognitive bias modification for excessive multiplayer online gamers. *Cyberpsychology, Behavior, and Social Networking*, *18* (10), 581-587. https://doi.org/10.1089/cyber.2015.0173

Rachman, S. (2009). Psychological treatment of anxiety: The evolution of behavior therapy and cognitive behavior therapy. *Annual Review of Clinical Psychology*, *5* (1), 97-119. https://doi.org/10.1146/

annurev.clinpsy.032408.153635

Rau, P. L., Peng, S. Y., & Yang, C. C. (2006). Time distortion for expert and novice online game players. *Cyberpsychology & behavior*, *9* (4), 396-403. https://doi.org/10.1089/cpb.2006.9.396

Robinson, T. E., & Berridge, K. C. (1993). The neural basis of drug craving: An incentive-sensitization theory of addiction. *Brain Research. Brain Research Reviews*, *18* (3), 247-291. https://doi.org/10.1016/0165-0173 (93) 90013-p

Rothbaum, B. O., Price, M., Jovanovic, T., Norrholm, S. D., Gerardi, M., Dunlop, B., Davis, M., Bradley, B., Duncan, E. J., Rizzo, A., & Ressler, K. J. (2014). A randomized, double-blind evaluation of D-cycloserine or alprazolam combined with virtual reality exposure therapy for posttraumatic stress disorder in Iraq and Afghanistan War veterans. *The American Journal of Psychiatry*, *171* (6), 640-648. https://doi.org/10.1176/appi.ajp.2014.13121625

Rothmund, T., Klimmt, C., & Gollwitzer, M. (2018). Low temporal stability of excessive video game use in German adolescents. *Journal of Media Psychology*, *30* (2), 53-65. https://doi.org/10.1027/1864-1105/a000177

Schoenmakers, T. M., de Bruin, M., Lux, I. F. M., Goertz, A. G., van Kerkhof, D. H. A. T., & Wiers, R. W. (2010). Clinical effectiveness of attentional bias modification training in abstinent alcoholic patients. *Drug and Alcohol Dependence*, *109* (1-3), 30-36. https://doi.org/10.1016/j.drugalcdep.2009.11.022

Smith, R. J., & Laiks, L. S. (2018). Behavioral and neural mechanisms underlying habitual and compulsive drug seeking. *Progress in Neuro-Psychopharmacology & Biological Psychiatry*, *87*, 11-21. https://doi.org/10.1016/j.pnpbp.2017.09.003

Son, J. H., Lee, S. H., Seok, J. W., Kee, B. S., Lee, H. W., Kim, H. J., Lee, T. K., & Han, D. H. (2015). Virtual reality therapy for the treatment of alcohol dependence: A preliminary investigation with positron emission Tomography/Computerized Tomography. *Journal of Studies on Alcohol and Drugs*, *76* (4), 620-627. https://doi.org/10.15288/jsad.2015.76.620

Spirito, A., Esposito-Smythers, C., Wolff, J., & Uhl, K. (2011). Cognitive-behavioral therapy for adolescent depression and suicidality. *Child & Adolescent Psychiatric Clinics of North America*, *20* (2), 191-204. https://doi.org/10.1016/j.chc.2011.01.012

Strack, F., Werth, L., & Deutsch, R. (2004). Reflective and impulsive determinants of social behavior. *Journal of Consumer Psychology*, *16* (3), 205-216. https://doi.org/10.1207/s15327663jcp1603_2

van Holst, R. J., Lemmens, J. S., Valkenburg, P. M., Peter, J., Veltman, D. J., & Goudriaan, A. E. (2012). Attentional bias and disinhibition toward gaming cues are related to problem gaming in male adolescents. *The Journal of Adolescent Health*, *50* (6), 541-546. https://doi.org/10.1016/j.jadohealth.2011.07.006

Wartberg, L., & Lindenberg, K. (2020). Predictors of spontaneous remission of problematic internet use in adolescence: A one-year follow-up study. *International Journal of Environmental Research and Public Health*, *17* (2), 448. https://doi.org/10.3390/ijerph17020448

Wartberg, L., Kriston, L., Kammerl, R., Petersen, K. U., & Thomasius, R. (2015). Prevalence of pathological internet use in a representative German sample of adolescents: Results of a latent profile analysis. *Psychopathology*, *48* (1), 25-30. https://doi.org/10.1159/000365095

Weishaar, M. E., & Beck, A. T. (2009). Hopelessness and suicide. *International Review of Psychiatry*, (2), 177-184. https://doi.org/10.3109/09540269209066315

Wiers, C. E., Ludwig, V. U., Gladwin, T. E., Park, S. Q., Heinz, A., Wiers, R. W., … Bermpohl, F. (2015). Effects of cognitive bias modification training on neural signatures of alcohol approach tendencies in male alcohol-dependent patients. *Addiction Biology*, *20* (5), 990-999. https://doi.org/10.1111/adb.12221

Wiers, R. W., Bartholow, B. D., van den Wildenberg, E., Thush, C., Engels, R. C. M. E., Sher, K. J., … Stacy, A. W. (2007). Automatic and controlled processes and the development of addictive behaviors in adolescents: A review and a model. *Pharmacology, Biochemistry, and Behavior*, *86* (2), 263-283. https://doi.org/10.1016/j.pbb.2006.09.021

Wiers, R. W., Gladwin, T. E., Hofmann, W., Salemink, E., & Ridderinkhof, K. R. (2013). Cognitive bias modification and cognitive control training in addiction and related psychopathology mechanisms, clinical perspectives, and ways forward. *Clinical Psychological Science*, *1* (2), 192-212. https://doi.org/10.1177/2167702612466547

Winkler, A., Dörsing, B., Rief, W., Shen, Y., & Glombiewski, J. A. (2013). Treatment of internet addiction: A meta-analysis. *Clinical Psychology Review*, *33* (2), 317-329. https://doi.org/10.1016/j.cpr.2012.12.005

Wittek, C. T., Finserås, T. R., Pallesen, S., Mentzoni, R. A., Hanss, D., Griffiths, M. D., & Molde, H. (2016). Prevalence and predictors of video game addiction: A study based on a national representative sample of Gamers. *International Journal of Mental Health and Addiction*, *14* (5), 672-686. https://doi.org/10.1007/s11469-015-9592-8

Wölfling, K., Müller, K. W., Dreier, M., Ruckes, C., Deuster, O., Batra, A., … Beutel, M. E. (2019). Efficacy of short-term treatment of internet and computer game addiction: A randomized clinical trial. *JAMA Psychiatry*, *76* (10), 1018-1025. https://doi.org/10.1001/jamapsychiatry.2019.1676

Wu, L., Xu, J., Song, K., Zhu, L., Zhou, N., Xu, L., … Potenza, M. N. (2022). Emotional bias modification weakens game-related compulsivity and reshapes frontostriatal pathways. *Brain*, *145* (12), 4210-4221. https://doi.org/10.1093/brain/awac267

Young, K. S. (1996). Psychology of computer use: XL. Addictive use of the internet: A case that breaks the stereotype. *Psychological Reports*, *79* (3), 899-902. https://doi.org/10.2466/pr0.1996.79.3.899

Young, K. S. (2007). Cognitive behavior therapy with internet addicts: Treatment outcomes and implications. *Cyberpsychology & Behavior*, *10* (5), 671-679. https://doi.org/10.1089/cpb.2007.9971

Young, K. S. (2010). CBT-IA: The first treatment model for internet addiction. *Journal of Cognitive Psychotherapy*, *25* (4), 304-312. https://doi.org/10.1891/0889-8391.25.4.304

Young, K. S. (2013). Treatment outcomes using CBT-IA with internet-addicted patients. *Journal of*

Behavioral Addictions, *2* (4), 209-215. https://doi.org/10.1556/JBA.2.2013.4.3

Young, K. S., & Brand, M. (2017). Merging theoretical models and therapy approaches in the context of internet gaming disorder: A personal perspective. *Frontiers in Psychology*, *8*, 1853. https://doi.org/10.3389/fpsyg.2017.01853

Zajac, K., Ginley, M. K., Chang, R., & Petry, N. M. (2017). Treatments for internet gaming disorder and internet addiction: A systematic review. *Psychology of Addictive Behaviors*: *Journal of the Society of Psychologists in Addictive Behaviors*, *31* (8), 979-994. https://doi.org/10.1037/adb0000315

第四章

正念冥想对网络游戏成瘾的干预效果及其认知神经机制

一、冥想的研究及其在临床上的应用

目前，无论是精神科的临床医生还是关注心理健康的普通人，都对冥想（meditation）本身以及冥想在调节负面情绪的效果方面越来越感兴趣。冥想是一个相对广泛的概念，是指以有意识、非分析的方式来集中注意力的一系列心理练习，包括瑜伽（Yoga）、坐禅（Zen）、超觉静坐（transcendental-meditation）、内观（vipassana）以及正念（mindfulness）等（Wielgosz et al.，2019）。

研究发现，冥想具有缓解心理压力、减轻因压力带来的紧张和焦虑的作用。与此同时，冥想在日常学习、工作、身心健康等方面也大有益处，可以提升人们的整体幸福感（Gobec & Travis，2018；Hwang et al.，2023；Smith et al.，1995）。这些结论并不是空穴来风，而是建立在大量研究基础上的。例如，在生理层面，研究发现人们在进入冥想状态之后，呼吸频率、心率甚至氧气消耗等都有所降低（Soskis et al.，1989）；另有研究表明冥想能使身体进入一种放松和低唤醒的生理状态，这一状态对我们的身体健康大有益处（Travis，2001）。在心理层面，有研究指出冥想的放松状态能够减少压力带来的负面影响（Walsh，2011），减轻抑郁等精神疾病带来的心理健康下降的状况，还可以提升自尊、幸福感和控制感（Hofmann et al.，2010），同时能够增加积极的情绪体验，对消极事件进行积极的再解释，从而降低消极情绪事件的影响（Garland et al.，2011）。医学界，特别是神经医学领域，已经将正念冥想作为辅助手段应用于临床治疗（Kabat-Zinn et al.，

1985，1992），肯定了冥想在维护身体和心理健康方面所发挥的作用。

当然，这些结论也受到很多研究者的质疑，他们认为这些效果可能是由安慰剂效应、方法学上的问题或取样偏差导致的（Sedlmeier et al.，2012）。与冥想相关的研究大多采用单组前测后测实验设计，缺乏控制组，故无法得出因果关系。针对安慰剂效应，有研究发现冥想和放松训练都可以减少消极情绪体验，增加积极情绪，这种放松训练甚至可以通过听音乐等简单的方式来实现（Jain et al.，2007）。

有研究者创设了一种不含宗教色彩的、简单的活动，结果发现也能达到与冥想训练类似的效果，他将这种方法称为“放松训练”。该训练需要练习者在一个舒适的环境中坐下来，放松肌肉，用鼻子呼吸，持续10—20分钟（Benson et al.，1975），这个过程与冥想类似。除此之外，他还创设了和冥想类似的要素，具体如下。

（1）一个安静而舒适的环境。对于初学者来说，在没有打扰的环境中最容易进入放松状态。非常熟练地掌握了放松技巧后，我们可以在任何地方进行放松，包括喧闹的地方。但是，在最开始练习时，我们需要找到一个安静的环境。

（2）心理锚点。建立心理锚点是为了将注意力转移到身体内部并保持下去。在放松的过程中，我们需要将注意力集中在一个稳定的刺激上，如一个不断重复的声音或词语。我们也可以凝视一个静物，如一个硬币或一片叶子。不论选取什么心理锚点，我们都需要将注意力集中在选中的心理锚点上。

（3）接受而不批判的随意态度。在放松过程中，我们的注意力会经常分散。当注意力转移到其他分心的物体上时，我们需要保持平静的态度，这一点很重要。我们需要意识到类似的分心是不可避免的。每当注意力偏离注意焦点时，我们只需要冷静地将它重新转移到那个心理锚点上即可。

（4）一个舒服的姿势。人们难以在不舒服的状态下保持注意力。因此，为了避免分心的影响，我们需要选择一种舒服的姿势。简单地坐直对于大多数人来说都是舒适的。有些人会选择平躺，但平躺的缺点是很容易睡着。

二、正念冥想及其定义

抛开对冥想的争论不谈，在多种冥想策略中，正念冥想是最受关注的类型。正念冥想的重要推动者Kabat-Zinn将“正念”定义为：正念是当我们把注意力有意识地、不加评判地放在当下的时候所产生或者涌现出来的那份觉知（Kabat-

Zinn，2011）。正念理论将心理特征比喻为“猴子的心灵”（monkey mind），用它来形容我们注意力的特征。因为猴子的行动变化（总是从一棵树蹿到另一个棵树，无法停下）就像我们日常的注意力变化一样无法安定，而正念练习的目的就是帮助我们更好地把心安于当下。

正念冥想，顾名思义是正念和冥想的结合。正念不是正确、积极的观念，它通过对当下环境“身体，感受，思维，法”的如实感知，来加强意识与身体的连接（Kabat-Zinn，2011）。这一策略原本是佛教徒用来修行和解脱烦恼的，但逐渐被佛教以外的世俗人士使用，并被广泛应用于禅修冥想、运动甚至日常生活中。正念冥想随着佛教的产生而产生，至今已经有2500多年的历史了。

冥想是一种自我觉知活动，是一种禅修。它通过集中注意力和深度放松来培养内心的平静。冥想通常涉及训练注意力等方法，使注意力集中于当前的感觉、情绪和思维，而不被外界所打扰。它是一种神经系统层面上的活动，通过停止其他思想，把注意力聚焦在呼吸、身体感觉、肌肉伸展和某个关注对象上，以此来提高觉知力并修复神经系统的功能。冥想的种类有很多，主要有内观冥想（如内观呼吸、身体扫描）、静坐冥想（如禅修、打坐）、正念冥想、运动冥想（如瑜伽、跑步）以及专注冥想等（Wielgosz et al.，2019）。

从以上两种定义我们可以看到，正念冥想是“正念”方法论和“冥想”实践策略两种内容的结合。或者说，正念冥想就是冥想的一种。

正念冥想的基本操作流程如下：练习者找一个安静的地方坐下来，选择一种让自己感到舒适的姿势（比如盘腿、正坐，甚至是躺着等），通过调动自己的注意力，如实且细微地关注和感受身体此时此刻的状态。在这一过程中，对任何感知都保持好奇心并全部接受，不加评判，形成畅通无阻的知觉流。在这一过程中，练习者可以闭上眼睛或者微微张开眼睛，努力感知当下，感受身体以及环境中一切物体可能发出的光线、声音、气味、触感。看到什么，听到什么，想到什么，碰到什么，闻到什么，不论喜欢与否，不评论、不停留，知觉随着时空变化而变化。我们可以看到，正念冥想的重要特征是时间成本不高，对时间和地点不苛刻，这使得人们更容易在日常生活中加以应用。同时，由于其基本脱离了宗教的色彩，抽象为一种普通人能够接受的形式，因此，正念冥想的受众面更广，更多人愿意去体验这一形式。

但是，人的注意力是很容易受到干扰的。在刚开始进行时，我们的注意力通常难以集中，会被环境和日常所纠结的问题所干扰。每当这个时候，我们不用刻意压制这些想法，而是尝试停止与想法的纠缠，继续感知此刻身体和环境正在发生什么。比如，因为看到某物体导致思维被带走，应该尝试尽快调整回来，做个标记，然后继续感知当下；如果看到或想到让自己烦恼的东西，就标记为“想到了工作让自己烦恼”，然后继续感知当下，如果看到某个自己喜欢的东西或想起了自己心爱的人，回忆起在一起的幸福体验，但是转而想到这些美好的东西一去不返，就标记为“感伤失去的美好”，再继续感知当下。通常情况下，我们一般需要经过一段时间训练之后才能形成持续不断的知觉流，获得正念。

上文提到，Kabat-Zinn（2011）对“正念”这一概念进行了界定。仔细拆解他对正念的定义可以发现，其包含三个核心要素，即有意识的关注、非评判的态度和当下。

（1）有意识的关注。我们的关注点在很多时候是随机的，很容易被各种东西所吸引。这就是我们所说的分心。比如，当我们正在专心地做某件事时，外面突然传来嘈杂的喧闹声，这时我们的注意力就会被迅速吸引过去，甚至由此诱发的好奇心会让我们跑过去看个究竟；而如果此时我们的手机响起，那么我们又会将注意力转移到手机上。注意力的关注和转移过程完全是自发的、随机的，不需要意志控制，甚至意志无法控制这些随机注意。而在正念练习中，我们要练习自己有意识地把注意力导向某一个对象或者目标的能力，比如，尝试将注意力放在当前的呼吸上，放在当前身体的某一感觉上，或者放在我们讲话的声音上。在这一过程中，因为我们在讲话，所以这个声音对于当下来说就是一个非常明显的现象。在这里，我们的注意力就是被有意识地导向了我们讲话的声音，而不是随机注意。

（2）非评判的态度。我们非常容易对看到的事物进行评判，比如，看到一朵绽放的花，心理上产生喜欢；听到恼人的噪声，不由地产生厌恶感。可以说，评判能力是人类进化出来的一个高级功能，能让我们趋利避害。现代社会的评判则更加复杂，比如，过马路的时候，我们需要对马路上车辆的来往、距离等进行安全性评判，这时就需要调动更多的认知资源。当听到一个人的说话声时，我们的大脑也会自动产生评判，如“我是否喜欢这个声音，我是否喜欢他传达的内容”等，这些都属于评判。

那么，正念冥想强调的“非评判”是什么意思呢？它是指我们所理解的“不能评判”“不去评判”吗？答案是否定的。非评判在这里意味着对评判有所觉察但不被评判所占据，不让评判引导注意的走向。比如，当我们在一边走路一边想事情时，若想到一些美好的事情而过度沉浸其中，这会导致我们对“走路”这件事的关注度降低，对走路可能遇到的危险情况的防范意识降低，进而可能出现崴脚或者撞到某些物体等现象。因此，我们遇到事物产生评判是自然的，只是应该注意不要被自己的评判所支配。

（3）当下。“当下”是我们的身心所体验到的一切。“活在当下”这个俗语就是对这一词语的应用。“当下”主要分成两类。第一类是内生的体验，也就是我们内在的体验，比如，思绪、念头、主意等，是头脑内部涌现出的个体体验，是内在的私密体验，除非自己说出来，否则别人无法知道我们所体验到的内容。尽管通过肢体语言、面部表情等特征可以对人的思维进行推测，但是我们很难准确知道他人真正的心理体验。第二类是外在现象。他人和环境刺激对我们来说是外在的，我们通过感觉器官接收到外界的信息，然后这些信息引起我们做出某些反应。例如，当和他人交谈时，当在走路过程中看到沿途的风景时，我们听到和看到的都是外在的，是经由感官而被感觉到的事物。这些感知都是我们对外在环境的觉察，以及对内在体验的觉知。

通过上面的分析，我们可以很好地理解Kabat-Zinn所给出的正念的定义，从而真正理解正念是我们有意识地、不加评判地把注意力集中在当下，从而产生的一种清晰觉察。

三、如何练习正念冥想

大多数的正念课程一般会从两个练习开始：正念呼吸和身体扫描（乔·卡巴金，2015；Kabat-Zinn，2011）。

首先，呼吸是维持生命的基本过程，也是一个自动发生的过程。呼吸就像一根线，联结着我们生命的每一个瞬间，联结着生活中所有的事件。呼吸是如此重要，但是，我们通常并不会留意到呼吸。在做呼吸练习的时候，我们可以寻找呼吸最明显的身体部位，然后去觉察呼吸给那个部位带来的感觉。比如，如果鼻端是呼吸最明显的部位，那么就去觉察气息进出时鼻端的感觉；如果胸部或者腹部是呼吸最明显的部位，那么就去感觉气息进出的时候胸部或者腹部的起伏。当练习深入的时候，我们会对吸气的整个过程、呼气的整个过程，以及呼和吸之间的停顿都有细致的觉察。在正念练习中，我们不需要去数呼吸的次数，或者以任何方式去调节、掌控呼吸，只需要跟随呼吸自然的节律，带着一种好奇、放松、友善的态度去观察它，它自然就会调节并平稳下来。

其次，身体扫描是我们借助自己的注意力（这是我们自身具备的能力）去觉察身体各个部位在每一个当下的感觉。身体扫描过程中会有念头和情绪的涌现，譬如，如果身体某个器官生过病或者只是腹部脂肪比较多，我们可能会产生一些念头和情绪，这时我们要友善地观察这些念头和情绪，怀着友善、接纳的态度说一句“好吧，我接纳此刻的状态”，或者“这份感觉已经在这了，让我去体验它吧！”

如何应用正念呼吸和身体扫描来提升自我？这涉及正念的四个基础：身、受、心、法。

身：就是对身体的正念，就是觉察身体，譬如觉察呼吸带来的身体感觉，还有身体的姿势等，目的是培养对身体的敏感度和亲密感。我们要尝试跟自己的身体建立深层次的接触和联结。只有对身体状态有更多的觉察，我们才可以随时做一些事情使身体更加舒适、更加放松。把身体当作正念练习的对象，能够帮助我们培养对身体的敏感度和亲密感，更好地了解自己身体的状态。

受：就是对感受的正念，是觉察各种体验的感受，通常分为愉悦、不愉悦以及既非愉悦也非不愉悦，也就是中性的感受，目的是觉察各种感受，培养平衡心态。我们通常对不同的体验会有不同的态度。比如，对于愉悦的感受，我们通常会希望有更多类似的感受，希望这种愉悦感持续更久，并且不愿意让当下的感受消失。但是对于不愉悦的感受，我们就希望它早点结束或消失，会感到恐惧、生气，或者主动回避。当然，也存在中性的感受，我们会觉得它很无聊，努力不去关注它，这时注意力就会从当下转移。正念练习可以帮助我们更好地觉察各种感受。在面对不同感受的时候，我们应培养平衡的心态，也就是不执着愉悦的感受、不抗拒非愉悦的感受，对中性的感受也保持觉察和好奇。这种方法可以帮我们从杂念和不良情绪的困扰中解脱出来。

心：就是对心理过程的正念，主要是对念头和情绪加以觉察。心的意思就是我们头脑里面的思维活动。因此，对心的正念，就是对念头、情绪的觉察和回应。首先，“念头”会影响到情绪和行为。当我们遇到某些情境时，“念头”会自动产生，并迅速占领我们的思维。因此，正念练习的重要过程就是对这一过程进行有效的控制和回应。我们要意识到：①念头都只是精神现象；②念头不等同于事实；③念头不等同于我们；④念头具有习惯性，而习惯性的思维通常导致习惯性的行动。当那些负面的念头让我们内心感到痛苦的时候，它会让我们憔悴、疲惫。因此，我们需要用正念来回应它，要愿意为痛苦留出空间，去观察它，而不是强行改变或者逃避它；也不要用酒精去麻痹它，而是要有意地确认它，允许它的存在，善意地欢迎它，温和地去体验它带来的感受。这一策略同样适用于对情绪的觉察。

法：即规律，事物的真相，对法的正念就是对各种现象的本质加以觉察。这个世界上的万事万物都在变化，但它们的变化都是有规律的。譬如，身体的感觉会变化，声音会变化，念头和情绪也一直在变化。变化是这个世界的核心特征之一。正念练习就是让我们去觉察各种现象的变化，对变化的觉察通常会融入各种不同的正念练习中。

在身、受、心、法的基本理念之上，循序渐进，不断提升自己的正念冥想水平。

四、正念冥想对游戏成瘾障碍的干预及其认知神经特征

正念是一种特殊的意识状态，强调有意识地、不予评判地关注当下的经验（Baer，2003）。正念训练则是一种以培养这种正念注意状态为目标的身心训练。在这种训练中，身体感觉和呼吸是基本的注意指向内容，同时隐含着对个人经验的非评判态度。这种非评判的态度意味着我们不再对经验进行解释，而只是简单地注意它，以一种开放、接纳和友好的方式进行关注。通过这种方式，我们可以逐渐发展出一种对待经验的态度：既不刻意追求快乐，也不刻意回避痛苦。

正念训练的核心在于提升个体对情境做出回应而非反应的能力。回应是基于每时每刻的真实情境做出的行为决策，而不是由过去的习惯性行为、经验或条件化控制所驱动的。这种能力的提升有助于我们更好地应对生活中的各种挑战。从心理机制的角度来看，正念包括正念觉知和正念训练两个方面（Shapiro et al.，2006）。正念觉知是一种连续性的意识状态，而正念训练则是一个意识开放的自由关注过程。在这个过程中，注意、态度和目的三个因素起着至关重要的作用。这三个因素的再感知被认为是正念的潜在机制，包括自我调节、价值澄清、灵活性以及暴露等方面。

神经科学方面的研究也为我们理解正念的机制提供了新的视角。研究者发现，正念训练能够加强个体的持续性关注力、注意力的转换以及执行力的控制。此外，正念还能够提升躯体察觉能力，使我们能够更细微地感受身体的体验。在情绪调节方面，正念训练可以帮助我们以一种非评判的方式觉察当前的情绪。更重要的

是，正念训练能够改变我们的自我观，使我们不再陷入自己的意识内容中，从而更加清晰地了解自己内心的活动过程（Hölzel et al.，2011）。在脑机制方面，研究表明长期进行正念训练的人的脑部灰质体积有所增大，特别是右前脑岛、左颞上回和右侧海马等区域（Hölzel et al.，2008）。同时，正念训练还会导致α波频率提高和波幅的增大，以及大脑左侧额区活动的明显增强（Davidson et al.，2003）。这些变化都与内部注意力的提高和积极情感体验的增强有关。

此外，一项脑电研究表明，正念训练能够降低个体应激时产生的皮质醇水平（Davidson，2004），从而改善情绪并提升幸福感。功能磁共振研究也显示，正念训练与杏仁核活动存在负相关关系（Creswell et al.，2007）。由于杏仁核通常与消极情绪紧密相关，这一发现进一步证实了正念在弱化负面情绪、减轻压力和改善情绪方面的作用（Taylor et al.，2011）。

综上所述，正念及其训练通过提升注意力和改变对待经验的态度来提升我们对情境的回应能力。这种能力的提升不仅有助于我们更好地应对生活中的挑战，还能够改善我们的情绪状态和幸福感。

作为一种心理干预手段，正念冥想在物质使用障碍者群体中的治疗受到越来越多研究者的关注。多项研究表明，正念冥想能够帮助物质使用障碍者降低物质使用频率、依赖和渴求，从而改善他们的生活质量（Goyal et al.，2014；Simkin & Black，2014；Tang et al.，2016；Zeidan & Vago，2016）。国内也有类似研究，比如，苗娇（2019）对女性戒毒人员进行正念训练干预，结果发现这些物质成瘾者对毒品渴求程度显著降低，但情绪调节能力没有显著变化。姜慧丽（2020）发现，正念训练能显著降低女性戒毒人员的复吸倾向。尹露等（2022）对比了正念训练和普通心理健康课程对强制戒毒所的男性戒毒人员心理健康水平的影响，实验组进行了为期8周、每次2.5小时的正念训练。结果发现，相较于普通心理健康课程，正念训练显著提高了物质使用障碍者的心理健康水平，使他们能够更好地应对压力、负面情绪和渴望，从而降低了复吸的风险。郭瑾瑾（2021）以海洛因戒断者为被试，探讨正念呼吸干预对海洛因戒断者负性情绪的影响，结果发现经过正念呼吸干预后，海洛因戒断者对负性情绪的耐受性显著提高，从而有利于降低成瘾以及复吸的风险。徐茹茹等（2020）对戒毒人员进行正念训练，结果发现，不管是基于自我报告的测量还是生理指标的测量（心率和呼吸）都表明了正念降低了戒毒人员对毒品的渴求。总的来说，正念训练不仅能改善物质成瘾者的负性情绪和认知功能，也能降低物质成瘾者的物质使用频率（黄菊等，2022）。这些研究结果为正念冥想在物质使用障碍治疗中的应用提供了有力的支持。

五、正念导向的恢复提升训练对网络游戏成瘾干预的作用

研究发现，正念干预对治疗药物滥用和赌博障碍有效（Chiesa & Serretti，2014；Li et al.，2017a；Toneatto et al.，2014）。研究者对正念导向的恢复提升（MORE）训练进行了调整，使其转变为一种基于证据的、针对成瘾和相关困扰的手册化治疗方法（Garland，2013）。MORE训练将正念训练、认知重评技能和感受自然奖励整合到一种治疗方法中，旨在纠正与成瘾行为相关的自动行为习惯和享乐失调（Garland，2016）。Garland及其同事进行了三项随机控制被试的研究，结果表明MORE训练对成瘾相关症状（包括药物滥用、渴求、情绪困扰、注意偏差和享乐调节）具有治疗效果（Garland et al.，2010，2014，2016）。因此，它的疗效也许能够在网络游戏成瘾干预中得到证实。

Li等（2017b）的实验具体干预措施如下。

MORE训练干预条件的方案改编自Garland（2013）的研究，以减轻网络游戏成瘾症状。治疗内容如下：①用正念意识到自动的、上瘾的视频游戏行为；②练习用正念而不是用视频游戏来重新评价和应对消极情绪状态；③用正念品味愉快的日常体验，以增加积极情绪状态；④增强对视频游戏渴望的认知，并用正念来应对渴望；⑤通过练习正念放松来减轻压力；⑥促进接受而不是压制不想要的想法和痛苦经历；⑦通过正念冥想练习来减轻人际压力；⑧制定计划，利用正念技能来继续进行康复训练。

MORE训练包括每周8次、每次2小时的小组课程。在MORE训练中，每个小组包括7—8名参与者，并由一名有执照的硕士级社工带领，该社工接受过MORE治疗培训，在带领MORE组干预药物使用障碍者方面拥有丰富的经验。除了参加小组课程外，参与者还被要求在家练习正念呼吸和身体扫描冥想，且须在由MORE的开发者开发的音频文件的指导下进行练习。MORE组的参与者还被要求记录他们花在正念练习上的时间。每日记录由小组主持人检查，并在小组会议上进行讨论。

控制组（即支持组，SG）也由一名持证的硕士级社工协助，在课程频率（即8次课程）和持续时间（即2小时）方面与MORE训练条件相匹配，在流程上与

MORE训练相似。与MORE组相对，该组讨论的主题包括：①网络游戏成瘾概述；②与病理性玩电子游戏有关的想法和感受；③渴望玩电子游戏的经历和可能的诱因；④身份认同与玩电子游戏；⑤玩电子游戏以应对压力；⑥人际关系与玩电子游戏；⑦积极和替代性应对策略；⑧小组经验回顾。在每节课上，小组主持人都会提出讨论主题，使用反思性倾听技巧激发小组成员的互动，但不会提供说教信息、行为或其他方面的建议。

这一研究中的参与者主要是白人和亚洲人，大部分是大学生和研究生。他们开始玩视频游戏的平均年龄为11岁，意识到自己有游戏问题的平均年龄为20岁，平均每周玩游戏的时间为21.6小时。在网络游戏成瘾诊断方面，76.6%的参与者满足了5个或更多的DSM-5标准。

图4-1显示了MORE组和支持组参与者在不同阶段符合网络游戏障碍标准的人数变化。结果表明，无论是MORE组还是支持组，其网络游戏成瘾程度在治疗后都有显著降低，但MORE组降低程度更大。

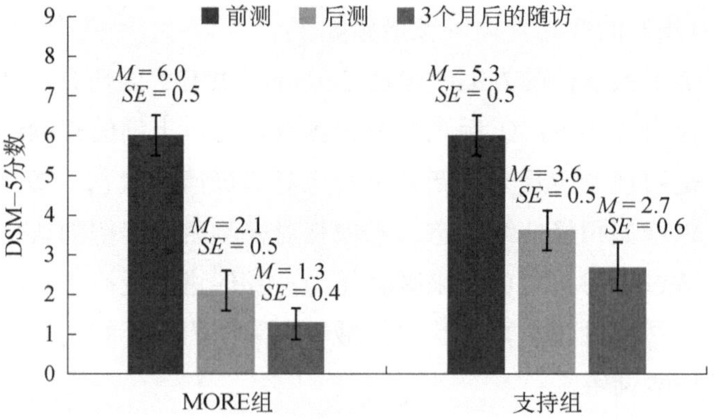

图4-1 MORE组和支持组在不同阶段的网络游戏成瘾程度变化（Li et al.，2017b）

图4-2展示了两组参与者在不同阶段对玩网络游戏的渴求程度的变化。结果表明，More组对玩网络游戏的渴求程度在干预后显著下降，且这一下降趋势在3个月后的随访中得到加强。但支持组对玩游戏的渴求程度不但没有下降，甚至表现出上升趋势。

总之，在治疗后和3个月后的随访中，MORE组符合网络游戏成瘾标准的数量显著减少。此外，相对于支持组，MORE组对玩网络游戏的渴求程度也显著降低。研究还发现，参与MORE训练的个体在与游戏相关的不适应认知和控制方面也有显著改善。这些结果表明，MORE训练可能是一种有效的治疗网络游戏成瘾的方法。

上面的研究证实了MORE训练在网络游戏成瘾干预方面的作用，但其作用的路径是怎样的，我们尚不清楚。为此，研究者Li等（2018）尝试通过测量适应性游戏相关认知（online cognition scale，在线认知量表）来探究不同因素之间的关系。结果发现，MORE训练通过减少治疗后适应性游戏相关认知来降低网络游戏成瘾程度，且完全中介模型和部分中介模型均很好地拟合了数据。在控制了治疗前的适应不良认知后，与支持组相比，MORE组在治疗后与游戏相关的适应不良认知水平显著降低。在控制了网络游戏成瘾和适应不良认知的基线水平、实际年龄和开始出现游戏问题的年龄等因素后，治疗后的适应不良认知能显著预测3个月后的随访时符合DSM-5标准的参与者人数。通过治疗后与游戏相关的不良认知的减少，MORE训练对减少3个月后的随访时符合DSM-5标准的参与者人数有明显的间接影响。

图4-3是Li等（2018）在原有数据上进行的多变量路径模型分析。结果发现，治疗过程通过减少治疗前后对游戏的相关认知，进而对网络游戏成瘾严重程度产生影响。

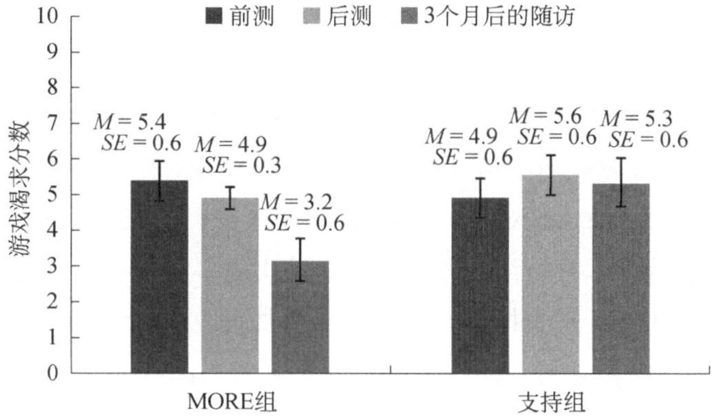

图4-2　MORE组和支持组在不同阶段对玩网络游戏的渴求程度的变化（Li et al.，2017b）

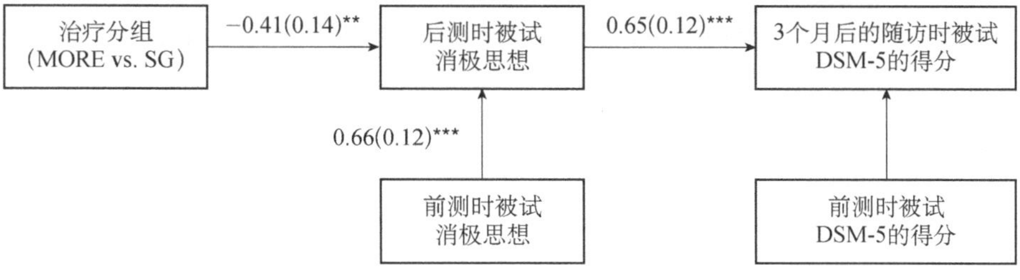

图4-3　MORE训练作用机制（Li et al.，2018）

注：实线表示有统计学意义的路径

结果再次证明了MORE训练可以有效减轻年轻成年人的互联网游戏障碍严重程度和对网络游戏的渴求程度。除此之外，该研究还发现与游戏相关的不良认知的减少在MORE训练对网络游戏成瘾严重程度和渴求的影响中起到了中介作用。

六、正念冥想对网络游戏成瘾干预的作用及其认知神经机制

Ni等（2024）尝试探究正念冥想训练对网络游戏成瘾人群渴求的影响及其认知神经机制。研究者招募了64名被试，将其随机分配到两组：实验组（接受正念冥想训练，MM组）和控制组（接受渐进性肌肉放松训练，PMR组）。所有参与者均不知晓另一组别的存在。

所有被试接受了网络游戏成瘾严重程度和游戏渴求程度的测量。一共测量了3次网络游戏成瘾严重程度，分别在第一次训练前、最后一次训练结束后以及全部训练结束一个月后进行，用DSM-5提出的标准和Young的网络成瘾测试（IAT）进行评估。游戏渴求程度也测量了3次，分别在第一次训练前、每次训练结束后以及全部训练结束一个月后进行，通过修订后的游戏渴求问卷（改编自Tiffany的吸烟渴求问卷）进行测量。

在实验组中，参与者接受正念冥想训练。正念冥想训练的标准程序应该持续8周，每周进行一次2—3小时的训练。但在该研究中，研究者需要被试参加所有的训练，中途不能中断，这对于一些被试来说有很大的难度。因此，他们将训练时间压缩为每周两次，共持续4周。这样可以让更多的被试有机会完成整个训练而不会中断。所以在研究安排上，被试每周参加两次正念训练，每次训练时间在2小时左右，一共持续4周，共计接受8次正念冥想训练。

通常来说，正念冥想训练的一个组成班通常由10—20名参与者组成。然而，在该研究中，10—20个参与者是不够的，并且在训练期间还可能会有参与者流失。因此，该研究中的正念冥想训练由两名拥有正念执教资格的培训师带领40名参与者进行。训练者根据Loucks等（2023）的理论设计训练程序。8次正念冥想训练的课表见表4-1。

表4-1　8次正念冥想训练的课表

课程	课程内容
第一课：自动导航和成瘾	引入 有关课程 自我介绍 团体规则

续表

课程	课程内容
第一课：自动导航和成瘾	葡萄干练习 有关正念 身体扫描
第二课：觉察触发原因和欲望	呼吸觉察 作业回顾 渴求冲浪练习 有关渴求的探讨——有关成瘾
第三课：日常生活中的正念	觉察声音 作业回顾 正念行走 走在大街上 自我关怀练习 自我批判的声音的探讨 SOBER练习 建立与小物品的连接
第四课：转向困难	静坐觉察练习 作业回顾 游戏成瘾的三个阶段 消耗和滋养的练习 困难场景下的SOBER呼吸空间
第五课：接纳和有技巧的回应	静坐觉察练习 正念伸展 作业回顾 SOBER练习2人一组 明智回应 有关接纳的探讨
第六课：想法只是想法	觉察想法 作业回顾 教室练习 ABCDEF练习 复发循环的讨论
第七课：自我照顾和生活平衡	慈心练习 作业回顾 鹅卵石冥想 生命树的练习，关于生命方向和价值观
第八课：持续练习	身体扫描 作业回顾 持续练习的资源和支持网络 课程回顾分享 小石头冥想

在控制组中，参与者接受渐进性肌肉放松训练，训练次数和时间长度与实验组相同。在选择控制组的训练方式时，研究者比较了几种方法，包括小组干预、小组课、训练营等，经过仔细对比和考察，他们认为渐进性肌肉放松训练在形式上与正念冥想训练更加相似。PMR是由Jacobson博士在20世纪初提出的，被认为

在减少焦虑、压力和改善睡眠质量方面有效（Gallego-Gómez et al., 2020）。在渐进性肌肉放松训练过程中，教练员会引导参与者进行放松技术训练，同时会在训练结束后回答问题。

在两种训练中，研究者没有对参与者提出具体要求，他们可以保持自己的常规游戏习惯。

（一）行为结果

研究发现，与前测分数相比，MM组的DSM-5和IAT后测分数显著降低。虽然在后测中PMR组的分数也有所下降，但这一变化更多是安慰剂效应的结果。同样，两组在游戏渴求上也表现出类似特征，见图4-4。

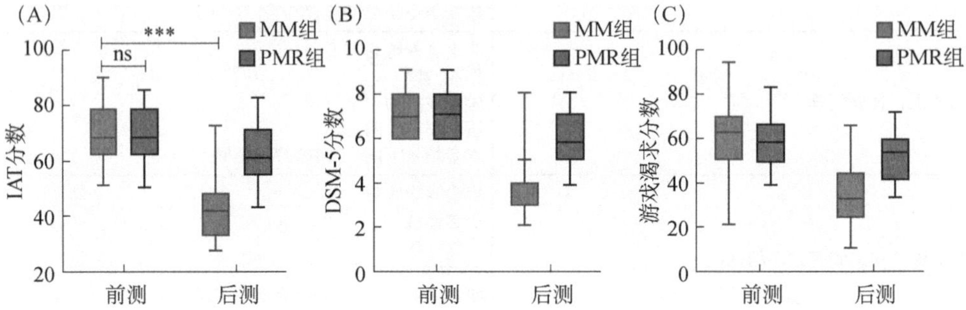

图4-4　正念前后IAT分数、DSM-5分数和游戏渴求分数的变化（Ni et al., 2024）

（二）大脑反应特征

被试在功能磁共振扫描期间完成线索渴求任务（Zhou et al., 2021）。线索渴求任务中包括两种类型图片：包含游戏信息的图片（用于诱发渴求）和中性图片。此外，每种类型的图片分别包括有人脸和无人脸两种条件。关于游戏信息内容，研究者通过事先访谈参与实验的被试来保证所有参与实验的被试对该游戏都是熟悉的。对于中性图片，研究者选取的是“正在打字的照片”为对照素材。

图4-5显示了线索渴求任务实验流程。首先，被试被要求将视线固定在屏幕中心的一个注视点“+”上，持续时间约为500毫秒。其次，屏幕上呈现刺激，持续时间约为3000毫秒，被试需要通过按“1”（是）或“2”（否）来回答每张图片中是否有人脸。被试做出按键反应后，该试次便终止。如果被试在3000毫秒内没有做出反应，则认为该试次为错过试次。按下按钮后，屏幕上会出现3000毫秒的黑

屏，持续时间为1500—3500毫秒。整个任务共包括80个试次，持续约10分钟。该任务所包含的80张图片中，40张图片与游戏有关，40张图片与打字有关。在每个类别中，一半图片包含脸，另一半图片包含手。在与游戏相关的图片中，一个人被展示在电脑前玩游戏。打字相关的图片被认为是中性刺激。

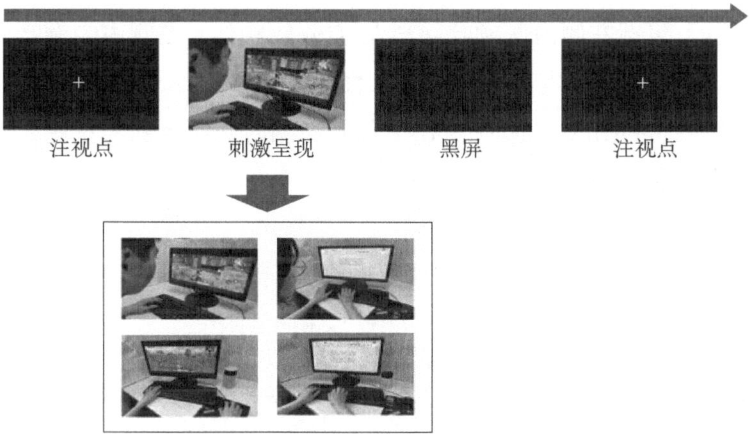

图4-5　线索渴求任务实验流程（Ni et al.，2024）

我们将网络游戏成瘾被试干预前后的激活信号相减（干预后-干预前），结果发现，在游戏渴求诱发的条件下，与PMR组相比，MM组在双侧豆状核、左侧内侧额叶回、右侧岛叶、左侧颞下回和右侧小脑等区域的大脑激活强度减弱（图4-6）。

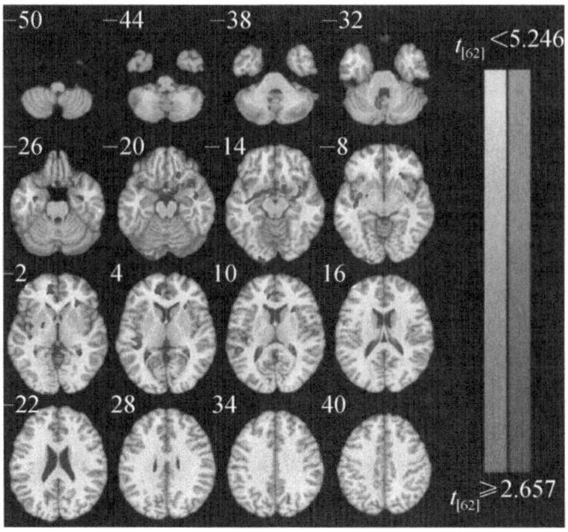

图4-6　正念冥想干预后被试在面对游戏刺激时激活程度下降的脑区（Ni et al.，2024）（见文后彩图4-6）

（三）大脑连接通路

在大脑激活指标的分析中，研究者以被试在完成线索渴求任务过程中获得的脑区作为感兴趣区域（regions of interest，ROI），并计算了这些ROI之间的功能连接性。这些脑区之间的功能连接性可以分为两类：一是执行网络与奖赏网络之间的功能连接性，包括左侧内侧额叶回与左/右侧纹状体、左侧内侧额叶回与岛叶之间的连接；二是奖赏网络内部的功能连接性（左侧至右侧纹状体，纹状体至岛叶）。结果显示，相较于PMR组，MM 组在干预后左侧内侧额叶回与左侧纹状体之间的功能连接显著增强（图4-7）。

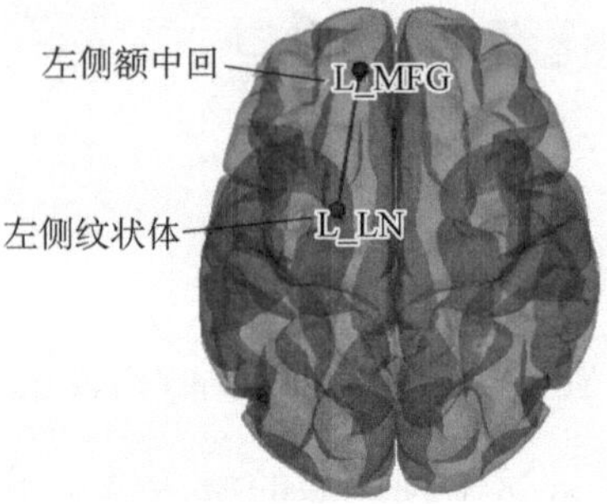

图4-7　正念冥想干预后功能连接增强的神经通路（Ni et al.，2024）

总之，通过对比MM组和PMR组的前后测结果，研究显示正念冥想降低了网络游戏成瘾者对游戏的渴求程度，这一过程与奖赏回路和执行控制相关脑区的活动减少有关。此外，正念冥想通过增强额叶-纹状体通路的连接性提高了被试自上而下控制对游戏渴求的能力。研究者在大多数测量的参数中都观察到了时间或安慰剂效应，这表明了设置控制组（即PMR组）的重要性。因为大多数现有研究没有设置控制组，或仅测量了控制组的前测特征。对组别（MM组和PMR组）和时间（训练前和训练后）的方差分析表明，在与渴求和网络游戏成瘾严重程度相关的结果测量指标上，正念冥想训练的效果优于渐进性肌肉放松训练，连续8次的正念冥想训练比渐进性肌肉放松训练更能显著降低被试的游戏渴求程度。综上所述，8次的正念冥想训练增强了大脑执行控制相关区域与奖赏网络相关区域之间的耦合。这表明正念冥想训练促进了网络游戏成瘾者对游戏渴求的自上而下的抑制控制，这可能反映了在面对游戏线索时，额叶对纹状体奖励处理通路的自上而下的抑制控制得到了增强。

小　结

正念冥想正日益引起公众和科学界的兴趣。随着它的操作逐渐被人们认知，其疗效逐渐被证明，已被纳入临床干预措施中，研究者通过神经影像学对其进行了研究。与其他一些治疗方法相比，正念冥想具有通用性和社会接受度高的优势，能够增加人们的参与度和坚持性，克服一些现有的抗拒治疗的问题。正念冥想的实践可能会超出治疗临床疾病的范围，促进普通人群的福祉。

正念冥想从冥想的焦点对象开始，通常注意对呼吸的感觉。冥想过程中鼓励“友好”或“开放”的心态，人们被要求以一种“非评判性”的方式来关注问题，同时保持放松，以防分心。正念冥想可以提高个体的注意力和自我调节能力，这通常是网络游戏成瘾者所关注的方面。通过加强监测和应对不适（渴求或负面情绪）的能力，正念冥想可以改善注意力的持续性，从而使个体获得长期注意力。正念冥想的这些特点表明其非常适合对网络游戏成瘾者的干预研究，也表明未来正念冥想必将在这方面发挥更好的作用。

但是，正念冥想的训练及其效果更多是普遍性的，训练的内容具有通用性，相对缺乏针对某种特定疾病的特定措施。这往往使得正念冥想看上去好似“灵丹妙药”一样，只要进行类似训练，任何精神疾病都可以得到缓解和治疗。因此，未来的研究趋向之一则是开发具有针对性的正念冥想干预策略，针对不同的疾病所开展的冥想流程应有所差异，以进一步提升干预的效率。

参 考 文 献

郭瑾瑾.（2021）. *正念呼吸对海洛因戒断者负性情绪的干预研究*（硕士学位论文）. 西北师范大学. https://doi.org/10.27410/d.cnki.gxbfu.2020.000142

黄菊，王金凤，孙乐，李勇辉，陈天勇.（2022）. 物质成瘾者的脑功能损伤特征及干预策略. *中国药物依赖性杂志，31*（2），81-86. http://doi.org/10.13936/j.cnki.cjdd1992.2022.02.001

姜慧丽.（2020）. *正念训练对女性戒毒人员复吸倾向的干预研究*（硕士学位论文）. 南京师范大学. https://doi.org/10.27245/d.cnki.gnjsu.2019.001438.

苗娇.（2019）. *正念干预对女性戒毒人员的情绪调节和毒品渴求的影响：自我控制的中介作用*（硕士学位论文）. 山东师范大学.

乔•卡巴金.（2015）. *正念：此刻是一枝花*. 王俊兰，译. 北京：机械工业出版社.

徐茹茹，郭亚康，孟峰，郭庆科.（2020）. 正念降低女性戒毒人员毒品渴求程度：心理弹性和压力知觉的链式中介作用. *心理技术与应用*，*8*（10），596-603. http://doi.org/10.16842/j.cnki.issn2095-5588.2020.10.003

尹露，孙沛，李娜，徐杰，谷朝峰.（2022）. 基于正念的团体心理干预对物质成瘾者心理健康状况的改善效果研究. *中国药物依赖性杂志*，*31*（2），142-145. https://doi:10.13936/j.cnki.cjdd1992.2022.02.012

Baer, R. A. (2003). Mindfulness training as a clinical intervention: A conceptual and empirical review. *Clinical Psychology Science & Practice*, *10* (2), 125-143. https://doi.org/10.1093/clipsy.bpg015

Benson, H., Steinert, R. F., Greenwood, M. M., Klemchuk, H. M., & Peterson, N. H. (1975). Continuous measurement of O_2 consumption and CO_2 elimination during a wakeful hypometabolic state. *Journal of Human Stress*, *1* (1), 37-44. https://doi.org/10.1080/0097840X.1975.9940402

Chiesa, A., & Serretti, A. (2014). Are mindfulness-based interventions effective for substance use disorders? A systematic review of the evidence. *Substance Use & Misuse*, *49* (5), 492-512. https://doi.org/10.3109/10826084.2013.770027

Creswell, J. D., Way, B. M., Eisenberger, N. I., & Lieberman, M. D. (2007). Neural correlates of dispositional mindfulness during affect labeling. *Psychosomatic Medicine*, *69* (6), 560-565. https://doi.org/10.1097/PSY.0b013e3180f6171f

Davidson, R. J. (2004). What does the prefrontal cortex “do” in affect: Perspectives on frontal EEG asymmetry research. Biological Psychology, 67 (1-2), 219-233. https://doi.org/10.1016/j.biopsycho.2004.03.008.

Davidson, R. J., Kabat-Zinn, J., Schumacher, J., Rosenkranz, M., Muller, D., Santorelli, S. F., … Sheridan, J. F. (2003). Alterations in brain and immune function produced by mindfulness meditation. *Psychosomatic Medicine*, *65* (4), 564-570. https://doi.org/10.1097/01.psy.0000077505.67574.e3

Gallego-Gómez, J. I., Balanza, S., Leal-Llopis, J., García-Méndez, J. A., Oliva-Pérez, J., Doménech-Tortosa, J., … Rivera-Caravaca, J. M. (2020). Effectiveness of music therapy and progressive muscle relaxation in reducing stress before exams and improving academic performance in nursing students: A randomized trial. *Nurse Education Today*, *84*, 104217. https://doi.org/10.1016/j.nedt.2019.104217

Garland, E. L. (2013). *Mindfulness Oriented-Recovery Enhancement for Addiction, Stress, and Pain.* Washington, D.C.: NASW Press.

Garland, E. L. (2016). Restructuring reward processing with mindfulness-oriented recovery enhancement: novel therapeutic mechanisms to remediate hedonic dysregulation in addiction, stress, and pain. *Annals of the New York Academy of Sciences*, *1373* (1), 25-37. https://doi.org/10.1111/nyas.13034

Garland, E. L., Froeliger, B., & Howard, M. O. (2014). Mindfulness training targets neurocognitive mechanisms of addiction at the attention appraisal-emotion interface. *Frontiers in Psychiatry*, *4*, 173. http://dx.doi.org/10.3389/fpsyt.2013.00173

Garland, E. L., Gaylord, S. A., & Fredrickson, B. L. (2011). Positive reappraisal mediates the stress-reductive effects of mindfulness: An upward spiral process. *Mindfulness*, *2* (1), 59-67.

https://doi.org/10.1007/s12671-011-0043-8

Garland, E. L., Gaylord, S. A., Boettiger, C. A., & Howard, M. O. (2010). Mindfulness training modifies cognitive, affective, and physiological mechanisms implicated in alcohol dependence: Results of a randomized controlled pilot trial. *Journal of Psychoactive Drugs*, *42*, 177-192. http://dx.doi.org/10.1080/02791072.2010.10400690

Garland, E. L., Roberts-Lewis, A., Tronnier, C. D., Graves, R., & Kelley, K. (2016). Mindfulness-oriented recovery enhancement versus CBT for co-occurring substance dependence, traumatic stress, and psychiatric disorders: Proximal outcomes from a pragmatic randomized trial. *Behaviour Research and Therapy*, *77*, 7-16. https://doi.org/10.1016/j.brat.2015.11.012

Gobec, S., & Travis, F. (2018). Effects of maharishi yoga asanas on mood states, happiness, and experiences during meditation. *International Journal of Yoga*, *11* (1), 66-71. https://doi.org/10.4103/ijoy.IJOY_66_16

Goyal, M., Singh, S., Sibinga, E. M. S., Gould, N. F., Rowland-Seymour, A., Sharma, R., … Haythornthwaite, J. A. (2014). Meditation programs for psychological stress and well-being: A systematic review and meta-analysis. *JAMA Internal Medicine*, *174* (3), 357-368. https://doi.org/10.1001/jamainternmed.2013.13018

Hofmann, S. G., Sawyer, A. T., Witt, A. A., & Oh, D. (2010). The effect of mindfulness-based therapy on anxiety and depression: A meta-analytic review. *Journal of Consulting and Clinical Psychology*, *78* (2), 169-183. https://doi.org/10.1037/a0018555

Hölzel, B. K., Lazar, S. W., Gard, T., Schuman-Olivier, Z., Vago, D. R., & Ott, U. (2011). How does mindfulness meditation work? Proposing mechanisms of action from a conceptual and neural perspective. *Perspectives on Psychological Science*:A *Journal of the Association for Psychological Science*, *6* (6), 537-559. https://doi.org/10.1177/1745691611419671

Hölzel, B. K., Ott, U., Gard, T., Hempel, H., Weygandt, M., Morgen, K., & Vaitl, D. (2008). Investigation of mindfulness meditation practitioners with voxel-based morphometry. *Social Cognitive and Affective Neuroscience*, *3* (1), 55-61. https://doi.org/10.1093/scan/nsm038

Hwang, M. H., Bunt, L., & Warner, C. (2023). An eight-week zen meditation and music programme for mindfulness and happiness: Qualitative content analysis. *International Journal of Environmental Research and Public Health*, *20* (23), 7140. https://doi.org/10.3390/ijerph20237140

Jain, S., Shapiro, S. L., Swanick, S., Roesch, S. C., Mills, P. J., Bell, I., & Schwartz, G. E. (2007). A randomized controlled trial of mindfulness meditation versus relaxation training: Effects on distress, positive states of mind, rumination, and distraction. *Annals of Behavioral Medicine*: A *Publication of the Society of Behavioral Medicine*, *33* (1), 11-21. https://doi.org/10.1207/s15324796abm3301_2

Kabat-Zinn, J. (2011). Some reflections on the origins of MBSR, skillful means, and the trouble with maps. *Contemporary Buddhism*, *12* (1), 281-306. https://doi.org/10.1080/14639947.2011.564844

Kabat-Zinn, J., Lipworth, L., & Burney, R. (1985). The clinical use of mindfulness meditation for the self-regulation of chronic pain. *Journal of Behavioral Medicine*, *8* (2), 163-190. https://doi.org/10.1007/BF00845519

Kabat-Zinn, J., Massion, A. O., Kristeller, J., Peterson, L. G., Fletcher, K. E., Pbert, L., … & Santorelli, S. F. (1992). Effectiveness of a meditation-based stress reduction program in the treatment of anxiety disorders. *The American Journal of Psychiatry*, *149* (7), 936-943. https://doi.org/10.1176/ajp.149.7.936

Li, W., Garland, E. L., & Howard, M. O. (2018). Therapeutic mechanisms of mindfulness-oriented recovery enhancement for internet gaming disorder: Reducing craving and addictive behavior by targeting cognitive processes. *Journal of Addictive Diseases*, *37* (1-2), 5-13. https://doi.org/10.1080/10550887.2018.1442617

Li, W., Howard, M. O., Garland, E. L., McGovern, P., & Lazar, M. (2017a). Mindfulness treatment for substance misuse: A systematic review and meta-analysis. *Journal of Substance Abuse Treatment*, *75*, 62-96. https://doi.org/10.1016/j.jsat.2017.01.008

Li, W., Garland, E. L., McGovern, P., O'Brien, J. E., Tronnier, C., & Howard, M. O. (2017b). Mindfulness-oriented recovery enhancement for internet gaming disorder in U.S. adults: A stage I randomized controlled trial. *Psychology of Addictive Behaviors: Journal of the Society of Psychologists in Addictive Behaviors*, *31* (4), 393-402. https://doi.org/10.1037/adb0000269

Loucks, E. B., Kronish, I. M., Saadeh, F. B., Scarpaci, M. M., Proulx, J. A., Gutman, R., … Schuman-Olivier, Z. (2023). Adapted mindfulness training for interoception and adherence to the DASH diet: A phase 2 randomized clinical trial. *JAMA Network Open*, *6* (11), e2339243. https://doi.org/10.1001/jamanetworkopen.2023.39243

Ni, H., Wang, H., Ma, X., Li, S., Liu, C., Song, X., Potenza, M., Dong, G.(2024), Efficacy and neural mechanisms of mindfulness meditation among adults with internet gaming disorder: A randomized clinical trial. JAMA Network Open, 7(6):e2416684. https://doi:10.1001/jamanetworkopen.2024.16684

Sedlmeier, P., Eberth, J., Schwarz, M., Zimmermann, D., Haarig, F., Jaeger, S., & Kunze, S. (2012). The psychological effects of meditation: A meta-analysis. *Psychological Bulletin*, *138* (6), 1139-1171. https://doi.org/10.1037/a0028168

Shapiro, S. L., Carlson, L. E., Astin, J. A., & Freedman, B. (2006). Mechanisms of mindfulness. *Journal of Clinical Psychology*, *62* (3), 373-386. https://doi.org/10.1002/jclp.20237

Simkin, D. R., & Black, N. B. (2014). Meditation and mindfulness in clinical practice. *Child and Adolescent Psychiatric Clinics of North America*, *23* (3), 487-534. https://doi.org/10.1016/j.chc.2014.03.002

Smith, W. P., Compton, W. C., & West, W. B. (1995). Meditation as an adjunct to a happiness enhancement program. *Journal of Clinical Psychology*, *51* (2), 269-273. https://doi.org/10.1002/1097-4679 (199503) 51:2＜269::aid-jclp2270510217>3.0.co; 2-0

Soskis, D. A., Orne, E. C., Orne, M. T., & Dinges, D. F. (1989). Self-hypnosis and meditation for stress management: A brief communication. *The International Journal of Clinical and Experimental Hypnosis*, *37* (4), 285-289. https://doi.org/10.1080/00207148908414483

Tang, Y. Y., Tang, R., & Posner, M. I. (2016). Mindfulness meditation improves emotion regulation and reduces drug abuse. *Drug and Alcohol Dependence*, *163* (S1), 13-18. https://doi.org/10.1016/

j.drugalcdep.2015.11.041

Taylor, V. A., Grant, J., Daneault, V., Scavone, G., Breton, E., Roffe-Vidal, S., … Beauregard, M. (2011). Impact of mindfulness on the neural responses to emotional pictures in experienced and beginner meditators. *NeuroImage*, *57* (4), 1524-1533. https://doi.org/10.1016/j.neuroimage.2011.06.001

Toneatto, T., Pillai, S., & Courtice, E. L. (2014). Mindfulness-enhanced cognitive behavior therapy for problem gambling: A controlled pilot study. *International Journal of Mental Health and Addiction*, *12,* 197-205. http://dx.doi.org/10.1007/s11469-014-9481-6

Travis, F. (2001). Autonomic and EEG patterns distinguish transcending from other experiences during Transcendental Meditation practice. *International Journal of Psychophysiology: Official Journal of the International Organization of Psychophysiology*, *42* (1), 1-9. https://doi.org/10.1016/s0167-8760 (01) 00143-x

Walsh, R. (2011). Lifestyle and mental health. *The American Psychologist*, *66* (7), 579-592. https://doi.org/10.1037/a0021769

Wielgosz, J., Goldberg, S. B., Kral, T. R. A., Dunne, J. D., & Davidson, R. J. (2019). Mindfulness meditation and psychopathology. *Annual Review of Clinical Psychology*, *15* (1), 285-316. https://doi.org/10.1146/annurev-clinpsy-021815-093423

Zeidan, F., & Vago, D. R. (2016). Mindfulness meditation-based pain relief: A mechanistic account. *Annals of the New York Academy of Sciences*, *1373* (1), 114-127. https://doi.org/10.1111/nyas.13153

Zhou, W. R., Wang, M., Dong, H. H., Zhang, Z., Du, X., … Dong, G. H. (2021). Imbalanced sensitivities to primary and secondary rewards in internet gaming disorder. *Journal of Behavioral Addictions*, *10* (4), 990-1004. https://doi.org/10.1556/2006.2021.00072

第五章

药物治疗在干预网络游戏成瘾中的应用及其认知神经机制

一、精神疾病治疗史上的另类疗法

即便有着现代科技的加持，科学家仍很难找到根治精神疾病的医疗手段。因此可以想象，在人类历史上，人们在面对精神疾病时会变得手足无措：人们对它充满了惧怕和幻想，同时各种治疗手段层出不穷。中西方都将精神疾病看作神秘力量在作祟，想到的是除掉得病的人。精神病治疗探索的历史可追溯至古希腊及古埃及。几千年前，古老的欧洲也留下了对精神疾病的记录，那时的欧洲人将这类患者看作魔鬼上身。他们认为患者意识错乱，就好像是见鬼了一样，这更加剧了正常人对精神疾病的恐惧。

最早对脑部疾病的系统治疗方法是头颅开孔手术，又被称为环钻术（tereanated），记载于公元前5世纪希波克拉底的著作《头颅创伤》中，并被描述为一种军事战争中颅脑损伤的治疗方法。将这种手术推广并用于精神疾病的治疗，则是在中世纪和文艺复兴时期。当时人们认为，恶魔会让人心智混乱进而产生精神疾病，而移走头盖骨后留下的“孔”有利于“恶魔出逃”。到了14世纪，当时的医生认为在头骨上开孔可以减轻脑内压力，进而治疗精神疾病，甚至发展出专门的颅部开孔器械。这种开孔手术疗法一直持续到19世纪，后来随着现代科学的发展才逐渐退出历史舞台。

18—19世纪，新的治疗方法——旋转疗法出现了。当时的医生相信，旋转过程能够疏通精神病患者脑内的血管，从而使其病情减轻。不但如此，研究者还发展出了不同速度的旋转策略，旋转的速度时快时慢，具体依据不同的病症和病症程度而定。在旋转疗法的启发下，当时的医生进一步发明了“摇摆疗法”，通过控制机器的参数使患者快速旋转或摇摆几分钟。这通常会让患者感到十分恶心，且在一段时间内丧失认知能力，还可以人工诱发癫痫。这种疗法在1970年前后被叫停。

当然，限制患者的活动是一种非常容易想到的策略。不同领域的人员发明了各种限制人活动的工具，比如，诞生于18世纪的“提卡床”，可以把患者锁在里面，限制其活动，进而降低患者对他人的影响。也有人发展出了“约束椅”，这是一种类似自带马桶的装置，好处是可以长时间把患者绑在上面。19世纪，还有人发明了带电击功能的约束椅，不但能约束患者，还可以对患者进行电击，并抑制其脑部供血，还能起到剥夺感知的作用。其他人员还开发出了约束面具、约束床等器具。这类器具使用了约200年，直到20世纪才被废除。

18世纪70年代，奥地利医生Mesmer（弗朗兹·安东·麦斯麦）提出了“动物磁性学说”。他认为，任何心理或精神疾病均是由自然中的磁场引起的，因此可以通过调整磁场来恢复健康。具体方法是让患者喝下含高剂量铁质的液体，然后在患者手腕、脚腕等处放置磁铁，从而影响个体体内磁场。麦斯麦还发明了一种装满化学物质的大木桶，桶里竖立一根大铁棒，由铁棒延伸出许多条铁丝，铁棒末端被放置于患者生病的部位。但是，这种骗术很快被揭穿，此类治疗技术也被禁止。

1921年，胰岛素被发现，当时的医生立刻想到将其应用于精神疾病的治疗中。德国医生曼弗雷德·沙克便尝试使用胰岛素治疗阿片类药物的戒断症状，当然也会涉及对精神分裂症的治疗。他发现，在给精神分裂症患者注射高剂量胰岛素后，患者通常会变得安静并陷入昏迷，看上去像是精神病症状消失了（真正的原因是低血糖休克）。这种疗法在20世纪30年代一度流行。

1940年，还有一种精神疾病治疗技术，即莫尼斯创造的脑叶切除手术，莫尼斯由此获得了1949年诺贝尔生理学或医学奖。该技术主要通过切除患者大脑某些部位来治疗精神疾病。1940—1970年，数万名精神病患者甚至只是情绪容易激动的人都被强制接受了这种治疗。但从1950年开始，切除某些脑组织带来的副作用开始显现，这一疗法也开始受到人们的质疑。到了1970年，用外科脑手术进行治疗的方案因为人道问题和巨大的副作用基本被禁止了。

除了以上措施之外，对于精神疾病，事实上人们并没有有效的治疗措施。比如，人们曾经还采取放血、用火红的铁钳烫肉体、绑在架子上鞭打、用开水或冷水浸泡等残忍的手段来治疗精神疾病。他们还为这些残忍方式找了一个好听的理由：驱赶患者心中的魔鬼，使他们清醒。但结果几乎都是患者被这些残酷的手段折磨致死。

我们可以看到，这些天马行空的精神病治疗策略看上去很有冲击性，但真实的疗效却乏善可陈，甚至对精神疾病患者的身心造成了进一步的摧残。精神疾病的治疗也一直困扰着医务工作者，甚至在历史上，对待精神疾病患者最为人道的方法是不去尝试各类治疗，而是将患者关在能自由活动的房间内，任由其自生自灭，都比让他接受治疗要好。

二、药物治疗精神疾病的发展历史

在现代医疗中，药物治疗是整个疾病治疗的首要选择，也是精神疾病治疗的主体。20世纪50年代，药物治疗被引入针对精神疾病的治疗中。如今，在大多数有精神健康问题的人接受的治疗中，通常也是唯一的方法就是药物治疗。当一种药物不能缓解一个人的精神健康问题时，人们就开始尝试另一种药物。随着现代对精神疾病的深入研究，神经外科治疗取得了重大突破，药物加外科手术治疗的方法显得安全有效。

抗精神病药物（anti-psychotic drugs）治疗通常可追溯到1952年，当时，氯丙嗪（chloropromazine，被视为“典型”抗精神病药物的原型）被引入临床（Anton-Stephens，1954），至今一直被视为精神疾病的主要治疗药物。随后，许多其他的典型抗精神病药物也相继被开发和上市，比如，锂盐被建议用于治疗被诊断为躁狂或躁狂抑郁症的人，多种“抗抑郁药物”开始被使用，利眠宁（Librium）和劳拉西泮（Ativan）等镇静剂被用于治疗焦虑。

20世纪70年代，氯氮平（clozapine）的问世代表了药物在临床前阶段和临床阶段治疗的重大创新。20世纪90年代后，其作为治疗耐药性精神分裂症的首选药物获得了独特的地位（Crilly，2007）。2003年，阿立哌唑（aripiprazole）因对多巴胺受体D2（即D2R）和多巴胺受体D3（即D3R）的部分激动作用而被批准上市（Yokoi et al.，2002），进一步扩大了抗精神病药物的范畴。

抗精神病药物通常作用于突触后D2R，这就给识别不具有显著D2R亲和力的具有抗精神病活性的分子带来了挑战。总体来说，一种典型抗精神病药物的主要特点是对D2R拮抗剂具有高亲和力（Miller，2009）。非典型抗精神病药物则可作用于多种受体产生，D2R与血清素或五羟色胺2A受体（5-HT2A）的亲和力被认为是药效起作用和减少副作用的关键因素（Meltzer，2000）（表5-1）。尽管D2R阻断历来被视为抗精神病药物的主要特征，但从2003年开始，在D2R起部分激动作用的新型抗精神病药物已经上市（Grunder et al.，2003）。

表5-1　抗精神病药物的受体靶点及其可能介导的临床效应（Miller，2009）

受体	抗精神病药物作用	可能的目标症状
D1	激动	阴性症状
D2	拮抗/部分激动	积极症状
D3	拮抗/部分激动	认知症状和消极症状
D4	拮抗	认知症状和消极症状
5-HT1A	激动	认知症状、焦虑症状和抑郁症状
5-HT2A	拮抗	消极症状
5-HT7	拮抗	认知症状、焦虑症状和抑郁症状
α7nAChR	激动	认知症状
H1	拮抗	躁动、焦虑症状
α1	拮抗	阳性症状
α2C	拮抗	认知症状、阴性症状和抑郁症状
mGluR2/3	激动和异位调节	认知症状
σ1	拮抗	阴性症状
TAAR1	激动	积极症状、消极症状和认知症状

遗憾的是，在抗精神病药物问世70多年后，人们对其确切的作用机制和多重功效仍未完全了解。究其原因，主要包括以下几个方面。

首先，精神病的表现形式多种多样，抗精神病药物的受体特征也十分复杂，这就要求对抗精神病药物所针对的症状进行界定，从而找出与疗效最相关的作用机制。

其次，对于抗精神病药物获批的适应症所涉及的精神疾病，如精神分裂症、精神障碍、双相情感障碍和抑郁症等，它们的具体病因以及不同症状的确切病理生理学仍需进一步研究。

再次，体内和体外临床前研究均表明，抗精神病药物能显著影响突触结构和树突棘结构（de Bartolomeis et al.，2019），这可能取决于细胞内信号的选择性激活，从而引发基因转录（即c-Fos、Arc、Homer）的离散变化（de Bartolomeis et al.，

2017）。这些发现揭示了抗精神病药物在临床疗效中的潜在作用机制。

最后，每种抗精神病药物的受体特征和分子特征都与临床剂量密切相关。因此，可以想象，随着剂量的增加，不同的受体和脑区将被激活，最终将影响特定疾病症状所涉及的神经回路（Iasevoli et al.，2020）。然而，应该承认的是，这些发现对抗精神病药物作用机制的预测和解释价值仍处于起步阶段，在应用于现实世界的抗精神病治疗之前，还需要从多模态、更大规模和多中心的研究中获得更多数据来加以完善（Tarcijonas & Sarpal，2019）。

总之，尽管抗精神病药物存在各种不足，但现在出现的许多抗精神病药物免去了患者不少的痛苦。这些在精神疾病治疗领域的积极尝试，正是人类在文明进程中不断探索的结果。随着科技的进步和人类探索未知能力的提升，相信在不久的将来会找到更好的治疗精神疾病的方法。

三、网络游戏成瘾的药物干预研究

（一）认知行为疗法与安非他酮联合治疗的作用

Kim等（2012）发现很多网络游戏成瘾的青少年会同时伴随抑郁症状，于是他们思考利用安非他酮对抑郁进行干预，同时联合认知行为疗法，探讨其对网络游戏成瘾的疗效。

认知行为疗法通过帮助患者监控他们的思维、情绪和行为，以预防疾病复发并帮助他们获得新的应对技巧。安非他酮是一种常用于治疗抑郁症和戒烟的药物，现已被证明可以有效治疗网络游戏成瘾。因此，认知行为疗法与安非他酮的联合使用可能对抑郁症患者的网络游戏成瘾有较好的治疗效果。

网络游戏成瘾群体和抑郁群体存在共同特征。研究发现，网络游戏成瘾群体存在认知扭曲，如过度概括化、合理化、灾难化和消极核心信念（Caplan，2002；Davis，2001）。他们往往存在一些消极信念，如认为自己“多玩几分钟游戏不会有什么伤害”（Young，1998）等。同时，抑郁症和网络游戏成瘾的认知理论有着相似的基础，包括适应不良的认知、加剧精神病理学的行为以及导致恶性循环的抑郁症状（Davis，2001）。由于电脑使用已成为我们日常生活中的重要组成部分，网络游戏成瘾患者的行为控制目标不是完全戒断，而是有控制地使用电脑（Hall & Parsons，2001；Young，1998）。Douglas等（2008）对1996—2006年关于游戏成瘾治疗的定量研究进行了元分析，强调加强自我调节和鼓励现实生活中的活动对治疗网络游戏成瘾非常重要。

家庭凝聚力下降是导致网络游戏成瘾和抑郁的另一个因素（Cho et al.，2010；Gao et al.，2010；Yen et al.，2006）。父母与青少年儿童之间的许多冲突和紧张关系都与网络游戏成瘾有关（Yen et al.，2006）。据报道，由于父母离开农村到城市务工，中国的留守儿童缺乏运动的可能性增加，患上网络游戏成瘾和尼古丁成瘾的风险也增加（Gao et al.，2010）。母亲与子女之间不安全的依恋关系被认为是青少年网络游戏成瘾的一个重要风险因素（Cho et al.，2010）。

在Kim等（2012）的研究中，研究者通过广告来招募被试，最终的研究对象是13—18岁的男性，他们被诊断为患有重度抑郁症，并且在韩国儿童情感障碍和精神分裂症筛查中的得分较高。此外，被试还需要满足以下条件：①达到网络游戏成瘾的标准，包括每天超过4小时或每周超过30小时的游戏时间；②在Young网络成瘾量表上的得分超过50分；③因网络游戏成瘾而产生了不适应行为或困扰；④在减少或控制网络游戏时间方面有困难，并且在学校的学业表现下降。最终，72名被试被随机分配到接受认知行为疗法加药物治疗（安非他酮）组和仅接受药物治疗组中。认知行为疗法共进行了8周，每周一次，该研究中的认知行为疗法的整体安排如表5-2所示。

表5-2　认知行为疗法的整体安排（Kim et al.，2012）

次数	类别	内容	具体操作
第一次	介绍	使用网络游戏的基本规则和评估	回顾沉迷网络游戏导致在学业、工作和经济表现方面的不良后果； 讨论沉迷网络游戏对身心造成的伤害
第二次	玩网络游戏的动机和与沉迷网络游戏有关的非理性信念系统	争论错误信念	界定在激活事件和游戏之间起中介作用的信念 分析已确定的错误信念的证据； 发展替代信念； 帮助减少在线游戏的时间
第三次	问题解决和决策	把沉迷网络游戏的危险因素界定为问题； 制定替代解决方案	管理过度玩网络游戏的风险
第四次		决策和评估	管理过度在线游戏的风险； 评估所选择的管理在线游戏的解决方案，沟通技巧训练
第五次	交流技巧训练		管理社会关系中的问题
第六次	自我控制技巧训练		管理同伴压力、管理在线游戏的渴望、管理消极和积极情绪
第七次	家庭治疗		与家庭成员讨论家庭内部冲突和解决方案
第八次	未来规划	复发预防	重新学习如何享受没有在线游戏的生活

每次治疗由一个主持人主持，根据认知行为疗法的纲领和内容进行指导。例如，护士主持第一次和第六次会议，医生主持第二次和第八次会议，心理学家主持第三次和第四次会议，社工主持第五次和第七次会议。

除了8周的干预治疗外，研究者还在治疗结束后的第4周追踪测查他们的治疗效果，以探究干预的维持效果。图5-1展示了干预前后的特征以及追踪结果，结果表明，两组的网络游戏成瘾程度都有显著下降，且这一效果在治疗结束4周后依然得以维持。与之相伴随的是，患者的生活满意度得到大幅提升，且这一效果在治疗结束4周后依然得以维持。但两组的贝克焦虑问卷分数却有所不同，其中认知行为疗法+安非他酮组的分数显著下降，而安非他酮组的分数则升高。

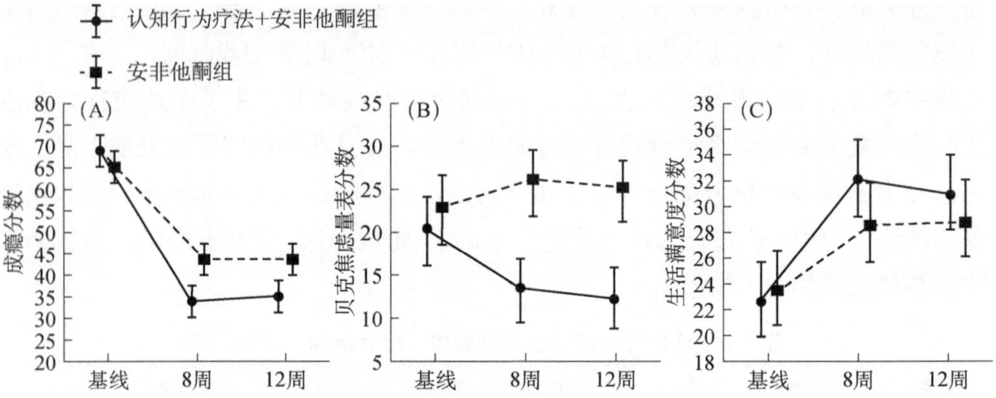

图5-1 安非他酮和认知行为疗法+安非他酮治疗前后的结果变化（Kim et al.，2012）

总之，该研究发现，在抑郁症青少年群体中，经过8周的团体认知行为疗法+安非他酮治疗后，被试的网络游戏成瘾严重程度显著降低。此外，认知行为疗法+安非他酮组的生活满意度和学校适应性均有所改善。相比之下，单纯药物干预组的焦虑得分在8周的治疗期间增加。这项研究进一步证实了认知行为疗法对治疗网络游戏成瘾的有效性。与之前的研究相比，该研究的被试是存在网络游戏成瘾问题并患有抑郁症的男性青少年，治疗时间较短，但仍取得了显著效果。

（二）安非他酮对网络游戏成瘾并发抑郁症患者的治疗效果

Han等是较早应用药物对网络游戏成瘾群体进行干预的研究者。药物治疗的前提是许多精神疾病（包括注意缺陷多动障碍、重度抑郁症、精神分裂症和冲动控制障碍）都被认为与儿童和青少年过度使用网络有关（Han et al.，2007；Yoo et al.，2004）。

研究发现，网络成瘾组比其他学生表现出更高的抑郁症状指数和更强的自杀意念（Kim et al.，2006）。与其他因素，包括自尊（50.9%）、生活满意度（26.4%）、压力（20.1%）和负面生活事件（28.5%）相比，关于韩国青少年网络使用的研究显示，网络应用使他们出现抑郁症状的风险增加了20.7%（Park，2009）。网络应用增加抑郁风险的结果不仅在青少年中（Ha et al.，2006；Mathers et al.，2009），在成年人中也是如此（Kraut et al.，1998）。一项关于澳大利亚青少年在校人群的研究显示，过度玩网络游戏与抑郁、焦虑和健康状况不良有关（Mathers et al.，2009）。Kraut等（1998）的研究表明，过度使用网络可能与抑郁、孤独以及家庭和社会沟通障碍有关，这些症状在患有抑郁症和焦虑症的成年人中经常出现（Moody，2001；Shapira et al.，2000）。

由于安非他酮对多巴胺和去甲肾上腺素再摄取的抑制作用较弱（Cooper et al.，1980，1994），安非他酮已被评估为治疗可卡因依赖（Poling et al.，2006）、尼古丁依赖等物质依赖（de Lima et al.，2002；Hays et al.，2009；Pettinati et al.，2003；Thase et al.，2001）以及病态赌博（Dannon et al.，2005）的潜在药物。然而，Black等（2007）的研究表明，与安慰剂相比，安非他酮对治疗病态赌博并无特效。

Han 和 Renshaw（2012）进行的药物治疗的干预过程如下：干预为期12周，包括8周的双盲（安非他酮或安慰剂）活性治疗期和4周的治疗后随访期。在8周的药物治疗期间，安非他酮组患者在治疗开始时服用安非他酮150毫克/天，并在治疗第一周后增加至300毫克/天。在第2—7周，安非他酮组患者被要求维持剂量在300毫克/天。安慰剂组患者在治疗开始时每天服用一粒安慰剂，并在治疗第一周后增加至每天两粒。在第2—7周，安慰剂组的患者被要求继续保持这个剂量（即每天两粒）。

除此之外，在这项研究中，所有被试每周都会接受一次教育，主题是健康使用网络以及过度玩电子游戏的不良后果。出于伦理原因，研究者为参与实验的网络成瘾患者提供了“网络使用教育”：①比较韩国和其他国家的网络接入现状；②回顾网络游戏成瘾对学业、工作和经济表现方面造成的不良后果；③讨论网络游戏成瘾对身心造成的伤害；④成瘾与偏好的比较；⑤网络游戏类型及相对成瘾倾向的评述；⑥网络游戏成瘾的治疗方法；⑦健康使用网络和网络游戏的指南；⑧邀请从网络游戏成瘾中康复的嘉宾发言。这些材料是根据健康使用网络活动的宣传材料和他们团队以前的研究而设计的（Han et al.，2007；Lee et al.，2008）。

图5-2的结果表明，安非他酮在改善问题性网络游戏行为和抑郁症状方面是有

效的。在8周的药物治疗期间，安非他酮组患者的网络游戏成瘾严重程度有所减轻，而安慰剂组患者没有显著变化。安非他酮组患者的抑郁症状也有所改善，而安慰剂组的患者没有显著变化。在治疗后的4周随访期间，安非他酮组患者的网络游戏成瘾严重程度没有变化，但抑郁症状有所恶化。安非他酮组患者的CGI-S得分也略有增加。然而，安非他酮组和安慰剂组患者的YIAS得分、游戏时间、贝克抑郁量表得分和CGI-S得分之间没有显著的相关关系。

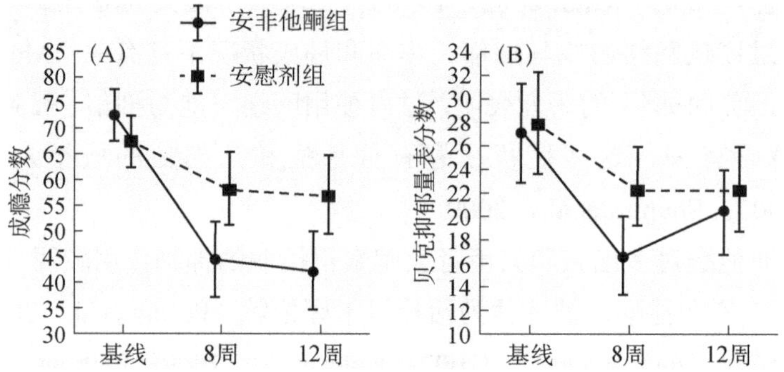

图5-2 基线、8周和12周时网络游戏使用率和情绪的变化（Han & Renshaw，2012）

该研究还发现，男性患者更容易出现网络游戏成瘾，未来的研究应该包括女性被试。此外，研究还指出，在8周的药物治疗期间，安非他酮组患者的网络游戏成瘾严重程度和抑郁症状改善程度存在正相关关系。然而，在治疗后的4周随访期间，安非他酮组患者的网络游戏成瘾严重程度没有变化，但抑郁症状有所恶化。这些结果表明，安非他酮对改善问题性网络游戏行为和抑郁症患者的症状是有效的（图5-3）。总之，该研究表明，安非他酮在降低游戏成瘾群体抑郁和游戏渴求程度上被证明是有效的。

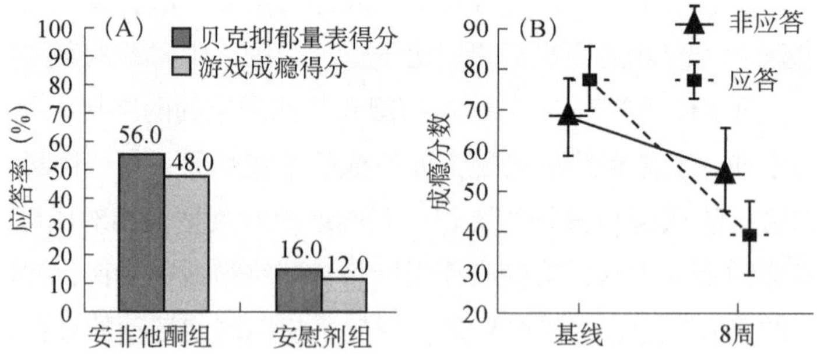

图5-3 干预前后被试分数变化（Han & Renshaw，2012）

注：（A）应答率；（B）有反应者和无反应者之间YIAS分数的变化

（三）艾司西酞普兰和安非他酮在治疗网络游戏成瘾中的比较研究

研究发现，安非他酮和选择性5-羟色胺再摄取抑制剂（SSRI）可有效减轻网络游戏成瘾的严重程度及其相关症状，包括冲动和情绪低落。艾司西酞普兰是一种SSRI抗抑郁剂，被广泛用于治疗抑郁症和焦虑症（Stahl，2013）。它能抑制血清素转运体，使大脑突触中的血清素水平升高，从而增加血清素能神经递质的释放，这被认为是其能有效对抗抑郁的基础。Dell'Osso 及其同事的研究表明，艾司西酞普兰通过抑制血清素的再摄取，显著改善了网络游戏成瘾患者的冲动强迫特征（Dell'Osso et al.，2008）。虽然Dell'Osso等的研究在后续治疗中没有取得成功，但在为期10周的治疗计划中，参与者的整体功能得到了显著改善，如患者每周的上网时数有所减少。

安非他酮的作用机制是抑制多巴胺和去甲肾上腺素的摄取（Stahl et al.，2004；Stahl，2013）。除了具有抗抑郁作用外，安非他酮还具有抗渴求和抗戒断活性的效果。作为一种有效的戒烟辅助药物，它能够抑制多巴胺的再摄取。去甲肾上腺素和多巴胺的缺乏与注意缺陷多动障碍的发病机制有关，而安非他酮也被证明在治疗注意缺陷多动障碍方面具有疗效。此外，我们之前的研究发现，经过为期6周的安非他酮缓释剂治疗后，网络游戏成瘾症状和线索诱导的dlPFC活动减少，安非他酮缓释剂的治疗有效调节了与网络游戏成瘾相关的不良行为，改善了患者的日常生活，增加了他们的治疗出勤率，同时也减少了他们的总游戏时间，并降低了他们对游戏的渴求程度（Han et al.，2010a）。基于这两种药物对网络游戏成瘾的药理作用的综述，下文将比较安非他酮和艾司西酞普兰对网络游戏成瘾产生的不同影响。

Song等（2016）的研究假设艾司西酞普兰和安非他酮能有效减轻网络游戏成瘾症状。安非他酮和艾司西酞普兰具有不同的药效，会导致不同的治疗结果，如它们会对个体注意力和冲动性产生不同的影响。研究共招募了119名患有网络游戏障碍的青少年和成年人。被试被随机分为3组，分别是安非他酮组、艾司西酞普兰组和观察组。所有被试接受为期6周的治疗。

干预疗程如下：①安非他酮组：接受安非他酮缓释剂治疗，剂量从150毫克/天逐渐增加到300毫克/天。②艾司西酞普兰组：剂量从10毫克/天逐渐增加到20毫克/天。③观察组：没有接受任何药物治疗（包括安慰剂）。

在基线和6周随访期间，研究者使用临床游戏认知严重度量表、网络游戏成瘾量表、贝克抑郁量表、注意缺陷多动障碍评分量表、行为抑制和行为激活量表对所有被试进行评估。

研究结果表明，在6周随访期间，3组之间的评分差异显著。如图5-4所示，安非他酮组和艾司西酞普兰组在各类认知测评上的得分在干预后均显著降低。

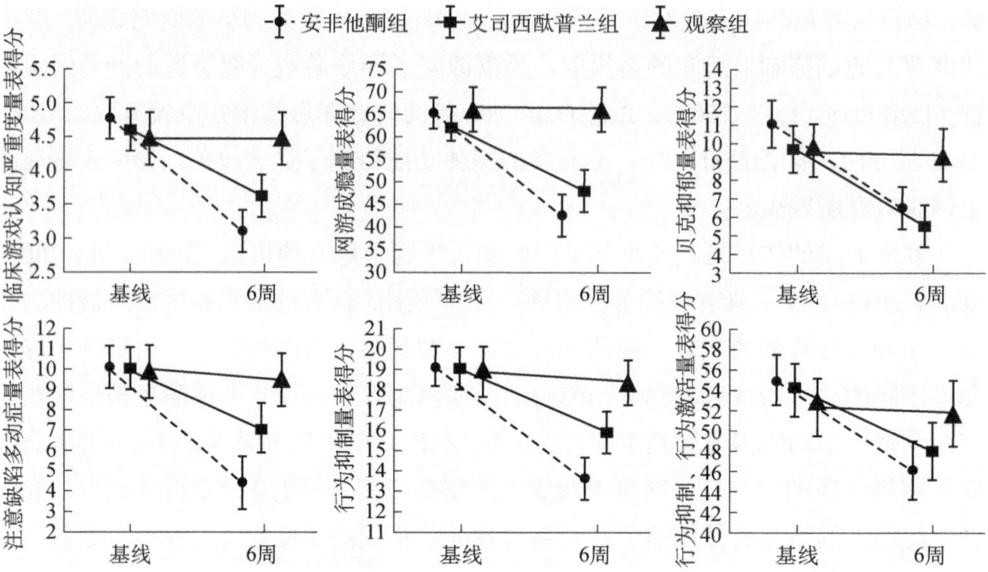

图5-4　药物治疗前后临床症状量表评分的变化（Song et al.，2016）

结果表明，安非他酮和艾司西酞普兰在改善网络游戏成瘾的临床症状方面都显示出了有效性，且安非他酮在改善注意力、情绪和冲动性方面的效果优于艾司西酞普兰。因此，安非他酮和艾司西酞普兰是治疗网络游戏成瘾的有效药物选择。

（四）甲基苯丙胺对注意缺陷多动障碍儿童使用网络视频游戏影响

Han等探讨了甲基苯丙胺对注意缺陷多动障碍儿童的网络游戏成瘾的影响（Han et al.，2009b）。研究指出，注意缺陷多动障碍和网络游戏成瘾具有很高的共存性（Jensen，2000）。在小学生中，网络使用与多动症之间存在明显的相关关系（Yoo et al.，2004）。Yen等（2007）对2114名中国台湾高中生进行的调查显示，有17.9%的学生被归类为网络成瘾者，网络成瘾与多动症状密切相关。

此外，Chan和Rabinowitz（2006）在关于网络电子游戏的系列研究中发现，在健康的青少年中，连续玩电子游戏与注意缺陷多动障碍行为（如对抗和多动行为）有关。

多巴胺多动症假说认为，多巴胺传递和受体基因型与多巴胺转运体1（DAT-1）、多巴胺D4受体（DRD4）、DRD5以及D2和D1受体有关（Faraone et al.，2005；Kirley et al.，2002）。研究者在多动症患者中经常能观察到皮层神经通路中多巴胺的释放减少，这可能反映了前额叶区域的病理变化，同时也可能与患者为了自我治疗而滥用的非法药物有关（Bush et al.，2005；Levin et al.，1996；Lou et al.，1998；Mihailescu & Drucker-Colín，2000；Volkow et al.，2001）。

多项研究表明，玩电子游戏可能会激活视觉空间功能（Castel et al.，2005；Green & Bavelier，2003，2007）。Castel等发现，无论是在简单的游戏还是困难的游戏中，有动作电子游戏经验的玩家的抑制返回时间过程缩短，并且视觉搜索效率提高（Castel et al.，2005）。Green和Bavelier指出，玩10天电子游戏能提高物体探测能力、视觉运动协调能力和空间注意力（Green & Bavelier，2003）。他们认为，视觉空间功能的改善是由于视觉空间分辨率的提高（Green & Bavelier，2007）。耐人寻味的是，有证据表明，网络视频游戏与多巴胺释放和D2受体畸形有关（Han et al.，2007；Koepp et al.，1998）。低功能D2受体基因（DRD2 Taq1A1）和儿茶酚胺-O-甲基转移酶降解增加与过度玩网络电子游戏有关（Bedard et al.，2007）。基于以上发现，研究者假设甲基苯丙胺治疗会减少多动症儿童使用网络游戏的次数，并改善多动症症状。

Han等（2009b）的治疗过程为8周，初始剂量为18毫克/天，根据临床症状和体重的变化，每个被试的维持剂量在前4周内进行调整，并且研究期间不允许使用其他药物作为辅助治疗。

如图5-5所示，经过8周的治疗，严重成瘾组的网络游戏成瘾程度和注意缺陷多动障碍程度显著降低，网络使用时间显著减少，多动症得分显著降低，注意力和冲动-多动性得分在8周的治疗后均有降低；在行为测试中，被试在正确反应、遗漏错误和错误反应方面均有显著改善。总之，该研究表明，玩网络电子游戏可能是多动症儿童的一种自我治疗方式，甲基苯丙胺可作为治疗网络游戏成瘾的一种潜在疗法。

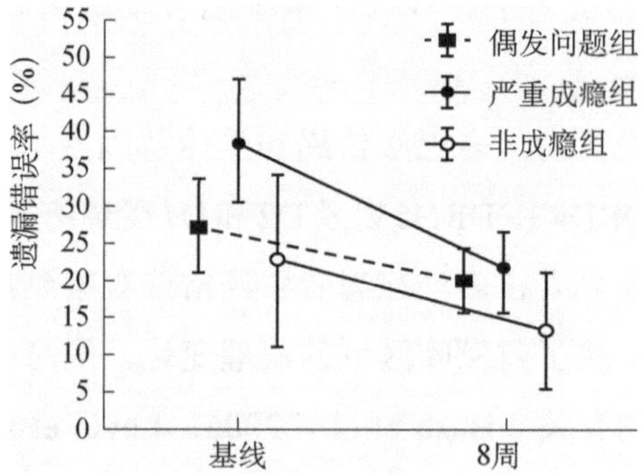

图5-5　治疗前后不同类型行为的变化（Han et al.，2009b）

（五）安非他酮缓释剂对网络游戏成瘾患者的游戏渴求程度及其大脑活动的影响

Han的另外一项研究探究了安非他酮缓释剂治疗如何降低网络电子游戏成瘾患者对电子游戏的渴求程度，以及对患者在线索诱发条件下的大脑活动的影响（Han et al.，2010）。研究者招募了两组被试：一组为网络游戏成瘾组；另一组为健康控制组。通过比较两组被试的网络使用问题行为，研究者发现网络游戏成瘾组在游戏渴求、网络游戏时间和网络游戏成瘾严重程度方面均与健康控制组存在显著差异。

随后，网络游戏成瘾组患者接受了6周的安非他酮缓释剂治疗（具体剂量和参数，该研究未提供）。在治疗前后，研究者对被试的网络游戏渴求程度、网络游戏时间和大脑活动的变化进行了分析。研究结果显示，经过6周的治疗，网络游戏成瘾组患者的游戏渴望、游戏时间和网络成瘾严重程度均有显著下降。此外，他们的左侧额上回的活动也显著减少（图5-6）。

在接受6周的安非他酮缓释剂治疗后，过度玩网络游戏的被试对网络游戏的渴求程度下降，同时线索诱导的背外侧前额叶激活也有所下降（图5-7）。这些发现与药物滥用患者在接受安非他酮缓释剂治疗后对药物线索的反应相似。研究者认为，安非他酮缓释剂可能会以类似于在药物滥用或药物依赖患者身上观察到的方式来改变个体的渴求程度和大脑活动。

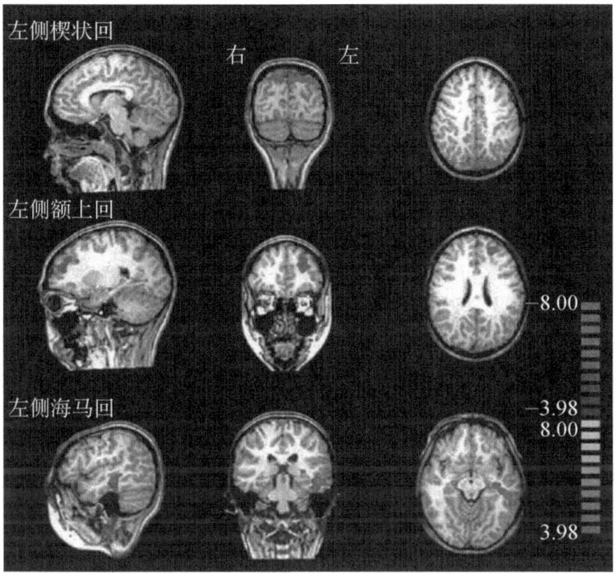

图5-6　对游戏刺激做出反应的脑区（视频游戏-中性刺激）（Han et al.，2010）（见文后彩图 5-6）

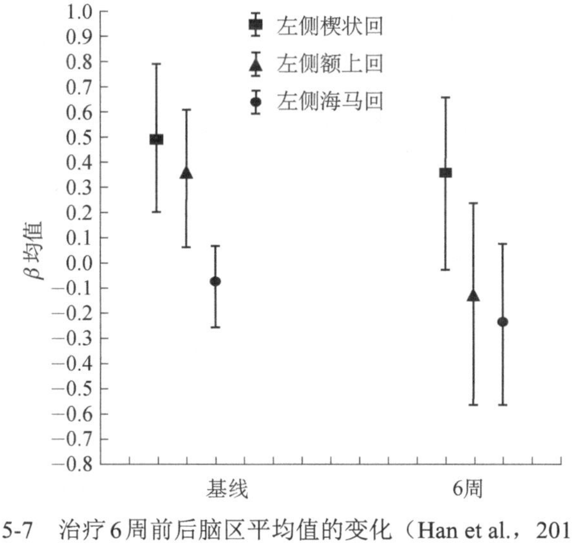

图5-7　治疗6周前后脑区平均值的变化（Han et al.，2010）

（六）安非他酮和艾司西酞普兰对重度抑郁症患者过度玩网络游戏影响的比较研究

Nam等（2017）尝试比较安非他酮和艾司西酞普兰对重度抑郁症患者过度玩网络游戏的影响。该研究设计为一项为期12周的前瞻性双盲实验，共有30名患者

（安非他酮组和艾司西酞普兰组各包括15名患者）参加。研究人员使用静息态功能磁共振成像技术评估了默认模式网络（DMN）和显著性网络（salience network）之间的不同功能连接。

安非他酮组患者开始服用安非他酮缓释剂的剂量为150毫克/天，在治疗的第二周开始增加到300毫克/天，并在之后一直维持该剂量。艾司西酞普兰组患者开始时服用艾司西酞普兰的剂量为10毫克/天，在治疗的第二周开始增加到20毫克/天，并在之后一直维持该剂量。

经过12周的治疗，研究者对比干预前后的结果发现：在行为测量上，安非他酮和艾司西酞普兰都能有效减轻抑郁症状和网络游戏成瘾症状。与艾司西酞普兰组相比，安非他酮组患者的冲动性明显降低，注意力不集中症状明显减少。

在大脑反应特征上，图5-8展示了两组被试接受不同药物治疗后的大脑功能连接特征。

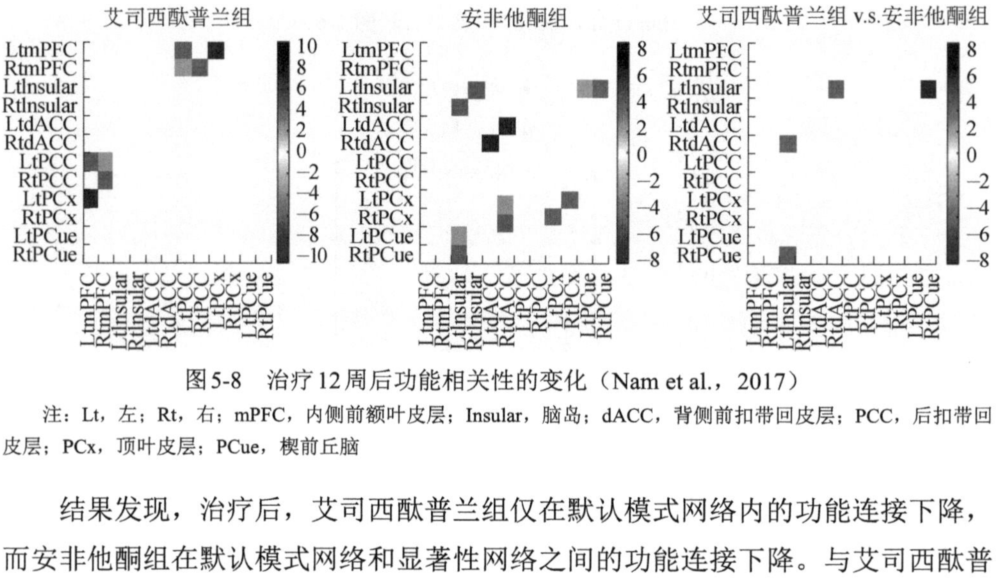

图5-8 治疗12周后功能相关性的变化（Nam et al.，2017）

注：Lt，左；Rt，右；mPFC，内侧前额叶皮层；Insular，脑岛；dACC，背侧前扣带回皮层；PCC，后扣带回皮层；PCx，顶叶皮层；PCue，楔前丘脑

结果发现，治疗后，艾司西酞普兰组仅在默认模式网络内的功能连接下降，而安非他酮组在默认模式网络和显著性网络之间的功能连接下降。与艾司西酞普兰相比，安非他酮与显著性网络内的功能连接以及显著性网络与默认模式网络之间的功能连接显著降低有关。

研究表明，安非他酮在减少冲动和注意力不集中症状方面可能比艾司西酞普兰更有效。此外，显著性网络和默认模式网络之间功能连接的降低与重度抑郁障碍及网络游戏成瘾患者的过度网络游戏成瘾症状和冲动性的改善有关。

（七）甲基苯丙胺和阿托莫西汀对减轻注意缺陷多动障碍患者网络游戏成瘾症状的有效性

多项研究表明，网络游戏成瘾与其他精神疾病具有很高的共病性，包括重度抑郁障碍、注意缺陷多动障碍和强迫症（Yen et al.，2007；Ko et al.，2009；Dalbudak et al.，2013；Han et al.，2017），特别是患有多动症的儿童似乎很容易出现网络游戏成瘾症状（Bioulac et al.，2008；Chan & Rabinowitz，2006；Weinstein & Weizman，2012；Yoo et al.，2004）。Ha等（2006a）同样报告了韩国儿童网络游戏成瘾和多动症的高度精神合并症。Ko等（2009b）对2000多名青少年进行了为期2年的前瞻性研究，发现多动症是预测网络成瘾发展的因素。Han、Lee和Na等（2009）认为，在线视频游戏可能是多动症儿童自我治疗的一种手段。

对于同时存在网络游戏成瘾和注意缺陷多动障碍的患者，甲基苯丙胺和阿托莫西汀可能是有效的治疗药物。甲基苯丙胺是治疗注意缺陷多动障碍的常用药物（Golmirzaei et al.，2016），而阿托莫西汀是一种非刺激性药物，也是治疗注意缺陷多动障碍的常用药物。阿托莫西汀是一种选择性去甲肾上腺素再摄取抑制剂，被用于治疗注意缺陷多动障碍和情绪不稳定等症状。

Park等（2016）尝试探究甲基苯丙胺和阿托莫西汀对减轻注意缺陷多动障碍患者网络游戏成瘾症状的有效性。该研究招募了同时存在注意缺陷多动障碍和问题网络游戏行为的青少年，这些参与者接受了为期3个月的治疗。其中44名参与者接受了甲基苯丙胺治疗，40名参与者接受了阿托莫西汀治疗。在基线时，所有参与者都接受了网络成瘾量表、贝克抑郁量表、注意缺陷多动障碍评分量表、行为抑制与行为激活量表的测试。

基线测试后，甲基苯丙胺组的参与者开始时服用甲基苯丙胺的剂量为10毫克/天，并在疗程开始后两周内根据个人症状增加到40毫克/天。阿托莫西汀组的参与者开始时服用阿托莫西汀的剂量为10毫克/天，并在治疗后两周内根据个人症状增加到60毫克/天。

图5-9的结果表明，治疗后，两组被试的网络游戏成瘾程度、抑郁得分、冲动性均有显著下降。甲基苯丙胺组在注意力方面的改善程度高于阿托莫西汀组，而阿托莫西汀组在情绪不稳定方面的改善程度高于甲基苯丙胺组。此外，冲动性被认为是改善网络游戏问题行为的最关键因素之一。注意缺陷多动障碍患者被认为存在奖赏缺乏综合征，包括前额叶皮层的功能降低和多巴胺神经传递的缺

乏。网络视频游戏可能通过激活大脑的多巴胺奖赏系统来治疗注意缺陷多动障碍儿童。

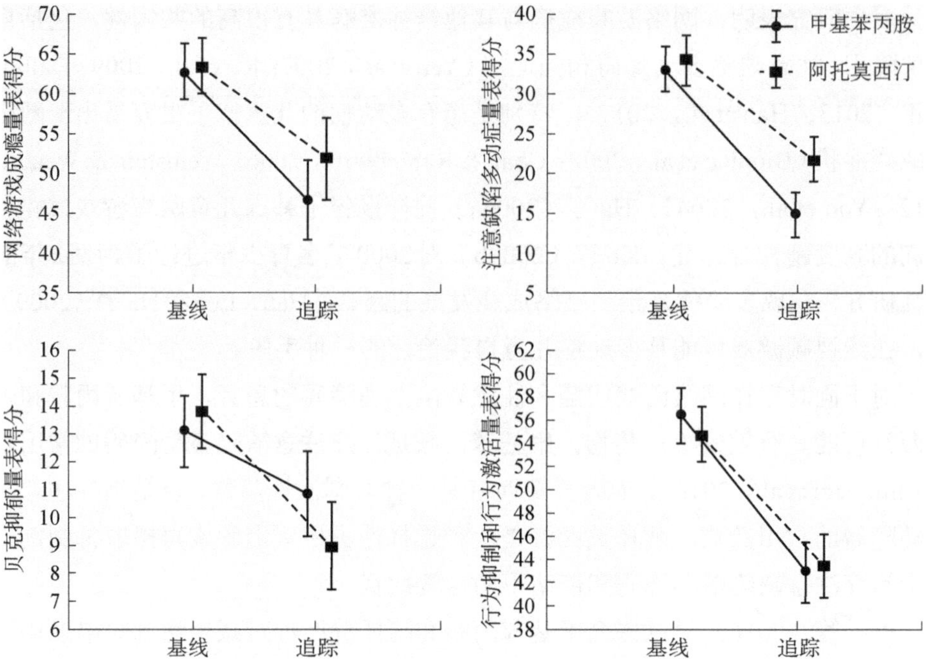

图5-9 注意缺陷多动障碍的青少年患者在接受为期3个月的药物治疗后的心理变化情况（Park et al.，2016）

这些发现表明，注意缺陷多动障碍与网络游戏成瘾之间存在关联，暗示注意缺陷多动障碍增加了个体患上网络游戏成瘾的风险。甲基苯丙胺和阿托莫西汀已成为注意缺陷多动障碍患者的首选治疗药物。甲基苯丙胺可能通过调节多巴胺神经递质过程来发挥作用，即增加多巴胺信号并减少核心的注意缺陷多动障碍症状，如注意力不集中、冲动和多动等（Volkow et al.，2001）。尽管甲基苯丙胺和阿托莫西汀的药物机制不同，但它们在改善冲动和网络游戏成瘾症状方面表现出类似的反应。这一发现表明，注意缺陷多动障碍合并的网络游戏成瘾症状可以通过主要的注意缺陷多动障碍药物刺激剂或非刺激剂来治疗，并且可以通过调节冲动行为来减轻症状。

（八）安非他酮对网络赌博成瘾和网络游戏成瘾患者大脑功能连接的影响

Bae等（2018）的研究探讨了安非他酮对网络赌博成瘾（ibGD）和网络游戏成

瘾患者大脑功能连接的影响。

该研究招募了16名网络游戏成瘾患者、15名网络赌博成瘾患者和15名健康被试。结果发现，经过12周的安非他酮治疗后，两组患者的临床症状（网络游戏成瘾或网络赌博成瘾的严重程度、抑郁症状、注意力和冲动性）均有所改善。该研究还发现，在网络赌博成瘾组，经过12周的治疗后，后扣带回皮层和右侧额中回与左侧后带回脑区之间存在功能相关性增强。与网络游戏成瘾组相比，网络赌博成瘾组的右侧额中回与左侧后带回之间的脑区功能连接增强。此外，在网络游戏成瘾组，默认模式网络内部以及默认模式网络与执行控制网络（ECN）之间的功能连接在治疗后均有所减弱；在网络赌博成瘾组中，默认模式网络内的功能连接减弱，而执行控制网络内的功能连接增强。该研究认为，安非他酮能有效改善网络游戏成瘾和网络赌博成瘾患者的临床症状，但两组患者在药效学上存在差异。

小　结

当前关于药物治疗网络游戏成瘾的研究已经初步证明了其疗效，但却在实验设计方面存在缺陷。首先，药物干预主要是指使用抗抑郁药物（如安非他酮和艾司西酞普兰）或者多动症干预药物（甲基苯丙胺、阿托莫西汀），但缺乏明确的对照实验组。实验针对的是原本患有相应精神疾病的个体，网络游戏成瘾只是他们的并发症。因此，药物干预更适合具有并发症的个体。所以，临床医生在应用时需十分谨慎，并进行细致的指导。其次，当前采用药物治疗网络游戏成瘾的研究主要集中在韩国的一个研究团队里，并未有大量研究团队展开相关研究，其有效性尚需更广泛的研究进行验证。采用药物治疗精神疾病本就需要十分谨慎，对游戏成瘾这种行为更要谨慎。

因此，未来研究在评估网络游戏成瘾的治疗效果，特别是将治疗人群扩展到网络游戏成瘾与其他精神病并发的群体时，应针对具体心理病理问题采取有针对性的药物治疗措施。另外，当前药物研究的持续时间短，无法全面记录药物治疗的持续效果，需要更长时间的观察和随访，以更好地阐明其潜在机制。

针对药物干预网络游戏成瘾的策略，在鼓励对其进行大胆探索的同时，必须对其可能产生的负面影响保持高度警惕。这些方法在很大程度上不具有可复制性，它们是否能产生作用，作用的效果如何，效果背后的机制如何等，这些研究问题目前尚不清晰。因此，临床应用这些药物时必须十分谨慎。

参 考 文 献

Anton-Stephens, D. (1954). Preliminary observations on the psychiatric uses of chlorpromazine (largactil). *The Journal of Mental Science*, *100* (419), 543-557. https://doi.org/10.1192/bjp.100.419.543

Bae, S., Hong, J. S., Kim, S. M., & Han, D. H. (2018). Bupropion shows different effects on brain functional connectivity in patients with internet-based gambling disorder and internet gaming disorder. *Frontiers in Psychiatry*, *9*, 130. https://doi.org/10.3389/fpsyt.2018.00130

Beck, A. T., Epstein, B., & Steer, A. R. (1988). An inventory for measuring clinical anxiety: Psychometric properties. *Journal of Consulting and Clinical Psychology*, *56*, 893-897. https://doi.org/10.1037//0022-006x.56.6.893

Beck, A. T., Ward, C. H., Mendelson, M., Mock, J., & Erbaugh, J. (1961). An inventory for measuring depression. *Archives of General Psychiatry*, *4*, 561-571. https://doi.org/10.1001/archpsyc.1961.01710120031004

Bedard, A. C., Jain, U., Johnson, S. H., & Tannock, R. (2007). Effects of methylphenidate on working memory components: Influence of measurement. *Journal of Child Psychology and Psychiatry, and Allied Disciplines*, *48* (9), 872-880. https://doi.org/10.1111/j.1469-7610.2007.01760.x

Bioulac, S., Arfi, L., & Bouvard, M. P. (2008). Attention deficit/hyperactivity disorder and video games: A comparative study of hyperactive and control children. *European Psychiatry*: *The Journal of the Association of European Psychiatrists*, *23* (2), 134-141. https://doi.org/10.1016/j.eurpsy.2007.11.002

Black, D. W., Arndt, S., Coryell, W. H., Argo, T., Forbush, K. T., Shaw, M. C., … Allen, J. (2007). Bupropion in the treatment of pathological gambling: A randomized, double-blind, placebo-controlled, flexible-dose study. *Journal of Clinical Psychopharmacology*, *27* (2), 143-150. https://doi.org/10.1097/01.jcp.0000264985.25109.25

Bush, G., Valera, E. M., & Seidman, L. J. (2005). Functional neuroimaging of attention-deficit/hyperactivity disorder: A review and suggested future directions. *Biological Psychiatry*, *57* (11), 1273-1284. https://doi.org/10.1016/j.biopsych.2005.01.034

Caplan, S. E. (2002). Problematic internet use and psychosocial well-being: Development of a theory-based cognitive-behavioral measurement instrument. *Computers in Human Behavior*, *18* (5), 553-575. https://doi.org/10.1016/S0747-5632 (02) 00004-3

Carver, C., & White, T. L. (1994). Behavioral inhibition, behavioral activation, and affective responses to impending reward and punishment: The BIS/BAS scales. *Journal of Personality and Social Psychology*, *67*, 319-333.https://doi.org/10.1037/0022-3514.67.2.319

Castel, A. D., Pratt, J., & Drummond, E. (2005). The effects of action video game experience on the time course of inhibition of return and the efficiency of visual search. *Acta Psychologica*, *119* (2),

217-230. https://doi.org/10.1016/j.actpsy.2005.02.004

Chan, P. A., & Rabinowitz, T. (2006). A cross-sectional analysis of video games and attention deficit hyperactivity disorder symptoms in adolescents. *Annals of General Psychiatry*, *5*, 16. https://doi.org/10.1186/1744-859X-5-16

Cho, S. I., Lee, Y. S., Baek, H. T., Han, D. H., & Park, D. B. (2010). Insecure attachment and impulsivity-inattention problem in adolescent with a high risk of substance or internet addiction. *Jounrnal of Korean Neuropsychiatric Association*, *49*, 393-400.

Cooper, B. R., Hester, T. J., & Maxwell, R. A. (1980). Behavioral and biochemical effects of the antidepressant bupropion (Wellbutrin) : Evidence for selective blockade of dopamine uptake in vivo. *The Journal of Pharmacology and Experimental Therapeutics*, *215* (1), 127-134.

Cooper, B. R., Wang, C. M., Cox, R. F., Norton, R., Shea, V., & Ferris, R. M. (1994). Evidence that the acute behavioral and electrophysiological effects of bupropion (Wellbutrin) are mediated by a noradrenergic mechanism. *Neuropsychopharmacology*, *11* (2), 133-141. https://doi.org/10.1038/npp.1994.43

Crilly, J. (2007). The history of clozapine and its emergence in the US market: A review and analysis. *History of Psychiatry*, *18* (1), 39-60. https://doi.org/10.1177/0957154X07070335

Dalbudak, E., Evren, C., Aldemir, S., Coskun, K. S., Ugurlu, H., & Yildirim, F. G. (2013). Relationship of internet addiction severity with depression, anxiety, and alexithymia, temperament and character in university students. *Cyberpsychology, Behavior and Social Networking*, *16* (4), 272-278. https://doi.org/10.1089/cyber.2012.0390

Dannon, P. N., Lowengrub, K., Musin, E., Gonopolski, Y., & Kotler, M. (2005). Sustained-release bupropion versus naltrexone in the treatment of pathological gambling: A preliminary blind-rater study. *Journal of Clinical Psychopharmacology*, *25* (6), 593-596. https://doi.org/10.1097/01.jcp.0000186867.90289.ed

Davis, R. A. (2001). A cognitive-behavioral model of pathological internet use. *Computers in Human Behavior*, *17* (2), 187-195. https://doi.org/10.1016/S0747-5632 (00) 00041-8

de Bartolomeis, A., Buonaguro, E. F., Latte, G., Rossi, R., Marmo, F., Iasevoli, F., & Tomasetti, C. (2017). Immediate-early genes modulation by antipsychotics: Translational implications for a putative gateway to drug-induced long-term brain changes. *Frontiers in Behavioral Neuroscience*, *11*, 240. https://doi.org/10.3389/fnbeh.2017.00240

de Bartolomeis, A., Avagliano, C., Vellucci, L., D'Ambrosio, L., Manchia, M., D'Urso, G., … Iasevoli, F. (2019). Translating preclinical findings in clinically relevant new antipsychotic targets: Focus on the glutamatergic postsynaptic density. Implications for treatment resistant schizophrenia. *Neuroscience and Biobehavioral Reviews*, *107*, 795-827. https://doi.org/10.1016/j.neubiorev.2019.08.019

de Lima, M. S., de Oliveira Soares, B. G., Reisser, A. A. P., & Farrell, M. (2002). Pharmacological treatment of cocaine dependence: A systematic review. *Addiction*, *97* (8), 931-949. https://doi.org/10.1046/j.1360-0443.2002.00209.x

Dell'Osso, B., Hadley, S., Allen, A., Baker, B., Chaplin, W. F., & Hollander, E. (2008). Escitalopram in the treatment of impulsive-compulsive internet usage disorder: An open-label trial followed by a double-blind discontinuation phase. *The Journal of Clinical Psychiatry*, *69* (3), 452-456. https://doi.org/10.4088/jcp.v69n0316

Douglas, A. C., Mills, J. E., Niang, M., Stepchenkova, S., Byun, S., Ruffini, C., … Atallah, M. (2008). Internet addiction: Meta-synthesis of qualitative research for the decade 1996-2006. *Computers in Human Behavior*, *24* (6), 3027-3044. https://doi.org/10.1016/j.chb.2008.05.009

DuPaul, G. J. (1991). Parent and teacher ratings of ADHD symptoms: Psychometric properties in a community-based sample. *Journal of Clinical Child and Adolescent Psychology, 20*, 245-253. https://doi.org/10.1207/s15374424jccp2003_3

Faraone, S. V., Perlis, R. H., Doyle, A. E., Smoller, J. W., Goralnick, J. J., Holmgren, M. A., & Sklar, P. (2005). Molecular genetics of attention-deficit/hyperactivity disorder. *Biological Psychiatry*, *57* (11), 1313-1323. https://doi.org/10.1016/j.biopsych.2004.11.024

Gao, Y., Li, L. P., Kim, J. H., Congdon, N., Lau, J., & Griffiths, S. (2010). The impact of parental migration on health status and health behaviours among left behind adolescent school children in China. *BMC Public Health*, *10* (1), 56. https://doi.org/10.1186/1471-2458-10-56

Golmirzaei, J., Mahboobi, H., Yazdanparast, M., Mushtaq, G., Kamal, M. A., & Hamzei, E. (2016). Psychopharmacology of attention-deficit hyperactivity disorder: Effects and side effects. *Current Pharmaceutical Design*, *22* (5), 590-594. https://doi.org/10.2174/1381612822666151124235816

Green, C. S., & Bavelier, D. (2003). Action video game modifies visual selective attention. *Nature*, *423* (6939), 534-537. https://doi.org/10.1038/nature01647

Green, C. S., & Bavelier, D. (2007). Action-video-game experience alters the spatial resolution of vision. *Psychological Science*, *18* (1), 88-94. https://doi.org/10.1111/j.1467-9280.2007.01853.x

Grunder, G., Carlsson, A., & Wong, D. F. (2003). Mechanism of new antipsychotic medications: Occupancy is not just antagonism. *Archives of General Psychiatry*, *60* (10), 974-977. https://doi.org/10.1001/archpsyc.60.10.974

Ha, J. H., Yoo, H. J., Cho, I. H., Chin, B., Shin, D., & Kim, J. H. (2006). Psychiatric comorbidity assessed in Korean children and adolescents who screen positive for internet addiction. *The Journal of Clinical Psychiatry*, *67* (5), 821-826. https://doi.org/10.4088/jcp.v67n0517

Ha, J. H., Kim, S. Y., Bae, S. C., Bae, S., Kim, H., Sim, M., … Cho, S. C. (2007). Depression and internet addiction in adolescents. *Psychopathology*, *40* (6), 424-430. https://doi.org/10.1159/000107426

Hall, A. S., & Parsons, J. (2001). Internet addiction: College student case study using best practices in cognitive behavior Therapy. *Journal of Mental Health Counseling*, *23* (4).

Han, D. H., & Renshaw, P. F. (2012). Bupropion in the treatment of problematic online game play in patients with major depressive disorder. *Journal of Psychopharmacology*, *26* (5), 689-696. https://doi.org/10.1177/0269881111400647

Han, D. H., Hwang, J. W., & Renshaw, P. F. (2010). Bupropion sustained release treatment decreases craving for video games and cue-induced brain activity in patients with internet video game addiction. *Experimental and Clinical Psychopharmacology*, *18* (4), 297-304. https://doi.org/10.1037/a0020023

Han, D. H., Kim, S. M., Lee, Y. S., & Renshaw, P. F. (2012). The effect of family therapy on the changes in the severity of on-line game play and brain activity in adolescents with on-line game addiction. *Psychiatry Research*, *202* (2), 126-131. https://doi.org/10.1016/j.pscychresns.2012.02.011

Han, D. H., Kim, S. M., Bae, S., Renshaw, P. F., & Anderson, J. S. (2017). Brain connectivity and psychiatric comorbidity in adolescents with internet gaming disorder. *Addiction Biology*, *22* (3), 802-812. https://doi.org/10.1111/adb.12347

Han, D. H., Lee, Y. S., Yang, K. C., Kim, E. Y., Lyoo, I. K., & Renshaw, P. F. (2007). Dopamine genes and reward dependence in adolescents with excessive internet video game play. *Journal of Addiction Medicine*, *1* (3), 133-138. https://doi.org/10.1097/ADM.0b013e31811f465f

Han, D. H., Lee, Y. S., Na, C., Ahn, J. Y., Chung, U. S., Daniels, M. A., … Renshaw, P. F. (2009). The effect of methylphenidate on internet video game play in children with attention-deficit/hyperactivity disorder. *Comprehensive Psychiatry*, *50* (3), 251-256. https://doi.org/10.1016/j.comppsych.2008.08.011

Hays, J. T., Hurt, R. D., Decker, P. A., Croghan, I. T., Offord, K. P., & Patten, C. A. (2009). A randomized, controlled trial of bupropion sustained-release for preventing tobacco relapse in recovering alcoholics. *Nicotine & Tobacco Research*, *11* (7), 859-867. https://doi.org/10.1093/ntr/ntp077

Iasevoli, F., Buonaguro, E. F., Avagliano, C., Barone, A., Eramo, A., Vellucci, L., & de Bartolomeis, A. (2020). The effects of antipsychotics on the synaptic plasticity gene homer1a depend on a combination of their receptor profile, dose, duration of treatment, and brain regions targeted. *International Journal of Molecular Sciences*, *21* (15), 5555. https://doi.org/10.3390/ijms21155555

Jensen, P. S. (2000). Commentary: The NIH ADHD consensus statement: Win, lose, or draw? *Journal of the American Academy of Child and Adolescent Psychiatry*, *39* (2), 194-197. https://doi.org/10.1097/00004583-200002000-00019

Kim, K., Ryu, E., Chon, M. Y., Yeun, E. J., Choi, S. Y., Seo, J. S., & Nam, B. W. (2006). Internet addiction in Korean adolescents and its relation to depression and suicidal ideation: A questionnaire survey. *International Journal of Nursing Studies*, *43* (2), 185-192. https://doi.org/10.1016/j.ijnurstu.2005.02.005

Kim, S. M., Han, D. H., Lee, Y. S., & Renshaw, P. F. (2012). Combined cognitive behavioral therapy and bupropion for the treatment of problematic on-line game play in adolescents with major depressive disorder. *Computers in Human Behavior*, *28* (5), 1954-1959. https://doi.org/10.1016/j.chb.2012.05.015

Kirley, A., Hawi, Z., Daly, G., McCarron, M., Mullins, C., Millar, N., … Gill, M. (2002). Dopaminergic system genes in ADHD: Toward a biological hypothesis. *Neuropsychopharmacology*, *27* (4), 607-619. https://doi.org/10.1016/S0893-133X (02) 00315-9

Ko, C. H., Yen, J. Y., Chen, C. S., Yeh, Y. C., & Yen, C. F. (2009). Predictive values of psychiatric symptoms for internet addiction in adolescents: A 2-year prospective study. *Archives of Pediatrics & Adolescent Medicine*, *163* (10), 937-943. https://doi.org/10.1001/archpediatrics.2009.159

Koepp, M. J., Gunn, R. N., Lawrence, A. D., Cunningham, V. J., Dagher, A., Jones, T., … Grasby, P.

M. (1998). Evidence for striatal dopamine release during a video game. *Nature*, *393* (6682), 266-268. https://doi.org/10.1038/30498

Kraut, R., Patterson, M., Lundmark, V., Kiesler, S., Mukopadhyay, T., & Scherlis, W. (1998). Internet paradox. A social technology that reduces social involvement and psychological well-being? *The American Psychologist*, *53* (9), 1017-1031. https://doi.org/10.1037//0003-066x.53.9.1017

Lee, Y. S., Han, D. H., Yang, K. C., Daniels, M. A., Na, C., Kee, B. S., & Renshaw, P. F. (2008). Depression like characteristics of 5HTTLPR polymorphism and temperament in excessive internet users. *Journal of Affective Disorders*, *109* (1-2), 165-169. https://doi.org/10.1016/j.jad.2007.10.020

Levin, E. D., Conners, C. K., Sparrow, E., Hinton, S. C., Erhardt, D., Meck, W. H., … March, J. (1996). Nicotine effects on adults with attention-deficit/hyperactivity disorder. *Psychopharmacology*, *123* (1), 55-63. https://doi.org/10.1007/BF02246281

Lou, H. C., Andresen, J., Steinberg, B., McLaughlin, T., & Friberg, L. (1998). The striatum in a putative cerebral network activated by verbal awareness in normals and in ADHD children. *European Journal of Neurology*, *5* (1), 67-74. https://doi.org/10.1046/j.1468-1331.1998.510067.x

Mathers, M., Canterford, L., Olds, T., Hesketh, K., Ridley, K., & Wake, M. (2009). Electronic media use and adolescent health and well-being: Cross-sectional community study. *Academic Pediatrics*, *9* (5), 307-314. https://doi.org/10.1016/j.acap.2009.04.003

Meltzer, H. Y. (2000). Multireceptor atypical antipsychotic drugs. In B. A. Ellenbroek, & A. R. Cools (Eds.), *Atypical Antipsychotics* (pp. 191-213). Basel: Birkhäuser Verlag. https://doi.org/10.1007/978-3-0348-8448-8_10

Mihailescu, S., & Drucker-Colín, R. (2000). Nicotine, brain nicotinic receptors, and neuropsychiatric disorders. *Archives of Medical Research*, *31* (2), 131-144. https://doi.org/10.1016/s0188-4409 (99) 00087-9

Miller, R. (2009). Mechanisms of action of antipsychotic drugs of different classes, refractoriness to therapeutic effects of classical neuroleptics, and individual variation in sensitivity to their actions: Part I. *Current Neuropharmacology*, *7* (4), 302-314. https://doi.org/10.2174/157015909790031229

Moody, E. J. (2001). Internet use and its relationship to lonelines. *Cyberpsychology & Behavior*, *4* (3), 393-401. https://doi.org/10.1089/109493101300210303

Nam, B., Bae, S., Kim, S. M., Hong, J. S., & Han, D. H. (2017). Comparing the effects of bupropion and escitalopram on excessive internet game play in patients with major depressive disorder. *Clinical Psychopharmacology and Neuroscience*, *15* (4), 361-368. https://doi.org/10.9758/cpn.2017.15.4.361

Park, J. H., Lee, Y. S., Sohn, J. H., & Han, D. H. (2016). Effectiveness of atomoxetine and methylphenidate for problematic online gaming in adolescents with attention deficit hyperactivity disorder. *Human Psychopharmacology*, *31* (6), 427-432. https://doi.org/10.1002/hup.2559

Park, S. (2009). The association between internet use and depressive symptoms among South Korean adolescents. *Journal for Specialists in Pediatric Nursing*, *14* (4), 230-238. https://doi.org/10.1111/j.1744-6155.2009.00191.x

Pettinati, H. M., Kranzler, H. R., & Madaras, J. (2003). The status of serotonin-selective pharmacotherapy in the treatment of alcohol dependence. *Recent Developments in Alcoholism*, *16*,

247-262. https://doi.org/10.1007/0-306-47939-7_18

Poling, J., Oliveto, A., Petry, N., Sofuoglu, M., Gonsai, K., Gonzalez, G., … Kosten, T. R. (2006). Six-month trial of bupropion with contingency management for cocaine dependence in a methadone-maintained population. *Archives of General Psychiatry*, *63* (2), 219-228. https://doi.org/10.1001/archpsyc.63.2.219

Shapira, N. A., Goldsmith, T. D., Keck, P. E., Khosla, U. M., & McElroy, S. L. (2000). Psychiatric features of individuals with problematic internet use. *Journal of Affective Disorders*, *57* (1-3), 267-272. https://doi.org/10.1016/s0165-0327 (99) 00107-x

So, Y. K., Kim, Y. S., Noh, J. S., Choi, N. K., & Ko, Y. J. (2002). The reliability and validity of Korean parent and teacher ADHD Rating Scale. *Jounrnal of Korean Neuropsychiatric Association*, *41* (2), 283-289.

Song, J., Park, J. H., Han, D. H., Roh, S., Son, J. H., Choi, T. Y., … Lee, Y. S. (2016). Comparative study of the effects of bupropion and escitalopram on internet gaming disorder. *Psychiatry and Clinical Neurosciences*, *70* (11), 527-535. https://doi.org/10.1111/pcn.12429

Stahl S. M. (2013). Stahl's Essential Psychopharmacology: Neuroscientific Basis and Practical Applications. Cambridge: Cambridge University Press.

Stahl, S. M., Pradko, J. F., Haight, B. R., Modell, J. G., Rockett, C. B., & Learned-Coughlin, S. (2004). A review of the neuropharmacology of bupropion, a dual norepinephrine and dopamine reuptake inhibitor. *Primary Care Companion to the Journal of Clinical Psychiatry*, *6* (4), 159-166. https://doi.org/10.4088/pcc.v06n0403

Tarcijonas, G., & Sarpal, D. K. (2019). Neuroimaging markers of antipsychotic treatment response in schizophrenia: An overview of magnetic resonance imaging studies. *Neurobiology of Disease*, *131*, 104209. https://doi.org/10.1016/j.nbd.2018.06.021

Thase, M. E., Salloum, I. M., & Cornelius, J. D. (2001). Comorbid alcoholism and depression: Treatment issues. *The Journal of Clinical Psychiatry*, *62* (20), 32-41.

Volkow, N. D., Wang, G., Fowler, J. S., Logan, J., Gerasimov, M., Maynard, L., … Franceschi, D. (2001). Therapeutic doses of oral methylphenidate significantly increase extracellular dopamine in the human brain. *The Journal of Neuroscience*, *21* (2), RC121. https://doi.org/10.1523/JNEUROSCI.21-02-j0001.2001

Weinstein, A., & Weizman, A. (2012). Emerging association between addictive gaming and attention-deficit/hyperactivity disorder. *Current Psychiatry Reports*, *14* (5), 590-597. https://doi.org/10.1007/s11920-012-0311-x

Yen, J. Y., Yen, C. F., & Chen, C. C. (2006). Family factors of internet addiction and substance use experience in Taiwan adolescents. *Cyberpsychology & Behavior*, *10*, 323-329. https://doi.org/10.1089/cpb.2006.9948

Yen, J. Y., Ko, C. H., Yen, C. F., Wu, H. Y., & Yang, M. J. (2007). The comorbid psychiatric symptoms of internet addiction: Attention deficit and hyperactivity disorder (ADHD), depression, social phobia, and hostility. *The Journal of Adolescent Health*, *41* (1), 93-98. https://doi.org/10.1016/j.jadohealth.2007.02.002

Yen, J. Y., Liu, T. L., Wang, P. W., Chen, C. S., Yen, C. F., & Ko, C. H. (2017). Association between internet gaming disorder and adult attention deficit and hyperactivity disorder and their correlates: Impulsivity and hostility. *Addictive Behaviors*, *64*, 308-313. https://doi.org/10.1016/j.addbeh.2016.04.024

Yokoi, F., Gründer, G., Biziere, K., Stephane, M., Dogan, A. S., Dannals, R. F., … Wong, D. F. (2002). Dopamine D2 and D3 receptor occupancy in normal humans treated with the antipsychotic drug aripiprazole (OPC 14597) : A study using positron emission tomography and [11C] raclopride. *Neuropsychopharmacology*, *27* (2), 248-259. https://doi.org/10.1016/S0893-133X (02) 00304-4

Yoo, H. J., Cho, S. C., Ha, J., Yune, S. K., Kim, S. J., Hwang, J., … Lyoo, I. K. (2004). Attention deficit hyperactivity symptoms and internet addiction. *Psychiatry and Clinical Neurosciences*, *58* (5), 487-494. https://doi.org/10.1111/j.1440-1819.2004.01290.x

Young, K. S. (1998). Internet addiction: The emergence of a new clinical disorder. *Cyberpsychology & Behavior*, *1*, 237-244. https://doi.org/10.1089/CPB.1998.1.237

第六章

神经调控策略在网络游戏成瘾干预中的应用及其认知神经机制

一、什么是神经调控策略

神经调控（neuromodulation）是指通过电、电磁、化学或光遗传学方法与神经系统进行连接并对其进行干预，从而达到长期激活、抑制、改变和/或调节神经活动的目的（Krames et al.，2009）。目前，神经调控是一个快速发展的研究领域，涵盖了治疗神经疾病和精神疾病的各种植入式与非侵入式技术方法，已被应用于治疗运动障碍（帕金森病、肌张力障碍、震颤）、抽动秽语综合征、强迫症、抑郁症、耳鸣、感觉障碍、膀胱控制、癫痫、头痛、慢性疼痛、痉挛、中风和脊髓损伤等疾病。此外，研究者不断完善现有技术，并开发新的方法来调节神经系统，用于缓解现有问题和新出现的问题，如记忆障碍、精神分裂症、成瘾、饮食失调、听觉亢进和脑外伤等。

神经系统是一个动态实体，神经调控的应用可能取决于大脑的可塑性和状态。神经调控在治疗中并不是不可替代的，比如口服药物和消融神经外科手术可以达到类似的治疗效果，但神经调控比口服药物更精准，并且具有消融神经手术所不具备的可逆性。因此，它仍有不可替代之处。

神经调控涉及大量的实验因素和参数，不同设置可能带来不同的干预效果。影响神经调控疗法短期和长期效果的因素有很多，如临床疾病种类、患者的解剖结构、并发症、所针对的神经通路、刺激方式、刺激持续时间以及所应用的刺激设置，刺激设置又包括振幅、极性、频率、脉宽以及与潜在神经活动相关的相位。

这些影响因素使得探究神经调控的生理机制具有挑战性，同时也有着重要意义。

二、几种主要的神经调控策略

目前，几种主要的神经调控策略包括脑深部刺激（DBS）、颅内皮质刺激（ICS）、经颅直流电刺激（tDCS）和经颅磁刺激（TMS）。虽然这些都被称为神经调控策略，但因为原理不一样，作用的机制也存在区别。

（一）脑深部刺激

脑深部刺激是一种颅内神经电调控疗法，已获得美国食品和药物管理局（Food and Drug Administration，FDA）批准用于治疗药物难治性帕金森病和本质性震颤等。脑深部刺激疗法是通过手术将电极导线植入脑内的神经核或纤维束中（植入过程中的精确定位至关重要，因此医生会将神经外科立体定向导航与术前核磁共振成像和术中微电极绘图相结合，最终将脉冲发生器精确植入大脑的特定结构中）。完成这些植入手术后，临床医生会为患者调整药物剂量，并通过远程监控技术配置脉冲发生器的参数，为患者提供最佳的治疗方案。

在作用原理上，脑深部刺激是通过对脑组织的小区域施加电流，改变受刺激电极附近细胞和纤维的细胞外电位。在脑深部刺激过程中，被刺激的神经核团中大部分神经元的放电频率都会下降（Boraud et al.，1996）。对这种效应的解释有多种，包括去极化阻滞、抑制性突触激活和兴奋性突触抑制。与此相反，刺激目标点下游的大多数记录显示出特定的调制模式，但这并不能表明刺激的核团内一定发生了抑制效应。例如，在丘脑底核（STN）脑深部刺激治疗帕金森病的病例中，尽管投射到苍白球的眼下核兴奋性神经元受到抑制，但苍白球的放电频率却增加了（Hashimoto et al.，2003）。

（二）颅内皮质刺激

颅内皮质刺激首先在大脑皮层上方或内部植入电极阵列，然后通过这些电极提供电刺激（Lefaucheur，2012）。它已成为治疗癫痫、耳鸣、疼痛、抑郁、中风、震颤、肌张力障碍和帕金森病等症状的一种日益流行的方法，具体刺激参数可以参考脑深部刺激治疗中使用的参数。目前，硬膜外电极阵列被放置在颅骨和硬脑膜之间，是临床上最常用的电极阵列。因为硬膜下阵列植入在硬脑膜和皮质表面之间，而硬膜外阵列与皮质表面分离，因此其神经元激活的空间精度很可能低于硬膜下阵列（Wongsarnpigoon & Grill，2012）。

参数上，颅内皮质刺激电极激活皮层神经元的阈值取决于多个因素，包括刺激波形、电极的正负极性、电极的几何形状和配置，以及电极阵列与皮层列和层内神经元过程的距离（Wongsarnpigoon & Grill，2012）。双极电极配置能更有效地将刺激的调节作用限制在电极正下方的区域。然而，由于皮质列中轴突束的投射，皮质内可能会出现一个稀疏的半阴影区域，其影响范围超出刺激电极的紧邻区域（Histed et al.，2009）。双极电极时两组电极下的神经元群都会受到调节，因此考虑双极配置中阳极和阴极的位置也很重要（Wongsarnpigoon & Grill，2012）。

（三）经颅直流电刺激

无论是脑深部刺激，还是颅内皮质刺激，都需要通过手术过程，将相应的电极等植入大脑深部或皮层，但更多研究者和临床医生都希望开发出对人无创伤的神经调控方法。

经颅直流电刺激是一种非侵入性技术，通过在头皮上施加低强度的直流电来调节大脑皮层神经元的活性，促进脑功能恢复。这种技术通过两个或多个电极释放微弱的电流，调节神经细胞跨膜电位。阴极刺激通过神经元超极化来降低皮层兴奋性，而阳极刺激则通过阈下刺激神经元去极化来提高皮层兴奋性。从2012年以来，经颅直流电刺激已成为一种流行的调节大脑皮层兴奋性的非侵入性技术。参数上，经颅直流电刺激的电流强度通常为0.5—2毫安，每次治疗时间为10—20分钟（Nitsche et al.，2008）。大多数情况下，在经颅直流电刺激过程中，电流会从负极化的阴极流向正极化的阳极（Zaghi et al.，2010）。这种头皮表面的微弱电流能引起神经元自发活动，兴奋性也会发生持久的亚阈值变化（Brunoni et al.，2012）。对于主要树突沿着电流梯度方向的皮层神经元（如锥体神经元），经颅直流电刺激会导致该类神经细胞内电位的反相梯度，影响跨膜电位分布、兴奋性（Chan & Nicholson，1986；Gluckman et al.，1996）和动作电位的启动位置（Bikson et al.，2004）。然而，对于没有主轴的神经元（如星状细胞）或结构紧凑的神经元（如颗粒细胞），无论它们的场方向如何，可能都不会受到经颅直流电刺激的调节（Jefferys et al.，2003）。对于锥体细胞，阳极刺激通常通过神经元静息膜电位的强直性去极化产生促进作用。阴极刺激则会导致神经元的强直性超极化，并对下层神经元群产生整体抑制作用（Nitsche & Paulus，2000）。虽然目前关于经颅直流电刺激的研究未发现其存在重大风险，但通过头皮的微弱电流可能会导致瘙痒、刺痛或灼烧感（Brunoni et al.，2011）。

（四）经颅磁刺激

经颅磁刺激技术通过给一组高压大容量的电容器充电，并用电子开关向磁场刺激线圈放电，刺激线圈表面产生脉冲磁场。根据电磁感应原理，线圈下方的大脑皮层会产生反向感应电流，从而改变细胞膜电位。当感应电流强度超过神经组织的兴奋阈值时，就会引起局部大脑神经细胞去极化，从而产生兴奋性动作电位，出现一系列生化反应。

重复经颅磁刺激（rTMS）是在某一特定大脑皮层每次输出两个以上成串的有规律的刺激脉冲的过程。重复经颅磁刺激主要是通过改变刺激频率来达到增强或抑制局部大脑皮层功能的治疗目的。重复经颅磁刺激在刺激大脑后引起的皮层可塑性的变化主要表现为长时程增强（LTP）和长时程抑制（LTD）。长时程增强可以增加突触的连接强度并维持较长的时间，长时程抑制则会造成突触连接强度的减弱。突触可塑性是目前认可的重复经颅磁刺激的主要作用机制，不少研究表明这种变化可能与突触后膜上的NMDA受体有关（Nishiyama et al.，2000）。有研究发现，使用高频重复经颅磁刺激来刺激成年大鼠的额叶可以提升中脑边缘多巴胺受体的释放水平（Keck et al.，2002），此外，中枢神经系统的谷氨酸和γ-氨基丁酸（γ-aminobutyric acid，GABA）的合成与释放也会受到重复经颅磁刺激的影响。该机制可能会为那些与递质释放相关疾病的治疗提供参考，如药物成瘾。此外，重复经颅磁刺激还能通过影响神经营养因子的表达来发挥神经营养作用，高频和低频均可引起神经营养因子表达的变化（武学庆等，2018），其神经保护作用表现在它可以促进细胞生长和抑制细胞凋亡，促进细胞生长主要通过促进细胞增殖来实现，如Feng等（2012）发现重复经颅磁刺激能促进海马区细胞的增殖，而抑制细胞凋亡则通过调节与细胞凋亡相关蛋白的表达水平来实现。

由于经颅磁刺激具有无痛、无创伤性的特点，其在临床医学和科学研究中的应用（如抑郁症、成瘾等疾病的治疗和研究）越来越多。采用重复经颅磁刺激来治疗抑郁症目前已得到了广泛认可，通过采用高频重复经颅磁刺激刺激患者左侧背外侧前额叶皮层来治疗耐药性重度抑郁症的方式在临床上获得了A级（有确切疗效）推荐，并且获得了美国食品和药物管理局的批准。使用重复经颅磁刺激刺激患者的布罗德曼4区，可改善帕金森病患者的认知和行为功能（Sommer et al.，

2002）。低频的重复经颅磁刺激可降低肌张力患者的皮层兴奋性，减轻书写困难的症状（Siebner et al.，1999）。经过一段时间的重复经颅磁刺激治疗后，患有运动功能障碍的脑卒中患者的运动功能有明显改善（Liepert，2003）。此外，重复经颅磁刺激在治疗失语症、癫痫等方面均有显著疗效（Naeser et al.，2005；Tergau et al.，1999）。它也被尝试用在网络游戏成瘾的干预中。一些研究发现采用重复经颅磁刺激来刺激左侧背外侧前额叶皮层对治疗网络游戏成瘾有一定的效果（Salling & Martinez，2016）。

三、精神疾病中神经调节策略的应用

（一）脑深部刺激的应用

目前，脑深部刺激疗法正迅速向广泛的临床应用扩展。一项研究使用双盲随机实验来探讨丘脑前核的脑深部刺激对癫痫发作频率的影响，此研究进行了治疗后3个月和25个月的追踪评估，结果发现，虽然癫痫发作频率平均减少了40%，但81名患者中只有6人摆脱了癫痫发作（Fisher et al.，2010）。针对穹窿和Papez回路的脑深部刺激临床实验也在进行中，该疗法有可能延缓或逆转阿尔茨海默病的发展（Laxton et al.，2010）。一方面，这些实验的成功为脑深部刺激的治疗提供了支持；另一方面，不同实验的结果不一致以及参与人数较少，所以针对其他脑部疾病的治疗研究仍处于实验阶段。截至目前，美国食品和药物管理局尚未完全批准在美国使用该疗法。

（二）颅内皮质刺激的应用

颅内皮质刺激主要应用在对癫痫和耳鸣等症状的治疗上。颅内皮质刺激作用于癫痫病灶的方式已被证明可以抑制脑电活动和癫痫发作。尽管NeuroPace闭环系统已被证明可将癫痫发作频率降低约40%（Morrell & RNS System in Epilepsy Study Group，2011；Rolston et al.，2011），与前述脑深部刺激临床实验（Fisher et al.，2010）的效果相似，但用颅内皮质刺激治疗癫痫时面临的一个独特挑战是癫痫发作往往是短暂的。开环周期性刺激可能对某些病症有效，但也可能会加重其他病症。而闭环周期性刺激可以根据病情变化确定刺激何时有效，并可调节刺激强度。此外，尽管颅内皮质刺激技术的未来应用前景广阔，但尚未获得美国食品和药物管理局的批准。因此，未来还需要通过进一步的研究来确定不同类型患者群体的独特性和共同性，探究针对某一疾病的一致的刺激位置和策略，从而使颅内皮质刺激成为一种标准的治疗方法。

（三）经颅直流电刺激的应用

经颅直流电刺激已经被应用于包括精神分裂症、成瘾和抑郁症在内的多种神经精神疾病的治疗中。比如，一项经颅直流电刺激研究发现，在对左侧背外侧前额叶皮层进行阳极（兴奋性）刺激的同时，对左侧颞顶叶交界处进行阴极（抑制性）刺激，可以显著减轻精神分裂症患者的幻听、幻视症状（Brunoni et al.，2012）。另外，前额叶皮层功能的减退与精神分裂症患者的许多学习和记忆问题有关，这进一步表明前额叶皮层有望成为经颅直流电刺激的干预目标。对左侧背外侧前额叶皮层的阳极经颅直流电刺激能够改善精神分裂症亚组患者的概率联想学习（Vercammen et al.，2011）。总之，利用经颅直流电刺激治疗精神分裂症的尝试凸显了该疾病的异质性以及与神经调节干预相关的挑战。同时，经颅直流电刺激也被研究用于治疗重度抑郁症，但其疗效因研究结果不一而存在争议：一些研究指出对左侧背外侧前额叶皮层进行阳极经颅直流电刺激可在治疗后30天内显著降低抑郁评分，但另一些研究则发现经颅直流电刺激对患者的抑郁评分没有显著影响（参照综述论文：Demirtas-Tatlidede et al.，2013）。

（四）经颅磁刺激的应用

经颅磁刺激疗法已被用于抑郁症、中风康复、疼痛和神经精神障碍等疾病的干预治疗中。抗药性抑郁症仍是经颅磁刺激疗法唯一获得美国食品和药物管理局批准的临床应用领域。基于抑郁症患者大脑功能神经影像学的研究结果，大量研究使用经颅磁刺激来治疗有药物耐受性的抑郁症患者（Drevets，2001；Fitzgerald et al.，2006；Leppänen，2006），这类患者往往表现出左侧背外侧前额叶皮层的活动减少，以及皮层和皮层下的连接激活模式异常。迄今为止，经颅磁刺激研究主要调查了应用于左侧前额叶皮层的高频（兴奋性）经颅磁刺激或应用于右侧前额叶皮层的低频（抑制性）经颅磁刺激，目的是通过跨胼胝体连接解除对左侧前额叶皮层的抑制（Pascual-Leone et al.，1996）。以随机双盲假对照的方式对左侧背外侧前额叶皮层进行低频经颅磁刺激的研究显示了相互矛盾的结果，但大多数研究报告了统计学上的疗效，即患者的症状在临床水平上有中等程度的改善（Fitzgerald et al.，2009；Kozel & George，2002）。尽管多项研究表明经颅磁刺激疗法对多种疾病具有良好的疗效，但由于公布的结果不一致，经颅磁刺激疗法的效果仍存在争议。

四、神经调控刺激策略在成瘾干预中的应用

有研究尝试使用经颅直流电刺激减少健康人群的冲动性和冒险行为。与控制组相比，有药物滥用问题的人通常表现出更多的冲动性和冒险行为，这是由于他们自上而下的认知控制能力存在缺陷。双侧刺激背外侧前额叶皮层，还可显著减少健康人的模糊冒险行为（Fecteau et al.，2007b）。这些令人鼓舞的早期结果表明，经颅直流电刺激确实能够减少与药物滥用相关的冲动行为，由此鼓励研究者进一步开发针对成瘾的经颅直流电刺激疗法。

在众多关于成瘾的研究中，研究者发现通过重复经颅磁刺激来刺激不同的脑区会产生不同的治疗效果。不同的脑区掌管不同的功能，因此，同样的方案作用于不同脑区可能会产生不同的效果。例如，1赫兹的低频重复经颅磁刺激作用于左侧眶额叶皮层可增强正常人对正性情绪的记忆（Schutter & van Honk，2006），作用于右侧背外侧前额叶皮层可明显降低患者的焦虑水平（谢舟明等，2014）。10赫兹的高频重复经颅磁刺激作用于大脑皮层的初级运动区可以提高被试的运动学习能力（Sczesny-Kaiser et al.，2014），刺激楔前叶可以增强记忆力（Koch et al.，2012）等。前额叶皮层在大脑活动的众多功能中发挥着重要作用，如认知控制、问题解决、信息处理以及行为、情绪控制等。其中，背外侧前额叶皮层在冲动抑制和奖赏环路中发挥着关键作用，该脑区是目前治疗物质成瘾的常见脑区。在既有关于通过刺激背外侧前额叶皮层来治疗成瘾的众多研究中，大部分研究发现成瘾者的渴求程度显著下降（Aleman，2013；Hovington et al.，2013）。不过也有研究利用经颅磁刺激来刺激额前回（Rose et al.，2011）和背侧前扣带皮层（de Ridder et al.，2011），发现被试的渴求程度也有一定程度的降低，但目前国内成瘾研究中使用的刺激部位主要集中于左侧背外侧前额叶皮层，尚无研究直接比较刺激不同脑区的效果。

五、当前应用神经调控干预游戏成瘾的研究

（一）右侧背外侧前额叶皮层电刺激在改善游戏成瘾方面的作用

成瘾理论认为，追求奖赏体验和缓解负面情绪是成瘾行为的两个重要驱动因素

（Baker et al.，2004；Nestler，2005；Potenza，2014）。但是，如果不能有效控制这两种动机，个体就会表现出过度追求奖赏体验和消极情绪调节受损的现象，从而导致强迫性成瘾行为（Goldstein & Volkow，2011；Volkow et al.，2016），也会导致人们难以抑制对成瘾相关奖励（如特定物质或活动）的强烈渴求（Kober et al.，2010；Yang et al.，2017）。

不但如此，对戒断症状和负面事件的超敏反应可能会诱发或增加渴求（Khosravani et al.，2017；Milivojevic & Sinha，2018）。与之相对，涉及渴求调节或消极情绪调节训练的治疗方法能有效缓解成瘾行为（Azizi et al.，2010；Dolan et al.，2013），通过正念冥想提升个体对消极情绪调节能力能减少其药物使用行为（Tang et al.，2016）。因此，针对渴求和负面情绪调节能力的干预可能是治疗成瘾的重要策略。

研究发现，调节渴求与调节消极情绪可能具有相似的神经基础，都涉及前额叶皮层的执行控制网络。成瘾者在调节渴求和负面情绪状态方面表现出缺陷（Naqvi et al.，2015；Yip et al.，2018），并且他们的前额叶皮层的激活水平相对较低（Albein-Urios et al.，2014；Yip et al.，2018）。负面情绪的变化与前额叶皮层激活水平的提高有关（Buhle et al.，2014；Goldin et al.，2008）。当指导吸烟者利用认知重评策略来调节吸烟相关线索引起的渴求后，研究发现渴求程度的降低与背外侧前额叶皮层的激活水平提高和腹侧纹状体的激活水平降低有关（Kober et al.，2010）。

经颅直流电刺激是一种非侵入性技术，可通过阳极刺激增强目标皮层区域的激活（Lefaucheur et al.，2017）。这一策略对网络游戏成瘾的干预具有潜在合理性。首先，网络游戏成瘾者经常接触到与网络游戏相关的线索，这使得传统成瘾治疗策略中通过回避线索（如远离毒品相关刺激）来抑制线索诱发的渴求变得更加困难。其次，研究发现，与药物成瘾患者一样，网络游戏成瘾患者表现出对奖赏处理和负性情绪调节的认知控制能力受损（Yao et al.，2017；Yip et al.，2018），特别是在面对渴求线索时表现出前额叶皮层激活不足（Albein-Urios et al.，2014；Naqvi et al.，2015）。因此，如果能通过电流的辅助作用提高左侧额叶皮层的激活水平，则会产生相应的干预效果。

一项研究中，研究者将招募的被试随机分为两组，对其中一组先使用（主动）经颅直流电刺激，一周后使用假性经颅直流电。在每个疗程中，被试接受20分钟的主动或假性刺激，并在此期间完成渴求调节（regulation of craving，ROC）任务和情绪调节事件相关任务，任务流程示意图见图6-1（Wu et al.，2020）。

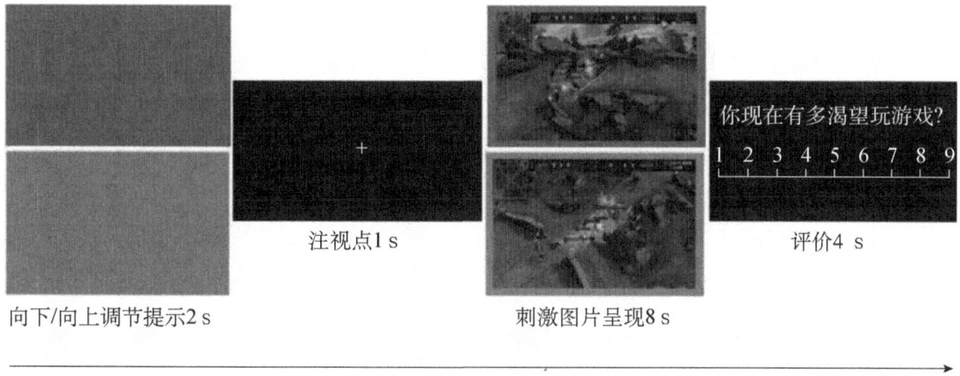

图6-1　渴求调节任务和情绪调节事件相关任务流程示意图（Wu et al.，2020）

该研究比较独特的一点是，研究者将右侧背外侧前额叶皮层作为刺激目标区域，而不是左侧背外侧前额叶皮层或其他与调节控制相关的前额叶皮层（如背内侧前额叶皮层和腹外侧前额叶皮层）。研究者指出他们做出这种选择的原因包括：首先，右侧背外侧前额叶皮层的经颅直流电刺激在成瘾干预中被特别推荐使用（Lefaucheur et al.，2017）；其次，根据支持前额叶皮层半球偏侧活动的价态理论（消极情绪和积极情绪分别优先在右半球和左半球处理）的经验证据，右侧背外侧前额叶皮层可能主要参与了消极情绪处理（Leyman et al.，2009）。

刺激的参数为：通过与直流刺激器相连的一对电极输送直流电，阳极电极位于F4（EEG 10-20系统），阴极电极位于被试颈部附近的斜方肌左上区域（Clarke et al.，2014）。根据经颅直流电刺激方案指南（Lefaucheur et al.，2017），其中真实经颅直流电刺激为1.5毫安的直流电刺激，将持续20分钟，期间有30秒的渐进增强和减弱阶段，而假性经颅直流电刺激只包括30秒的渐进增强和30秒的减弱阶段，无直流电刺激。

如图6-1所示，在任务开始时，屏幕上会有一个下调或上调提示（蓝色或绿色），随后会依次呈现四张图片（渴求调节任务中为游戏图片，情绪调节事件相关任务中为引起负面情绪的图片）。被试被要求根据当前区块的要求观看并重新评价图片。每看完一张图片后，在渴求调节任务中，被试需要评定自己对玩网络游戏的渴求程度；在情绪调节事件相关任务中，被试需要评定自己的消极情绪程度。同时，研究者在整个实验过程中会测量被试的皮肤导电性。

图6-2显示，在调节降低条件下，相对于假性经颅直流电刺激，真实经颅直流电刺激降低了渴求；而在调节增加条件下，相对于假性经颅直流电刺激，真实经颅直流电刺激增加了渴望。

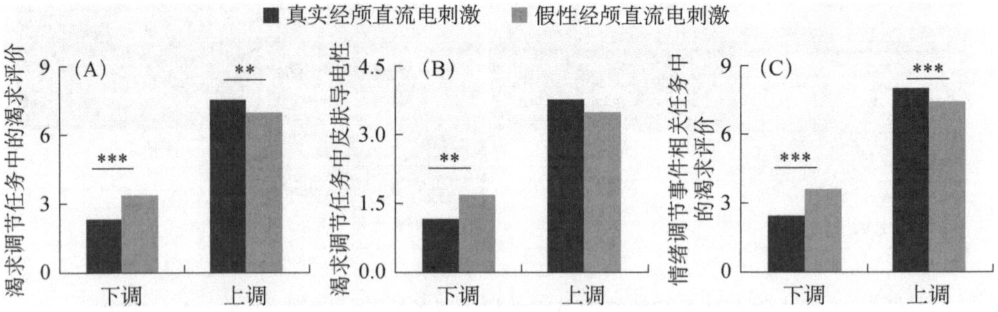

图6-2　经颅直流电刺激对渴求和负面情绪调节的影响（Wu et al.，2020）

注：（A）就下调而言，与假性经颅直流电刺激相比，真实经颅直流电刺激期间被试的渴求得分降低；就上调而言，与假性经颅直流电刺激相比，真实经颅直流电刺激期间被试的渴求得分升高。（B）对于下调，在进行渴求调节任务时，与假性经颅直流电刺激相比，真实经颅直流电刺激降低了皮肤导电性。（C）对于下调，真实经颅直流电刺激相比假性经颅直流电刺激，被试的负性情绪反应减少；对于上调，真实经颅直流电刺激相比假性经颅直流电刺激，被试的负性情绪反应增加

结果表明，经颅直流电刺激能有效调节渴求评分、皮肤导电性以及负面情绪评分。具体来说，通过经颅直流电刺激增加右侧背外侧前额叶皮层的激活有助于被试管理渴求和负面情绪。在下调条件下，相对于假性经颅直流电刺激，真实经颅直流电刺激降低了渴求和负面情绪的评分和/或皮肤导电性。这些结果表明，经颅直流电刺激可以增强个体对渴求和负面情绪的认知调节能力，在治疗成瘾和网络游戏障碍方面具有潜在的应用前景。

（二）经颅直流电刺激对网络游戏成瘾人群不同渴求形式的影响

Wu等的另一项研究探讨了经颅直流电刺激对网络游戏成瘾人群两种渴求形式的影响（Wu et al.，2021）。渴求是指个体使用成瘾物质或从事成瘾行为的强烈冲动（Grall-Bronnec & Sauvaget，2014），与成瘾的发展、维持和复发有关。它可以分为两种：线索诱发渴求和状态渴求。其中，线索诱发渴求指的是与成瘾相关的刺激引发的急性且强烈的冲动；状态渴求指的是一种非急性状态，是可能会在戒断过程中出现的持续状态。以前的大多数研究都只探讨了经颅直流电刺激对线索诱发渴求或状态渴求的影响，结果表明对背外侧前额叶皮层的经颅直流电刺激可以降低成瘾中某一种形式的渴求（Boggio et al.，2009；den Uyl et al.，2015；

Shahbabaie et al.，2018），而Wu等（2021）的研究尝试比较经颅直流电刺激对网络游戏成瘾人群两种渴求形式的影响。

图6-3表明，在假性经颅直流电刺激条件下，游戏图片的干扰效应大于非游戏图片的干扰效应；在真实经颅直流电刺激条件下，两种图片类型的干扰效应无显著差异。另外，该研究还发现，在假性经颅直流电刺激条件下，刺激前和刺激后对游戏图片的渴求度没有显著差异；在真实经颅直流电刺激条件下，刺激后对游戏图片的渴求度低于刺激前。

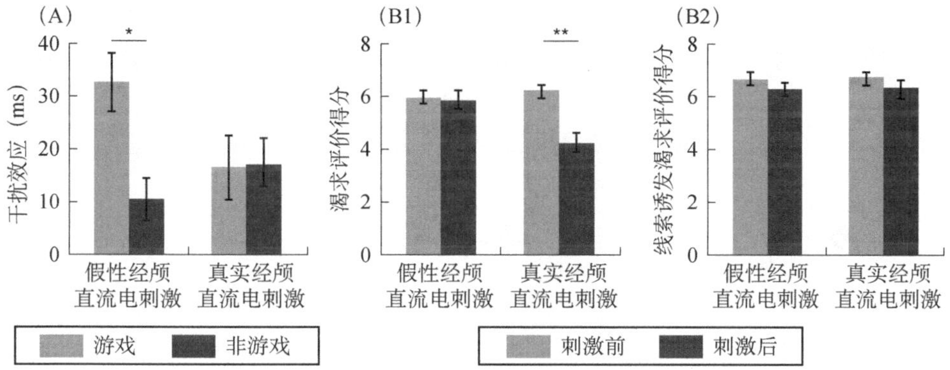

图6-3　经颅直流电刺激对抑制控制和渴求得分的影响（Wu et al.，2021）

该研究的结论是：经颅直流电刺激可通过增强抑制控制作用，对网络游戏成瘾患者的认知机制产生影响。相对于假性经颅直流电刺激，真实经颅直流电刺激降低了游戏相关干扰物的干扰，并降低了被试的状态渴求感。然而，经颅直流电刺激对线索诱发渴求没有显著影响。经颅直流电刺激对两种形式的渴求产生了不同的影响，这可能意味着不同类型的渴求具有不同的神经机制。

（三）经颅直流电刺激在游戏成瘾干预中的作用：来自葡萄糖代谢的证据

Lee等（2018）探讨了在线游戏玩家对经颅直流电刺激的耐受性。研究方法是对15名在线游戏玩家进行了12次经颅直流电刺激治疗，治疗频率为每周3次，持续4周；每次的电流强度为2毫安，持续30分钟；电极的放置位置为背外侧前额叶皮层，左侧为阳极，右侧为阴极。治疗前后，参与者接受了18F-氟脱氧葡萄糖正电子发射体层成像（PET），并完成了Young的网络成瘾测试（IAT）、简明自我控制量表（BSCS）和贝克抑郁量表（第二版）（BDI-II）的评估。

研究结果表明，在经颅直流电刺激治疗后，参与者玩游戏的时间减少，网络成瘾测试和贝克抑郁量表的得分降低，而简明自我控制量表的得分增加。自我控制能力的提高与网络成瘾严重程度的降低和游戏时间的减少相关。此外，背外侧前额叶皮层葡萄糖代谢的异常，即右侧背外侧前额叶皮层的葡萄糖代谢水平大于左侧的不对称性在经颅直流电刺激治疗后得到部分缓解（图6-4）。初步研究结果表明，经颅直流电刺激可能通过改善背外侧前额叶皮层葡萄糖代谢的双侧平衡和提高个体的自我控制能力来减少在线游戏行为。然而，该研究中的被试偏少，需要进行更大规模的安慰剂对照研究来验证经颅直流电刺激在游戏玩家中的疗效。

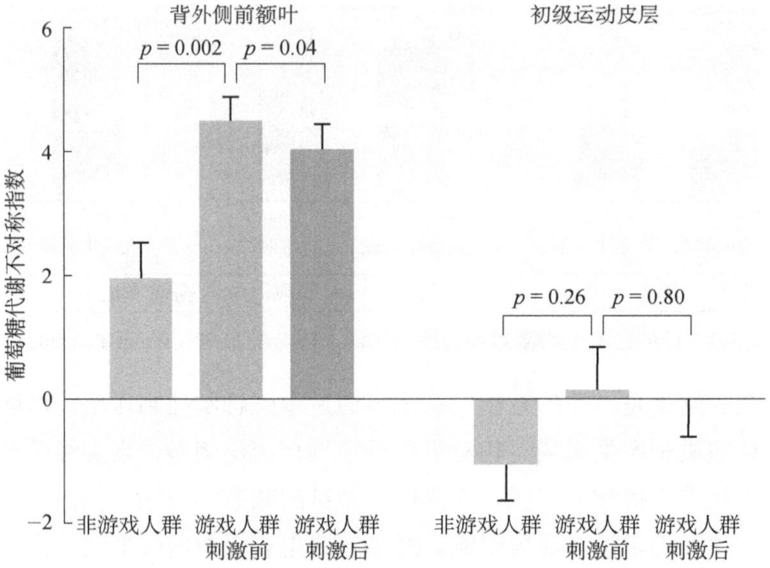

图6-4 游戏者与非游戏者在经颅直流电刺激前后的背外侧前额叶区域葡萄糖代谢不对称指数（Lee et al.，2018）

小　结

神经调控是一个快速发展的研究领域，涵盖了一系列治疗神经精神疾病的可植入和非侵入性技术方法。神经调控是指通过电、磁、化学或光遗传学方法与神经系统进行连接或对其进行干预，从而达到长期激活、抑制、改变和调节神经活动的目的。

相较于其他的干预策略，神经调控技术对大脑活动的干预更加“直接”。该技术通过电、磁等策略直接作用于目标脑区，引起目标脑区的兴奋或抑制，进而达到对特定神经疾病进行干预的效果。但与此同时，这一策略也有很多值得注意的问题。

首先，需要对这些目标脑区进行深入探究。目前所研究的目标脑区主要为背外侧前额叶皮层，干预这一区域似乎对多种疾病都有作用，仿佛背外侧前额叶皮层成了神经精神疾病干预的热点。然而，不同疾病的发病机理及其相应的病理脑区之间一定存在着根本区别，对不同疾病的干预应当具有特异性，并且针对不同的疾病所干预的脑区也应有所区别，不应大而化之。

其次，目前能在人类身上应用的无创干预策略主要是经颅电刺激和经颅磁刺激，二者因为自身技术的特点，往往不能作用于大脑深部，只能作用于皮层区域。而很多的神经精神疾病的病灶往往在较深的脑部，这些区域难以涉及，不能对其进行直接干预。这必然大大限制了相应干预措施的应用范畴。

因此，未来的研究重点在于：①探究不同疾病个性化的干预脑区和最优干预参数；②探寻能够作用于大脑深部的措施，充分发挥相应干预措施的作用；③探究为何相应的干预措施能够起作用，以及相应的大脑机制。

参考文献

武学庆，居云悦，苏杭，赵敏.（2018）. 重复经颅磁刺激治疗神经精神疾病的分子生物机制. *国际精神病学杂志，45*（3），406-408. https://doi.org/10.13479/j.cnki.jip.2018.03.007

谢舟明，王跃升，张炳奎.（2014）. 低频重复经颅磁刺激治疗焦虑症31例分析. *现代诊断与治疗，25*（7），1497-1498. https://doi.org/CNKI:SUN:XDZD.0.2014-07-038

Albein-Urios, N., Verdejo-Román, J., Asensio, S., Soriano-Mas, C., Martínez-González, J. M., & Verdejo-García, A. (2014). Re-appraisal of negative emotions in cocaine dependence: Dysfunctional corticolimbic activation and connectivity. *Addiction Biology*, *19* (3), 415-426. https://doi.org/10.1111/j.1369-1600.2012.00497.x

Aleman, A. (2013). Use of repetitive transcranial magnetic stimulation for treatment in psychiatry. *Clinical Psychopharmacology and Neuroscience*, *11* (2), 53-59. https://doi.org/10.9758/cpn.2013.11.2.53

Azizi, A., Borjali, A., & Golzari, M. (2010). The effectiveness of emotion regulation training and cognitive therapy on the emotional and addictional problems of substance abusers. *Iranian Journal of Psychiatry*, *5* (2), 60-65.

Baker, T. B., Piper, M. E., McCarthy, D. E., Majeskie, M. R., & Fiore, M. C. (2004). Addiction motivation reformulated: An affective processing model of negative reinforcement. *Psychological*

Review, *111* (1), 33-51. https://doi.org/10.1037/0033-295X.111.1.33

Bikson, M., Inoue, M., Akiyama, H., Deans, J. K., Fox, J. E., Miyakawa, H., & Jefferys, J. G. R. (2004). Effects of uniform extracellular DC electric fields on excitability in rat hippocampal slices in vitro. *The Journal of Physiology*, *557* (1), 175-190. https://doi.org/10.1113/jphysiol.2003.055772

Boggio, P. S., Liguori, P., Sultani, N., Rezende, L., Fecteau, S., & Fregni, F. (2009). Cumulative priming effects of cortical stimulation on smoking cue-induced craving. *Neuroscience Letters*, *463* (1), 82-86. https://doi.org/10.1016/j.neulet.2009.07.041

Boraud, T., Bezard, E., Bioulac, B., & Gross, C. (1996). High frequency stimulation of the internal Globus Pallidus (GPi) simultaneously improves Parkinsonian symptoms and reduces the firing frequency of GPi neurons in the MPTP-treated monkey. *Neuroscience Letters*, *215* (1), 17-20. https://doi.org/10.1016/s0304-3940 (96) 12943-8

Brunoni, A. R., Amadera, J., Berbel, B., Volz, M. S., Rizzerio, B. G., & Fregni, F. (2011). A systematic review on reporting and assessment of adverse effects associated with transcranial direct current stimulation. *The International Journal of Neuropsychopharmacology*, *14* (8), 1133-1145. https://doi.org/10.1017/S1461145710001690

Brunoni, A. R., Nitsche, M. A., Bolognini, N., Bikson, M., Wagner, T., Merabet, L., … Fregni, F. (2012). Clinical research with transcranial direct current stimulation (tDCS) : Challenges and future directions. *Brain Stimulation*, *5* (3), 175-195. https://doi.org/10.1016/j.brs.2011.03.002

Buhle, J. T., Silvers, J. A., Wager, T. D., Lopez, R., Onyemekwu, C., Kober, H., … Ochsner, K. N. (2014). Cognitive reappraisal of emotion: A meta-analysis of human neuroimaging studies. *Cerebral Cortex*, *24* (11), 2981-2990. https://doi.org/10.1093/cercor/bht154

Chan, C. Y., & Nicholson, C. (1986). Modulation by applied electric fields of Purkinje and stellate cell activity in the isolated turtle cerebellum. *The Journal of Physiology*, *371*, 89-114. https://doi.org/10.1113/jphysiol.1986.sp015963

Clarke, P. J. F., Browning, M., Hammond, G., Notebaert, L., & MacLeod, C. (2014). The causal role of the dorsolateral prefrontal cortex in the modification of attentional bias: Evidence from transcranial direct current stimulation. *Biological Psychiatry*, *76* (12), 946-952. https://doi.org/10.1016/j.biopsych.2014.03.003

de Ridder, D., Vanneste, S., Kovacs, S., Sunaert, S., & Dom, G. (2011). Transient alcohol craving suppression by rTMS of dorsal anterior cingulate: An fMRI and LORETA EEG study. *Neuroscience Letters*, *496* (1), 5-10. https://doi.org/10.1016/j.neulet.2011.03.074

Demirtas-Tatlidede, A., Vahabzadeh-Hagh, A. M., & Pascual-Leone, A. (2013). Can noninvasive brain stimulation enhance cognition in neuropsychiatric disorders? *Neuropharmacology*, *64*, 566-578. https://doi.org/10.1016/j.neuropharm.2012.06.020

den Uyl, T. E., Gladwin, T. E., & Wiers, R. W. (2015). Transcranial direct current stimulation, implicit alcohol associations and craving. *Biological Psychology*, *105*, 37-42. https://doi.org/10.1016/j.biopsycho.2014.12.004

Dolan, S. L., Rohsenow, D. J., Martin, R. A., & Monti, P. M. (2013). Urge-specific and lifestyle coping strategies of alcoholics: Relationships of specific strategies to treatment outcome. *Drug and*

Alcohol Dependence, *128* (1-2), 8-14. https://doi.org/10.1016/j.drugalcdep.2012.07.010

Drevets, W. C. (2001). Neuroimaging and neuropathological studies of depression: Implications for the cognitive-emotional features of mood disorders. *Current Opinion in Neurobiology*, *11* (2), 240-249. https://doi.org/10.1016/s0959-4388 (00) 00203-8

Fecteau, S., Knoch, D., Fregni, F., Sultani, N., Boggio, P., & Pascual-Leone, A. (2007a). Diminishing risk-taking behavior by modulating activity in the prefrontal cortex: A direct current stimulation study. *The Journal of Neuroscience*, *27* (46), 12500-12505. https://doi.org/10.1523/JNEUROSCI.3283-07.2007

Fecteau, S., Pascual-Leone, A., Zald, D. H., Liguori, P., Théoret, H., Boggio, P. S., & Fregni, F. (2007b). Activation of prefrontal cortex by transcranial direct current stimulation reduces appetite for risk during ambiguous decision making. *The Journal of Neuroscience*, *27* (23), 6212-6218. https://doi.org/10.1523/JNEUROSCI.0314-07.2007

Feng, S., Shi, T., Fan-Yang, Wang, W., Chen, Y., & Tan, Q. (2012). Long-lasting effects of chronic rTMS to treat chronic rodent model of depression. *Behavioural Brain Research*, *232* (1), 245-251. https://doi.org/10.1016/j.bbr.2012.04.019

Fisher, R., Salanova, V., Witt, T., Worth, R., Henry, T., Gross, R., … SANTE Study Group. (2010). Electrical stimulation of the anterior nucleus of thalamus for treatment of refractory epilepsy. *Epilepsia*, *51* (5), 899-908. https://doi.org/10.1111/j.1528-1167.2010.02536.x

Fitzgerald, P. B., Hoy, K., Daskalakis, Z. J., & Kulkarni, J. (2009). A randomized trial of the anti-depressant effects of low- and high-frequency transcranial magnetic stimulation in treatment-resistant depression. *Depression and Anxiety*, *26* (3), 229-234. https://doi.org/10.1002/da.20454

Fitzgerald, P. B., Oxley, T. J., Laird, A. R., Kulkarni, J., Egan, G. F., & Daskalakis, Z. J. (2006). An analysis of functional neuroimaging studies of dorsolateral prefrontal cortical activity in depression. *Psychiatry Research*, *148* (1), 33-45. https://doi.org/10.1016/j.pscychresns.2006.04.006

Gluckman, B. J., Neel, E. J., Netoff, T. I., Ditto, W. L., Spano, M. L., & Schiff, S. J. (1996). Electric field suppression of epileptiform activity in hippocampal slices. *Journal of Neurophysiology*, *76* (6), 4202-4205. https://doi.org/10.1152/jn.1996.76.6.4202

Goldin, P. R., McRae, K., Ramel, W., & Gross, J. J. (2008). The neural bases of emotion regulation: Reappraisal and suppression of negative emotion. *Biological Psychiatry*, *63* (6), 577-586. https://doi.org/10.1016/j.biopsych.2007.05.031

Goldstein, R. Z., & Volkow, N. D. (2011). Dysfunction of the prefrontal cortex in addiction: Neuroimaging findings and clinical implications. *Nature Reviews Neuroscience*, *12* (11), 652-669. https://doi.org/10.1038/nrn3119

Grall-Bronnec, M., & Sauvaget, A. (2014). The use of repetitive transcranial magnetic stimulation for modulating craving and addictive behaviours: A critical literature review of efficacy, technical and methodological considerations. *Neuroscience and Biobehavioral Reviews*, *47*, 592-613. https://doi.org/10.1016/j.neubiorev.2014.10.013

Hashimoto, T., Elder, C. M., Okun, M. S., Patrick, S. K., & Vitek, J. L. (2003). Stimulation of the subthalamic nucleus changes the firing pattern of pallidal neurons. *The Journal of Neuroscience*, *23* (5), 1916-1923. https://doi.org/10.1523/JNEUROSCI.23-05-01916.2003

Histed, M. H., Bonin, V., & Reid, R. C. (2009). Direct activation of sparse, distributed populations of cortical neurons by electrical microstimulation. *Neuron*, *63* (4), 508-522. https://doi.org/10.1016/j.neuron.2009.07.016

Hovington, C. L., McGirr, A., Lepage, M., & Berlim, M. T. (2013). Repetitive transcranial magnetic stimulation (rTMS) for treating major depression and schizophrenia: A systematic review of recent meta-analyses. *Annals of Medicine*, *45* (4), 308-321. https://doi.org/10.3109/07853890.2013.783993

Jefferys, J. G. R., Deans, J., Bikson, M., & Fox, J. (2003). Effects of weak electric fields on the activity of neurons and neuronal networks. *Radiation Protection Dosimetry*, *106* (4), 321-323. https://doi.org/10.1093/oxfordjournals.rpd.a006367

Keck, M. E., Welt, T., Müller, M. B., Erhardt, A., Ohl, F., Toschi, N., … Sillaber, I. (2002). Repetitive transcranial magnetic stimulation increases the release of dopamine in the mesolimbic and mesostriatal system. *Neuropharmacology*, *43* (1), 101-109. https://doi.org/10.1016/s0028-3908(02) 00069-2

Khosravani, V., Bastan, F. S., Ghorbani, F., & Kamali, Z. (2017). Difficulties in emotion regulation mediate negative and positive affects and craving in alcoholic patients. *Addictive Behaviors*, *71*, 75-81. https://doi.org/10.1016/j.addbeh.2017.02.029

Kober, H., Mende-Siedlecki, P., Kross, E. F., Weber, J., Mischel, W., Hart, C. L., & Ochsner, K. N. (2010). Prefrontal-striatal pathway underlies cognitive regulation of craving. *Proceedings of the National Academy of Sciences of the United States of America*, *107* (33), 14811-14816. https://doi.org/10.1073/pnas.1007779107

Koch, G., Bozzali, M., Bonnì, S., Giacobbe, V., Caltagirone, C., & Cercignani, M. (2012). fMRI resting slow fluctuations correlate with the activity of fast cortico-cortical physiological connections. *PLoS One*, *7* (12), e52660. https://doi.org/10.1371/journal.pone.0052660

Kozel, F. A., & George, M. S. (2002). Meta-analysis of left prefrontal repetitive transcranial magnetic stimulation (rTMS) to treat depression. *Journal of Psychiatric Practice*, *8* (5), 270-275. https://doi.org/10.1097/00131746-200209000-00003

Krames, E. S., Peckham, P. H., Rezai, A., & Aboelsaad, F. (2009). *What Is Neuromodulation?* https://doi.org/10.1016/B978-0-12-374248-3.00002-1

Laxton, A. W., Tang-Wai, D. F., McAndrews, M. P., Zumsteg, D., Wennberg, R., Keren, R., … Lozano, A. M. (2010). A phase I trial of deep brain stimulation of memory circuits in Alzheimer's disease. *Annals of Neurology*, *68* (4), 521-534. https://doi.org/10.1002/ana.22089

Lee, S. H., Im, J. J., Oh, J. K., Choi, E. K., Yoon, S., Bikson, M., … Chung, Y. A. (2018). Transcranial direct current stimulation for online gamers: A prospective single-arm feasibility study. *Journal of Behavioral Addictions*, *7* (4), 1166-1170. https://doi.org/10.1556/2006.7.2018.107

Lefaucheur, J. P. (2012). Neurophysiology of cortical stimulation. *International Review of Neurobiology*, *107*, 57-85. https://doi.org/10.1016/B978-0-12-404706-8.00005-X

Lefaucheur, J. P., Antal, A., Ayache, S. S., Benninger, D. H., Brunelin, J., Cogiamanian, F., … Paulus, W. (2017). Evidence-based guidelines on the therapeutic use of transcranial direct current stimulation (tDCS). *Clinical Neurophysiology: Official Journal of the International Federation of Clinical Neurophysiology*, *128* (1), 56-92. https://doi.org/10.1016/j.clinph.2016.10.087

Leppänen, J. M. (2006). Emotional information processing in mood disorders: A review of behavioral and neuroimaging findings. *Current Opinion in Psychiatry*, *19* (1), 34-39. https://doi.org/10.1097/01.yco.0000191500.46411.00

Leyman, L., De Raedt, R., Vanderhasselt, M.-A., & Baeken, C. (2009). Influence of high-frequency repetitive transcranial magnetic stimulation over the dorsolateral prefrontal cortex on the inhibition of emotional information in healthy volunteers. *Psychological Medicine*, *39* (6), 1019-1028. https://doi.org/10.1017/S0033291708004431

Liepert, J. (2003). TMS in stroke. *Supplements to Clinical Neurophysiology*, *56*, 368-380.

Milivojevic, V., & Sinha, R. (2018). Central and Peripheral Biomarkers of Stress Response for Addiction Risk and Relapse Vulnerability. *Trends in Molecular Medicine*, *24* (2), 173-186. https://doi.org/10.1016/j.molmed.2017.12.010

Morrell, M. J., & RNS System in Epilepsy Study Group. (2011). Responsive cortical stimulation for the treatment of medically intractable partial epilepsy. *Neurology*, *77* (13), 1295-1304. https://doi.org/10.1212/WNL.0b013e3182302056

Naeser, M. A., Martin, P. I., Nicholas, M., Baker, E. H., Seekins, H., Kobayashi, M., … Kurland, J. (2005). Improved picture naming in chronic aphasia after TMS to part of right Broca's area: An open-protocol study. *Brain & Language*, *93* (1), 95-105. https://doi.org/10.1016/j.bandl.2004.08.004

Naqvi, N. H., Ochsner, K. N., Kober, H., Kuerbis, A., Feng, T., Wall, M., & Morgenstern, J. (2015). Cognitive regulation of craving in alcohol-dependent and social drinkers. *Alcoholism, Clinical and Experimental Research*, *39* (2), 343-349. https://doi.org/10.1111/acer.12637

Nestler, E. J. (2005). Is there a common molecular pathway for addiction? *Nature Neuroscience*, *8* (11), 1445-1449. https://doi.org/10.1038/nn1578

Nishiyama, M., Hong, K., Mikoshiba, K., Poo, M. M., & Kato, K. (2000). Calcium stores regulate the polarity and input specificity of synaptic modification. *Nature*, *408* (6812), 584-588. https://doi.org/10.1038/35046067

Nitsche, M. A., Cohen, L. G., Wassermann, E. M., Priori, A., Lang, N., Antal, A., … Pascual-Leone, A. (2008). Transcranial direct current stimulation: State of the art 2008. *Brain Stimulation*, *1* (3), 206-223. https://doi.org/10.1016/j.brs.2008.06.004

Nitsche, M. A., & Paulus, W. (2000). Excitability changes induced in the human motor cortex by weak transcranial direct current stimulation. *The Journal of Physiology*, *527* (3), 633-639. https://doi.org/10.1111/j.1469-7793.2000.t01-1-00633.x

Pascual-Leone, A., Rubio, B., Pallardó, F., & Catalá, M. D. (1996). Rapid-rate transcranial magnetic stimulation of left dorsolateral prefrontal cortex in drug-resistant depression. *Lancet*, *348* (9022), 233-237. https://doi.org/10.1016/s0140-6736 (96) 01219-6

Potenza, M. N. (2014). Biased behaviors: Towards understanding vulnerability and resilience factors in addictions. *Biological Psychiatry*, *75* (2), 94-95. https://doi.org/10.1016/j.biopsych.2013.11.010

Rolston, J. D., Desai, S. A., Laxpati, N. G., & Gross, R. E. (2011). Electrical stimulation for epilepsy: Experimental approaches. *Neurosurgery Clinics of North America*, *22* (4), 425-442. https://doi.org/10.1016/j.nec.2011.07.010

Rose, J. E., McClernon, F. J., Froeliger, B., Behm, F. M., Preud'homme, X., & Krystal, A. D. (2011). Repetitive transcranial magnetic stimulation of the superior frontal gyrus modulates craving for cigarettes. *Biological Psychiatry*, *70* (8), 794-799. https://doi.org/10.1016/j.biopsych.2011.05.031

Salling, M. C., & Martinez, D. (2016). Brain stimulation in addiction. *Neuropsychopharmacology*, *41* (12), 2798-2809. https://doi.org/10.1038/npp.2016.80

Schutter, D. J. L. G., & van Honk, J. (2006). An electrophysiological link between the cerebellum, cognition and emotion: Frontal theta EEG activity to single-pulse cerebellar TMS. *NeuroImage*, *33* (4), 1227-1231. https://doi.org/10.1016/j.neuroimage.2006.06.055

Sczesny-Kaiser, M., Bauknecht, A., Höffken, O., Tegenthoff, M., Dinse, H. R., Jancke, D., … Schwenkreis, P. (2014). Synergistic effects of noradrenergic modulation with atomoxetine and 10 Hz repetitive transcranial magnetic stimulation on motor learning in healthy humans. *BMC Neuroscience*, *15*, 46. https://doi.org/10.1186/1471-2202-15-46

Shahbabaie, A., Hatami, J., Farhoudian, A., Ekhtiari, H., Khatibi, A., & Nitsche, M. A. (2018). Optimizing electrode montages of transcranial direct current stimulation for attentional bias modification in early abstinent methamphetamine users. *Frontiers in Pharmacology*, *9*, 907. https://doi.org/10.3389/fphar.2018.00907

Siebner, H. R., Tormos, J. M., Ceballos-Baumann, A. O., Auer, C., Catala, M. D., Conrad, B., & Pascual-Leone, A. (1999). Low-frequency repetitive transcranial magnetic stimulation of the motor cortex in writer's cramp. *Neurology*, *52* (3), 529-537. https://doi.org/10.1212/wnl.52.3.529

Sommer, M., Kamm, T., Tergau, F., Ulm, G., & Paulus, W. (2002). Repetitive paired-pulse transcranial magnetic stimulation affects corticospinal excitability and finger tapping in Parkinson's disease. *Clinical Neurophysiology: Official Journal of the International Federation of Clinical Neurophysiology*, *113* (6), 944-950. https://doi.org/10.1016/s1388-2457 (02) 00061-5

Tang, Y. Y., Tang, R., & Posner, M. I. (2016). Mindfulness meditation improves emotion regulation and reduces drug abuse. *Drug and Alcohol Dependence*, *163* (S1), 13-18. https://doi.org/10.1016/j.drugalcdep.2015.11.041

Tergau, F., Naumann, U., Paulus, W., & Steinhoff, B. J. (1999). Low-frequency repetitive transcranial magnetic stimulation improves intractable epilepsy. *Lancet*, *353* (9171), 2209. https://doi.org/10.1016/S0140-6736 (99) 01301-X

Vercammen, A., Rushby, J. A., Loo, C., Short, B., Weickert, C. S., & Weickert, T. W. (2011). Transcranial direct current stimulation influences probabilistic association learning in schizophrenia. *Schizophrenia Research*, *131* (1-3), 198-205. https://doi.org/10.1016/j.schres.2011.06.021

Volkow, N. D., Koob, G. F., & McLellan, A. T. (2016). Neurobiologic Advances from the Brain Disease

Model of Addiction. *The New England Journal of Medicine*, *374* (4), 363-371. https://doi.org/10.1056/NEJMra1511480

Wongsarnpigoon, A., & Grill, W. M. (2012). Computer-based model of epidural motor cortex stimulation: Effects of electrode position and geometry on activation of cortical neurons. *Clinical Neurophysiology*: *Official Journal of the International Federation of Clinical Neurophysiology*, *123* (1), 160-172. https://doi.org/10.1016/j.clinph.2011.06.005

Wu, L. L., Potenza, M. N., Zhou, N., Kober, H., Shi, X. H., Yip, S. W., … Zhang, J.T. (2020). A role for the right dorsolateral prefrontal cortex in enhancing regulation of both craving and negative emotions in internet gaming disorder: A randomized trial. *European Neuropsychopharmacology*, *36*, 29-37. https://doi.org/10.1016/j.euroneuro.2020.04.003

Wu, L., Potenza, M. N., Zhou, N., Kober, H., Shi, X., Yip, S. W., … Zhang, J. (2021). Efficacy of single-session transcranial direct current stimulation on addiction-related inhibitory control and craving: A randomized trial in males with internet gaming disorder. *Journal of Psychiatry and Neuroscience*, *46* (1), 111-118. https://doi.org/10.1503/jpn.190137

Yang, L. Z., Shi, B., Li, H., Zhang, W., Liu, Y., Wang, H., … Zhang, X. (2017). Electrical stimulation reduces smokers' craving by modulating the coupling between dorsal lateral prefrontal cortex and parahippocampal gyrus. *Social Cognitive and Affective Neuroscience*, *12* (8), 1296-1302. https://doi.org/10.1093/scan/nsx055

Yao, Y. W., Potenza, M. N., & Zhang, J. T. (2017). Internet gaming disorder within the DSM-5 framework and with an eye toward ICD-11. *The American Journal of Psychiatry*, *174* (5), 486-487. https://doi.org/10.1176/appi.ajp.2017.16121346

Yip, S. W., Gross, J. J., Chawla, M., Ma, S. S., Shi, X. H., Liu, L., … Zhang, J. T. (2018). Is neural processing of negative stimuli altered in addiction independent of drug effects? Findings from drug-naïve youth with internet gaming disorder. *Neuropsychopharmacology*, *43* (6), 1364-1372. https://doi.org/10.1038/npp.2017.283

Zaghi, S., Acar, M., Hultgren, B., Boggio, P. S., & Fregni, F. (2010). Noninvasive brain stimulation with low-intensity electrical currents: Putative mechanisms of action for direct and alternating current stimulation. *The Neuroscientist*: *A Review Journal Bringing Neurobiology, Neurology and Psychiatry*, *16* (3), 285-307. https://doi.org/10.1177/1073858409336227

第七章

网络游戏成瘾干预的其他疗法及其认知神经机制

除了以上几种主要的针对网络游戏成瘾的干预策略之外，不同的研究者立足于自身研究背景和专业特长，开发出大量具有特色的干预疗法，这些疗法在临床中取得了不同的干预效果。在本章中，我们将系统介绍这些疗法的理论依据、具体干预措施以及干预效果，从而给予研究者和临床医生以及其他从事网络游戏成瘾干预的人群一些启示。

一、演讲与写作课程对网络游戏成瘾的干预效果

游戏成瘾的表现类似于物质成瘾，就像酗酒一样，一旦开始成瘾活动，成瘾者就会失去自我控制能力。游戏成瘾的人群通常具有一个特征，即个人玩游戏的时间越来越长，这会导致个体沉迷于游戏，从而出现戒断症状（Kim，2001，2010）。但与吸毒成瘾不同的是，游戏成瘾是一种行为成瘾，影响着从小学生到成年人等不同年龄段的人群。比如，患有游戏成瘾的青少年会出现各种症状，如社交孤立、强迫症、妄想症、身体虚弱、过度好胜、混淆现实与幻想等（Hsu et al.，2009；Oggins & Sammis，2012；Starcevic et al.，2011）。一些研究通过功能磁共振成像对游戏成瘾者玩游戏时的大脑活动进行了观察和分析，以确定与游戏成瘾相关的大脑活动（Han et al.，2010；Ko et al.，2009；Thalemann et al.，2007），证明了游戏成瘾与大脑认知障碍存在相关关系的观点。

对于青少年来说，一方面，游戏成瘾会让他们沉溺于游戏，学习时间减少，

导致学习成绩不佳，还会引发与父母的冲突（Prensky，2006）。另一方面，研究发现游戏也会对人产生积极影响，比如，游戏对个体的时间和空间认知以及战略思维都有积极影响（González-González & Blanco-Lzquierdo，2012）。在游戏中，游戏者需要一种特殊的专注力，有的游戏还需要通过游戏者与同伴的互动来推动游戏情节发展，进而推动故事发展，也就是说，游戏的背景对所有用户都是相同的，但故事的发展却因玩家而异。MMORPG要求玩家扮演一个特定的角色，与其他玩家在线互动以实现特定的目标。比如，在《地下城与勇士》（DNF）游戏中，它的背景是一个由神创造的世界，玩家扮演角斗士、武术家、枪手、盗贼、魔法师和牧师等角色，与其他玩家进行各种互动。每个角色在游戏中都有独特的技能，每个角色都可以使用不同的武器，每个角色的发展也是完全不同的，它们共同构成了一个虚拟的社会形态。

有鉴于此，Kim等（2013）研究了在演讲与写作课程中使用《地下城与勇士》这一MMORPG作为教育工具，考察了MMORPG对沉迷游戏的学生的教育价值。该研究选择了59名男生作为被试，他们被随机分配到实验组和控制组。实验组参加了基于游戏的演讲与写作课程，而控制组参加了普通课程。

演讲与写作课程由韩国广播系统设计，共进行了21次测试，每次测试的时间为2小时，为期2个月。实验组参加的是有游戏内容的课程，研究者采用了《地下城与勇士》作为教学内容，内容纲要如表7-1所示，实验组学生在课程中完成了与游戏相关的演讲与写作任务。学生观看游戏视频片段，并由指导者对他们的演讲与写作任务进行反馈。而控制组参加的是普通课程，程序与实验组相同，但与游戏或博弈无关。因此，尽管教学内容不同，但所有参与者都接受了教育。

表7-1　基于《地下城与勇士》的演讲与写作课程内容纲要（Kim et al.，2013）

阶段	练习编号	内容	游戏内容
初级	1	撰写背景故事	背景故事
	2	写反馈	
	3	讲述背景故事	
基本	4	对他人描述的游戏场景进行描述	狩猎场故事
	5	写反馈	
	6	谈论他人描述的游戏场景	
	7	对他人描述的游戏场景进行描述	战场故事
	8	写反馈	

续表

阶段	练习编号	内容	游戏内容
基本	9	谈论他人描述的游戏场景	战场故事
	10	写自己的游戏行为	狩猎场故事
	11	写反馈	
	12	谈论自己的游戏行为	
	13	写自己的游戏行为	战场故事
	14	反馈自己的写作	
	15	谈论自己的游戏行为	
高级	16	写自己的游戏行为	狩猎场故事
	17	写作反馈	
	18	谈论自己的游戏行为	
	19	写自己的游戏行为	战场故事
	20	反馈自己的写作	
	21	讲述自己的游戏行为	

在具体课程执行中，学生首先听取3分钟的情况介绍或观看游戏视频，然后他们需要就MMORPG的各个方面进行描述与写作，比如：

BOSS身上散发着剧毒。如果我们朝风的方向走，就会中毒，如果中毒，我们就会变成怪物。

我攻击了BOSS好几次，但BOSS太强大了。

为了躲避BOSS，我走错了方向，变成了怪物。

BOSS拼命抵抗。老大变成了旋风，但我们很轻松地躲开了。

每次完成写作任务后，每个学生都会在面对面的咨询中得到反馈，其中包括观看相关的游戏视频剪辑。为了避免因指导者的外表或声音而产生偏差，指导和反馈均由一名始终穿着相同制服、说话声音和语调相似的指导者提供。背景故事的初级阶段呈现的是一个简单的讲故事任务，这一阶段将提供故事内容；而狩猎场故事和战场故事则是高级内容，需要更复杂的口语策略，包括总结和描述自己的游戏行为等。

演讲和写作测试评估分为两个方面，即写作和表达，每个方面又分别包括五个类别。在演讲和写作测试评估中，写作测评分为以下几个类别："令人印象深刻的开场白""通俗易懂的解释""突出重点""内容有条理""有效的总结"。表达测评分为以下几个类别："重要观点""选词和语法的适当性""流畅性""非口头语言的恰当使用""有效的时间安排"。评分标准为1—5分（分数越高，表示表现越好）。整个过程由不了解实验方案的训练有素的工作人员进行打分。

行为结果表明，经过2个月共21次课的训练，所有被试在四个方面（重要观点、选词和语法的适当性、流畅性和非口头语言的恰当使用）的能力上都存在显著提升；实验组在"内容有条理""有效的总结""流畅性"方面有了明显的提升，表明实验组成员在写作方面的能力显著提高，但在表达方面则没有类似表现。

在大脑反应上，实验组学生的P300振幅远大于控制组。P300被认为是网络游戏依赖的神经相关因素。P300与注意力分配、处理强度、感知事件以及即时记忆的激活有关（Kok，2001；Littel & Franken，2011）。另有研究者认为P300的增强反映了大脑中的动机或情绪参与、动机注意和唤醒系统的激活（Cuthbert et al.，2000；Schupp et al.，2000）。对P300活动的溯源分析发现，与课程后（图7-1下图）相比，课程前（图7-1上图）的前中央区对游戏相关刺激的平均P300反应明显更强（Kim et al.，2013）。

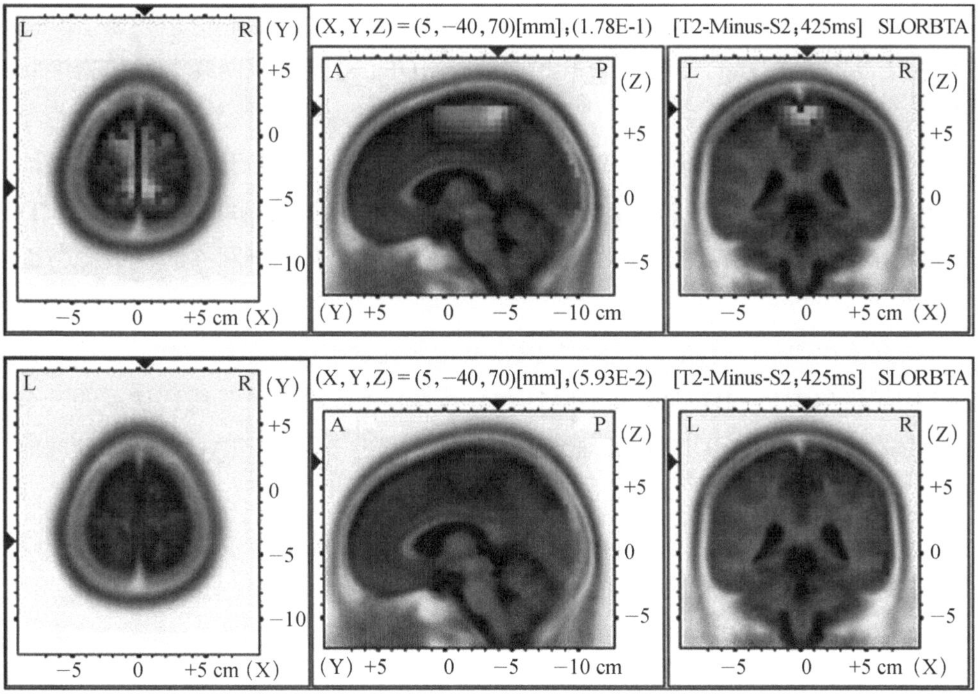

图7-1　对P300的溯源分析结果（Kim et al.，2013）（见文后彩图7-1）

该研究发现，在写作方面，实验组在理解和分析人物、组织和总结内容方面的能力显著提高；在演讲方面，实验组在理解和分析人物、组织和总结内容、适当的语言表达和时间管理方面的能力显著提高。

二、多维家庭疗法对青少年的网络游戏成瘾的干预效果

青少年的网络游戏成瘾是一个复杂的现象，可能不仅与青少年的个人内部特征有关，还与父母、家庭等社会因素有关（Nielsen et al.，2019，2020）。有研究探讨了家庭治疗对网络游戏成瘾的干预效果，其重点是提高家庭凝聚力（Han et al.，2012b），且获得了较好的干预效果。因此，网络游戏成瘾的家庭治疗应该是一个重要的发展方向。

家庭疗法在治疗有各种问题行为的青少年方面表现出显著的疗效（Baldwin et al.，2012；Davis et al.，2015；van der Pol et al.，2017）。比如，多维家庭疗法（MDFT）在降低药物成瘾患病率（SUD）、犯罪率，改善家庭和谐和提升学校成绩方面优于其他治疗方法（van der Pol et al.，2017），这种疗法针对的是社会层面中影响青少年发展（如家庭、朋友和学校等）的风险因素和保护因素（Liddle，2003；Liddle & Rigter，2013）。据此推理，MDFT可能对有网络游戏成瘾症状的青少年有益。

有鉴于此，研究者对MDFT进行了改编，以使其适用于网络游戏成瘾治疗（Bonnaire et al.，2019，2020）。他们设计了一项RCT，将适应网络游戏成瘾的MDFT与常规家庭治疗（FTAU）作对比，比较两者在治疗青少年网络游戏成瘾方面的效果。

研究流程如下：首先，同意参与的家庭由研究助理进行基线评估，并按照1∶3的比例随机分配到MDFT组和FTAU组。其次，治疗开始于基线评估后的一个月内，持续约6个月。MDFT由心理学家和精神科医生提供，FTAU由系统导向的家庭治疗师提供。

MDFT的“多维”一词指青少年生活中的每一个主要领域都被认为是导致其行为问题的风险和保护因素，涉及青少年本人、父母、家庭、朋友、同伴、学校/工作以及休闲时间等多个领域。FTAU则采用策略、叙事和解决方案导向的家庭治疗方法，旨在提高家庭沟通的技巧。

MDFT具体的三个阶段如下：第一阶段增强治疗动机，建立多个治疗联盟，

并制定治疗计划；第二阶段针对青少年、父母和其他可能的干预措施进行工作，这些措施包括改善家庭沟通情况和家庭关系、提高父母的教育能力以及帮助青少年发展适应社会的应对技能；第三阶段涉及制定预防复发计划和结束治疗。

MDFT组平均每周需要进行两次治疗，治疗师分别对青少年本人、父母和其他家庭成员进行治疗。FTAU所采用的方法兼收并蓄，融合了策略、叙事和以解决问题为重点的家庭治疗的各种要素，整体上就是将建立联盟、改善家庭内部关系和沟通技巧作为治疗的共同目标。与MDFT一样，在FTAU中，青少年单独接受治疗，父母也单独接受治疗，其他家庭成员则一起接受治疗。

结果如图7-2所示，在干预后的第6个月和第12个月，MDFT组和FTAU组的网络游戏成瘾程度仍呈现出显著降低，且MDFT组的网络游戏成瘾程度显著低于FTAU组。此外，在第6个月和第12个月的随访中，MDFT组青少年没有再达到网络游戏成瘾标准，而FTAU组有3名青少年在第6个月时和4名青少年在第12个月时仍然存在网络游戏成瘾症状。总之，MDFT和FTAU都能够显著降低青少年的网络游戏成瘾程度，且MDFT对青少年网络游戏成瘾的干预效果显著优于FTAU。综上所述，MDFT在治疗青少年网络游戏成瘾方面表现出较好的效果，能够显著改善青少年的生活质量。

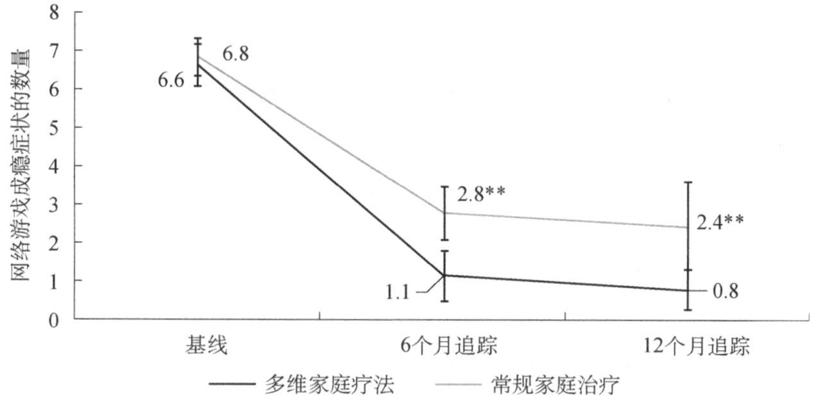

图7-2　不同疗法对网络游戏成瘾症状的影响（Bonnaire et al.，2020）

三、家庭疗法在降低游戏渴求方面的作用及其大脑反应

Han等（2012a）探讨了家庭疗法对青少年网络游戏成瘾严重程度和大脑活动特征的影响。以往研究表明，家庭对青少年的成瘾行为存在显著影响。对传统毒

品的研究表明，家庭结构失调与青少年使用毒品之间存在关联（Fröjd et al.，2007；Roustit et al.，2007）。在一项涉及32 961名青少年的吸烟调查中，吸烟、酗酒和吸毒与非亲密家庭有关（Mak et al.，2010）。此外，家庭缺乏亲情和爱会增加青少年发生吸毒等威胁健康行为的风险（Reynolds & Rob，1988）。Yen等（2007）在一项关于网络成瘾的家庭因素的研究中指出，父母与青少年较高的冲突程度和较低的家庭功能都与网络成瘾有关。在一项针对1369名大学生的研究中，Tsai等（2009）指出，社会支持的缺乏是导致网络成瘾的一个重要风险因素。此外，孤独感和家庭不和也会导致网络成瘾（Young，1996；Nalwa & Anand，2003）。因此，如果尝试对家庭进行干预，或许能降低青少年网络游戏成瘾的程度。

Han等（2012a）尝试评估一个为期3周的家庭疗法干预是否能够改变家庭功能紊乱的青少年对亲情和游戏刺激的脑激活模式。该研究招募了15名有网络游戏成瘾问题的青少年（实验组）和15名没有问题的青少年（控制组）。研究者首先对参与者的家庭功能进行了评估，具体采用了家庭适应性、伙伴关系、成长、亲情和决心评分法（Smilkstein，1978，1980）。存在网络游戏问题和家庭功能失调的青少年及其父母共就诊7次（2次用于临床状态和大脑活动的基线评估，5次用于家庭治疗）。在第一次探访和最后一次评估探访时，研究者对他们的大脑活动和网络游戏成瘾严重程度进行了评估。

该研究所使用的家庭疗法的具体内容包括以下几个方面。①增强家庭凝聚力：研究中，家庭成员被要求每天进行1小时以上、每周4天的家庭作业，旨在增强家庭凝聚力。家庭成员可以选择一起参加体育运动、玩棋盘游戏、一起做饭、学习外语等活动，以促进家庭成员之间的互动和提高家庭凝聚力。②心理治疗：在使用家庭疗法的过程中，家庭成员与儿童精神科医生进行互动，重点关注问题行为的减少和家庭凝聚力的提高。医生会帮助家庭成员制定提高家庭凝聚力的练习，并持续关注家庭动态的改善。③大脑活动评估：研究者使用fMRI评估大脑活动。④治疗持续时间：研究中，家庭疗法的干预持续了3周，家庭成员每周需要进行多次的会面和互动。

该研究证明了家庭疗法这一策略的有效性。在大脑反应上，与亲情刺激相关的脑区主要包括右侧尾状核、右侧枕叶舌回和左侧枕叶中回；与游戏刺激相关的脑区主要包括左侧丘脑、左侧额叶中回和左侧额叶下回。

前测数据的组间差异对比结果表明，实验组和控制组在对亲情和游戏刺激做出反应时的大脑活动存在显著差异（图7-3）。

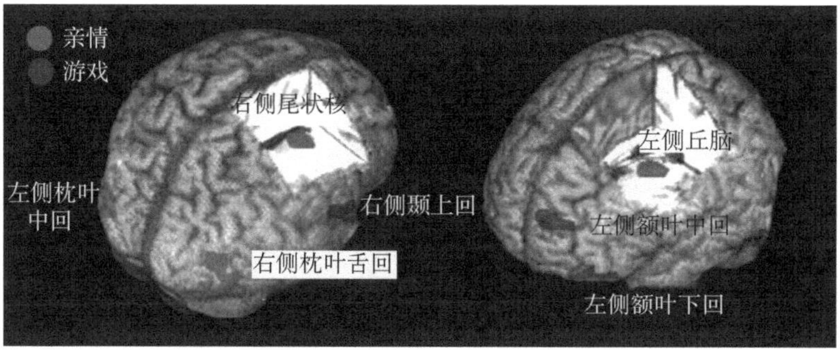

图7-3　不同组被试在面对游戏刺激和亲情图片时的大脑反应特征（Han et al.，2012a）（见文后彩图 7-3）

图7-4展示了在干预治疗前后，被试对亲情刺激做出反应时的大脑活动变化。结果发现，在干预治疗后，亲情相关刺激所诱发的尾状核活动显著增加，表明被试对待亲情更加重视；在与执行控制相关的脑区上，在干预治疗后，被试的额叶中回活动显著减少，表明被试具有更高的自我控制能力。

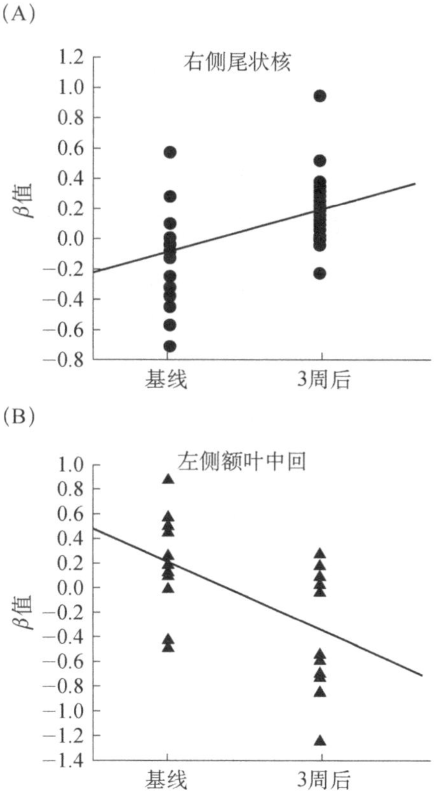

图7-4　治疗前后大脑区域 β 值的变化（Han et al.，2012a）

总之，该研究表明，为期3周的家庭疗法可以改变青少年对亲情和游戏刺激的大脑活动模式。干预治疗前，网络游戏成瘾青少年在面对亲情刺激时的大脑活动减少，而在面对游戏刺激时的大脑活动增加。干预治疗后，家庭凝聚力的改善与脑尾状核区域应对亲情刺激时的活动增加相关，并且与网络游戏时间的变化呈负相关。这些发现表明家庭凝聚力在治疗网络游戏成瘾方面可能起到了重要的作用。

四、与认知行为疗法相结合的父母心理健康教育在网络游戏成瘾干预中的效果

González-Bueso等（2018）将认知行为疗法干预与父母心理健康教育相结合，以探究其在网络游戏成瘾干预中的作用。按照父母是否参加心理健康教育小组，研究者将招募到的实验组被试分成两个亚组：接受个人认知行为疗法组和接受个人认知行为疗法+父母接受心理健康教育组。虽然该研究也加入了控制组（健康组），但健康组未接受任何干预，所以不能作为真正的控制组，特别是无法排除实验安慰剂效应的影响。

研究者记录了干预前后被试在米隆青少年人格量表、症状自评表-修订版（SCL-90-R）、状态-特质焦虑量表（STAI）以及其他临床和心理病理学测量指标上的得分。该研究的特别之处在于在传统认知行为疗法的基础上增加了对父母的心理教育。表7-2为心理健康教育小组会议讨论的主要框架。

表7-2　心理健康教育小组会议讨论的主要框架（González-Bueso et al.，2018）

课时	讨论内容
第一课	展示研讨会内容、规则以及被试情况
	定义：化学成瘾与行为成瘾
	问题游戏行为的警惕信号
第二课	应用、滥用和成瘾的区别
	成瘾过程的不同阶段
	在每个阶段怎样预防和行动
	视频游戏的相关信息（在线、离线、游戏风格等）
第三课	交流风格：消极风格、侵略性风格、肯定性风格
	肯定性风格的例子，在家练习的作业
第四课	设置家庭限制
	规则的类型与特征

续表

课时	讨论内容
第四课	家庭中设置规则的指南
	跟踪关注的重要性
	怎样提升责任感
	在家练习的作业
第五课	自身问题的解决技巧
	训练放松技巧
第六课	总结和反思，结论
	研讨会效果评定

该研究发现，相对于健康控制组，在两个实验组中，无论是否增加了针对家长的心理健康教育，被试在SCL-90-R量表中的敌对性、精神病性和总体严重性指数以及网络游戏成瘾诊断标准的前后变化均存在显著差异。同时，实验组的两个亚组之间的前后变化没有差异。与父母没有接受心理健康教育的患者相比，父母接受了心理健康教育的患者的治疗退出率更低。总之，虽然加入了父母心理健康教育的额外内容，但与标准认知行为疗法组相比，这一操作并未表现出额外的效应。

五、自我发现营对游戏渴求的影响研究

网络游戏成瘾是一种以强迫性过度使用网络游戏为特征的行为成瘾。网络游戏成瘾的特点不仅是强迫性过度使用，还与其他行为成瘾有相似之处（Fauth-Bühler & Mann，2017；Kuss，2013）。而自我发现营（SDiC）是日本为治疗网络游戏成瘾而开发的一种治疗性住宿营地。Sakuma等（2017）尝试探究自我发现营在治疗网络游戏成瘾方面的作用。

SDiC夏令营为期8晚9天，由日本国家青少年教育机构负责管理。所有参与者在活动期间都住在宿舍，不得携带个人电脑、手机、游戏机或任何其他数码设备。SDiC包括14节由临床心理学家提供的认知行为疗法课程、3节由医生提供的医学讲座、8节个人咨询课程以及一个题为“我们与互联网的关系”的工作坊。SDiC还包括户外烹饪、步行集会、徒步旅行和木工等活动。这些活动的目标是：①培养参与者对健康、保健和有序生活的认知；②体验在没有互联网或数字设备的情况下进行交流的感受；③与他人合作并解决问题。主持活动的人员都是教育专业的学生，经确认没有精神疾病，他们负责激励每位参与者继续参加项目。

该研究招募了10名被诊断患有网络游戏成瘾的男性参与者，并在夏令营前后测量了他们的游戏时间和自我效能感等内容。结果显示，参加夏令营后，参与者的游戏时间明显减少，问题识别能力和自我效能得到提高。该研究还发现，网络游戏成瘾的发病年龄与问题识别得分之间存在相关关系。

六、短期游戏戒断对网络游戏成瘾干预的影响

King等（2017）创设了一种短期戒断（brief abstinence）的干预策略，并招募被试进行了实验研究。研究者招募了自愿戒断的被试，然后要求他们戒断游戏84小时，探讨这一戒断策略在改变网络游戏不良认知和问题行为方面的效果。研究者在基线（戒断前）、戒断后（戒断84小时后）以及7天和28天的随访中调查了其游戏时长、网络游戏认知问卷得分、成瘾症状等信息。

结果如图7-5所示，自愿的短期戒断成功地减少了被试的不良游戏认知，减轻了他们的网络游戏成瘾症状。被试对戒断的接受度很高，完全遵守戒断规定，没有出现中途退出的现象。在28天的随访中，75%的网络游戏成瘾组被试的网络游戏成瘾症状得到了明显改善。网络游戏成瘾组中有63%的人在适应不良的游戏认知方面得到了改善，其认知得分降低了50%，并在28天的随访中与非网络游戏成瘾组的认知得分相当。这项研究为短期戒断疗法提供了很好的支持，短期戒断是一种简单、实用、经济有效的治疗技术，可以改变个体错误的游戏认知和减少他们的网络游戏问题。

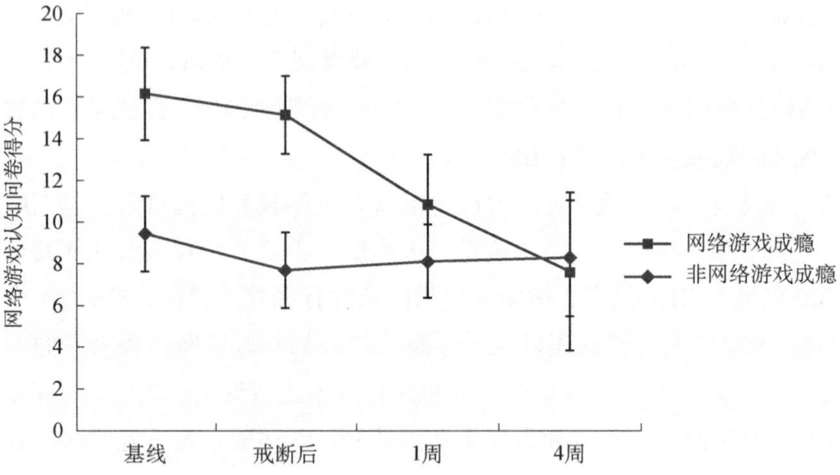

图7-5 网络游戏成瘾和非网络游戏成瘾群体在不同测试阶段的网络游戏认知问卷得分（King et al.，2017）

七、心理治疗程序在网络游戏成瘾干预中的作用

Torres-Rodríguez等（2018）编制了独特的心理治疗程序来对网络游戏成瘾人群进行干预。该方案名为“programa individualizado psicoterapéutico para la adicción a las tecnologías de la información y la comunicación”（PIPATIC），旨在提供专门的心理治疗服务。该方案的目标是帮助改善青少年的人际交互和自我控制能力，并应用于家庭疗法中。该方案旨在控制青少年对视频游戏和互联网的使用，从而使青少年恢复健康并重新融入正常生活中。

在该研究中，被试为12—18岁的男性。实验组的平均年龄为15.19岁（标准差为1.9），控制组的平均年龄为14.73岁（标准差为1.58）。除2名被试外，所有参与者都是西班牙人且在治疗期间都是学生。被试大多报告存在在线游戏的使用问题，其中3名被试报告同时具有离线游戏的使用问题。样本中各种类型的在线视频游戏的受欢迎程度如下：MMORPG（51.6%），角色扮演游戏（32.3%），多人在线战斗竞技场游戏（64.5%），射击游戏（64.5%），体育游戏（35.5%），其他游戏（2.3%）。样本中还有一小部分报告了对互联网（19.4%）和智能手机（9.7%）的问题使用。PIPATIC干预策略中的心理治疗模块内容如表7-3所示。

表7-3　PIPATIC干预策略中的心理治疗模块内容（Torres-Rodríguez et al.，2018）

模块名称	模块具体内容
心理教育模块	个人和家庭心理教育、动机访谈、选择目标和目的（3节课）
标准认知行为疗法成瘾干预模块	刺激控制、学习适当的应对措施、认知重组、解决与成瘾有关的问题、暴露（5节课）
个人内部模块	关于身份、自尊、自控、情商和焦虑控制的心理治疗工作（5节课）
人际模块	鼓励适应性沟通技能、自信和提高沟通技能（2节课）
熟悉模块	家庭沟通、限制和情感（3节课）
发展新的生活方式模块	自我观察改进、替代活动和预防复发（2节课）

注：PIPATIC方案包括两个浮动环节，治疗师可根据患者的需求将其纳入所选模块。因此，这套方案具有一定的灵活性（Carroll & Nuro，2002；Thorens et al.，2014）

在干预的结果评估上，研究者通过比较前测和后测得分，探究了与不同干预措施相比的变化。在研究开始时，实验组和控制组的测量结果没有显著差异，表明两组在基线时处于相同或相似的临床水平。然而，在后测中，与控制组相比，实验组在游戏时间、停止游戏能力、主观参与/上瘾程度的得分方面表现出更好的结果。实验组的所有参与者在与游戏和上瘾相关的所有测量指标上都呈现出随时

间下降的趋势。这种效果是显著的，并在随访评估中保持稳定。控制组在延迟满足、患者报告的上瘾程度、家庭报告的上瘾程度和IGD-20结果方面也出现了显著变化。结果表明，对于患者来说，PIPATIC组在除社交能力量表外的其他量表上的分数都显示出显著下降的趋势，家属也是如此。该研究的不足之处在于，虽然研究者尝试加入控制组，但是控制组缺乏相应的干预措施，且缺乏后测。

八、现实疗法与正念冥想结合在网络游戏成瘾干预中的作用

Yao等（2017）的研究探讨了结合现实疗法和正念冥想的团体行为干预对降低成年人的决策冲动性和网络游戏成瘾严重程度的疗效。这项研究涉及25名网络游戏成瘾者和21名健康控制组被试。被试接受了基线测试，并完成了跨时空决策和风险决策任务。18名网络游戏成瘾被试参与了干预，并在干预结束后再次接受了测试，而19名未参与干预的健康控制组被试也在类似的时间段内接受了两次测试。

这一干预旨在减少决策冲动，主要基于现实疗法的WDEP（what，doing，evaluation，plan）模型（Wubbolding et al.，2004），并以简短的正念冥想作为辅助方法（Alfonso et al.，2011；Tang et al.，2013）。小组行为干预每周进行1次，共6次，每组有9—10名网络游戏成瘾被试参与。

在现实疗法的框架下，研究者针对网络游戏成瘾的特点设计了6个主题：①建立小组并认识冲动；②探索冲动性游戏的影响并设定目标；③评估并反思当前情况；④分析冲动性游戏背后的心理需求并探索满足这些需求的替代活动；⑤了解与冲动相关的心理和情绪状态并克服想要玩游戏的冲动；⑥总结过去并为未来制定计划。

每个主题和相关活动持续约110分钟。在每节课结束前的10分钟内，进行简短的正念冥想。正念冥想包括身体放松和音乐正念训练，参与者被引导集中注意力于他们的感知和情绪意识，并调整他们的身体和心灵以达到冥想状态（Tang et al.，2013）。

图7-6（A）显示了网络游戏成瘾组和健康控制组在基线和第二次测试中的跨期决策表现。基线时，网络游戏成瘾组的跨期决策K值高于健康控制组，但在干预后，网络游戏成瘾组的对数变换K值显著下降，且与健康控制组的表现无显著差异。图7-6（B）展示了网络游戏成瘾组被试的跨期决策对数变换K值的变化（干

预后减去干预前）与网络游戏成瘾分数（CIAS 的得分）的变化，结果发现两者呈正相关。

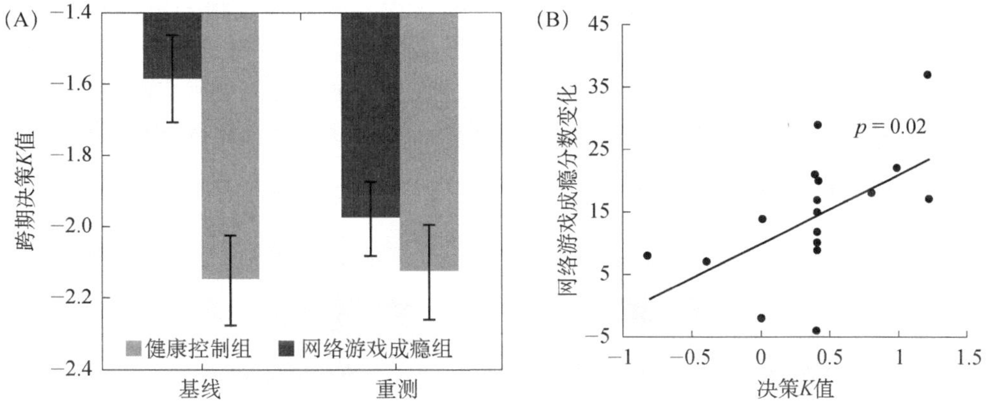

图 7-6　干预前后跨期决策的变化及其与成瘾程度的相关性（Yao et al.，2017）

结果显示，在基线条件下，网络游戏成瘾被试比健康被试表现出更强的决策冲动性。干预后，网络游戏成瘾被试的决策冲动性和网络游戏成瘾严重程度均有所下降。研究结果表明，决策冲动是网络游戏成瘾的潜在治疗目标。该研究强调了未来研究有必要深入探讨决策冲动在网络游戏成瘾中的作用。

九、渴求行为干预在降低网络游戏成瘾群体游戏渴求中的作用及其大脑机制

Zhang 等（2016）探讨了渴求行为干预（craving behavioral intervention）对游戏线索诱发的网络游戏成瘾群体的渴求的影响及其神经特征。渴求可能对网络游戏成瘾的发展和维持产生重大影响，因此帮助被试学会应对和缓解渴求也许能改善治疗结果并防止复发（Brand et al.，2014；Dong & Potenza，2014）。

该研究的渴求行为干预每周进行一次，每组包括 8—9 名网络游戏成瘾被试。每节课的主题包括：①感知主观渴求；②认识并识别有关渴求的非理性信念；③识别渴求并减轻与渴求相关的负面情绪；④训练应对渴求并改变参与者的心理需求；⑤时间管理和应对渴求的技能训练；⑥复习、练习和实施技能。此外，每节课还包括正念训练。干预前后，被试需要完成游戏线索反应任务，以比较网络游戏成瘾被试和健康控制组被试在网络游戏线索反应任务中的神经激活情况。

图7-7的结果显示，在进行渴求行为干预后，网络游戏成瘾被试在多个脑区表现出更高水平的激活，包括背侧纹状体、脑干、黑质和前扣带回皮层，但后脑岛的激活水平较低。该研究还发现，接受渴求行为干预后，被试的网络游戏成瘾严重程度和线索诱发的渴求程度降低，前岛叶的激活水平提高，岛叶与其他脑区的功能连接降低。这些研究结果表明，渴求行为干预能有效降低网络游戏成瘾患者的渴求感和成瘾严重程度，可能通过改变岛叶的激活及其与视觉处理和注意力偏差相关区域的功能连接来达到相应效果。

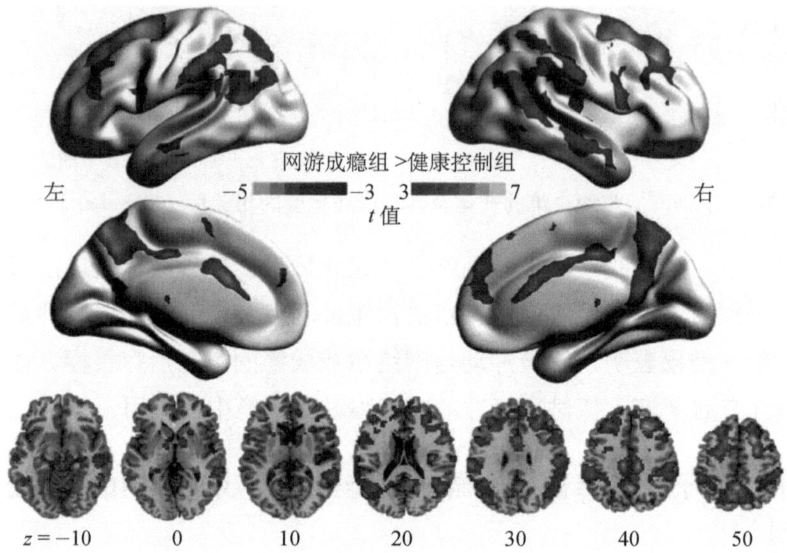

图7-7　网络游戏成瘾被试和健康对照被试在游戏线索诱导的大脑激活方面的全脑分组比较（Zhang et al.，2016）（见文后彩图 7-7）

十、在线动机干预疗法设计思路

Dieris-Hirche等（2021）提出了一种在线干预措施OMPRIS（online manualised therapist-guided intervention），旨在减少网络游戏成瘾症状，并激发个体的治疗动机。该研究旨在通过开展在线动机干预，解决网络游戏成瘾者缺乏治疗动机和治疗选择有限的问题。实验包括162名参与者，他们被随机分配到OMPRIS干预组和控制组。干预措施包括为期4周的心理干预，以动机访谈、成瘾治疗、行为治疗技术和社会咨询为基础。目标是减少有问题的网络使用。该研究将在干预前、干预期间和干预后的多个时间点对参与者进行评估，并对其进行意向治疗分析。

OMPRIS干预措施是一种综合治疗方案，主要用于改善各种医疗疾病中的不健康行为，包括成瘾性障碍。它包含认知行为疗法、与互联网相关的成瘾治疗、媒体教育和社会咨询等治疗元素。干预的主要结果将在干预4周后进行测量，并在干预前和干预期间进行测量。在这4周内，参与者将被提供最多8次基于网络的心理治疗谈话和1—2次社会支持谈话。此外，在干预前一周和干预后一周还将提供详细的网络视频诊断。

治疗的不同阶段和策略将根据参与者的自我监测和媒体使用意识进行调整，鼓励参与者制定个体行为模型和目标，并使用不同的认知行为疗法技术来刺激问题性互联网使用行为的改变。心理治疗谈话将由临床经验丰富的心理治疗师、心理学家或相关学科专家进行，社会支持谈话将由经过培训的社会工作者进行。治疗的质量将根据每次谈话后治疗师的反馈来进行检查。该研究仅为研究设计，具体研究结论尚未报告。

十一、综合策略的效果初探

Pallesen等（2015）研究了针对12名14—18岁男性的电子游戏成瘾治疗的效果。治疗方法以认知行为疗法、短期策略家庭疗法、焦点解决疗法和动机访谈为基础。治疗由在处理成瘾和依赖问题方面获得正式临床专业认证的心理学家进行。除了完成家庭作业外，参与者每周需要接受一次治疗（具体治疗的细节，该研究者并未提供）。该研究发现，从治疗前到治疗后，患者的病情有了一定程度的改善，但这种改善在统计学上并不显著。然而，12名患者中，有6名患者的母亲和治疗师都报告患者的病情有了明显改善，治疗效果也达到了中等水平。

但该研究只是一个初步研究，且被试较少，并未设置控制组。在研究报告中，大量细节并未介绍清楚。

小　结

综合相应的干预措施，我们可以看到网络游戏成瘾的干预可谓“五花八门”，除了认知行为疗法、药物疗法等之外，自我发现营、演讲与写作课程甚至针灸（未纳入本书介绍）等策略都被应用在对网络游戏成瘾的干预上。未来应该还会出现其他类型的比较独特的干预策略。这一方面反映出当前网络游戏成瘾问题已经引起社会各界的广泛关注，不同研究者都尝试对这一问题进行干预，另一方面也表明这一问题的干预缺乏统一且有效的标准和策略，不同研究者基于自己的原有知识背景进行了各种类型的尝试。

我们应该怎样看待这些不断涌现的干预策略呢？我们鼓励各种对游戏成瘾进行干预的尝试，不同的干预策略丰富了我们对游戏成瘾干预的认识。但是，最终的目的应尝试将这些干预策略进行标准化，以减少对被试的身体和心理产生潜在的损伤，从而提升干预效果。不同干预策略的提出应该建立在研究者对成瘾机制的充分理解之上，且干预策略能够作用于其中某一环节以及干预措施的提出和实践需做到有理有据。

同时，探究不同干预策略发挥作用的原理可为提出新的干预措施提供参考，也可为完善现有干预策略提供支持。然而，本章介绍的这些比较独特的干预措施在未来可能不会成为主流的干预手段，探究这些干预措施的目的是促使我们进一步理解网络游戏成瘾的认知机制，从而为开发和完善主流且有标准可循的干预手段提供参考。

参 考 文 献

Alfonso, J. P., Caracuel, A., Delgado-Pastor, L. C., & Verdejo-García, A. (2011). Combined goal management training and mindfulness meditation improve executive functions and decision-making performance in abstinent polysubstance abusers. *Drug and Alcohol Dependence*, *117* (1), 78-81. https://doi.org/10.1016/j.drugalcdep.2010.12.025

Baldwin, S. A., Christian, S., Berkeljon, A., & Shadish, W. R. (2012). The effects of family therapies for adolescent delinquency and substance abuse: A meta-analysis. *Journal of Marital and Family Therapy*, *38* (1), 281-304. https://doi.org/10.1111/j.1752-0606.2011.00248.x

Bonnaire, C., Liddle, H., Har, A., & Phan, O. (2020). Searching for change mechanisms in emotion-focused work with adolescents and parents: An example from multidimensional family therapy. *Couple and Family Psychology*: *Research and Practice*, *9* (2), 100-121. https://doi.org/10.1037/cfp0000136

Bonnaire, C., Liddle, H. A., Har, A., Nielsen, P., & Phan, O. (2019). Why and how to include parents in the treatment of adolescents presenting internet gaming disorder? *Journal of Behavioral Addictions*, *8* (2), 201-212. https://doi.org/10.1556/2006.8.2019.27

Brand, M., Young, K. S., & Laier, C. (2014). Prefrontal control and internet addiction: A theoretical model and review of neuropsychological and neuroimaging findings. *Frontiers in Human Neuroscience*, *8*, 375. https://doi.org/10.3389/fnhum.2014.00375

Carroll, K. M., & Nuro, K. F. (2002). One size cannot fit all: A stage model for psychotherapy manual development. *Clinical Psychology: Science and Practice*, *9* (4), 396-406. https://doi.org/10.1093/clipsy.9.4.396

Cuthbert, B. N., Schupp, H. T., Bradley, M. M., Birbaumer, N., & Lang, P. J. (2000). Brain potentials in affective picture processing: Covariation with autonomic arousal and affective report. *Biological Psychology*, *52* (2), 95-111. https://doi.org/10.1016/s0301-0511 (99) 00044-7

Davis, M. L., Powers, M. B., Handelsman, P., Medina, J. L., Zvolensky, M., & Smits, J. A. J. (2015). Behavioral therapies for treatment-seeking cannabis users: A meta-analysis of randomized controlled trials. *Evaluation & the Health Professions*, *38* (1), 94-114. https://doi.org/10.1177/0163278714529970

Dieris-Hirche, J., Bottel, L., Pape, M., Te Wildt, B. T., Wölfling, K., Henningsen, P., … Herpertz, S. (2021). Effects of an online-based motivational intervention to reduce problematic internet use and promote treatment motivation in internet gaming disorder and internet use disorder (OMPRIS) : Study protocol for a randomised controlled trial. *BMJ Open*, *11* (8), e045840. https://doi.org/10.1136/bmjopen-2020-045840

Dong, G., & Potenza, M. N. (2014). A cognitive-behavioral model of internet gaming disorder: Theoretical underpinnings and clinical implications. *Journal of Psychiatric Research*, *58*, 7-11. https://doi.org/10.1016/j.jpsychires.2014.07.005

Fauth-Bühler, M., & Mann, K. (2017). Neurobiological correlates of internet gaming disorder: Similarities to pathological gambling. *Addictive Behaviors*, *64*, 349-356. https://doi.org/10.1016/j.addbeh.2015.11.004

Fröjd, S., Kaltiala-Heino, R., & Rimpelä, M. (2007). The association of parental monitoring and family structure with diverse maladjustment outcomes in middle adolescent boys and girls. *Nordic Journal of Psychiatry*, *61* (4), 296-303. https://doi.org/10.1080/08039480701415277

González-Bueso, V., Santamaría, J. J., Fernández, D., Merino, L., Montero, E., Jiménez-Murcia, S., … Ribas, J. (2018). Internet gaming disorder in adolescents: Personality, psychopathology and evaluation of a psychological intervention combined with parent psychoeducation. *Frontiers in Psychology*, *9*, 787. https://doi.org/10.3389/fpsyg.2018.00787

González-González, C., & Blanco-Lzquierdo, F. (2012). Designing social videogames for educational uses. *Computers & Education*, *58* (1), 250-262. https://doi.org/10.1016/j.compedu.2011.08.014

Han, D. H., Kim, S. M., Lee, Y. S., & Renshaw, P. F. (2012a). Combined cognitive behavioral therapy and bupropion for the treatment of problematic on-line game play in adolescents with major depressive disorder. *Computers in Human Behavior*, *28* (5), 1954-1959. https://doi.org/10.1016/j.chb.2012.05.015

Han, D. H., Kim, S. M., Lee, Y. S., & Renshaw, P. F. (2012b). The effect of family therapy on the changes in the severity of on-line game play and brain activity in adolescents with on-line game addiction. *Psychiatry Research: Neuroimaging*, *202* (2), 126-131. https://doi.org/10.1016/j.pscychresns.2012.02.011

Han, D. H., Kim, Y. S., Lee, Y. S., Min, K. J., & Renshaw, P. F. (2010). Changes in cue-induced, prefrontal cortex activity with video-game play. *Cyberpsychology, Behavior and Social*

Networking, *13* (6), 655-661. https://doi.org/10.1089/cyber.2009.0327

Hsu, S. H., Wen, M. H., & Wu, M. C. (2009). Exploring user experiences as predictors of MMORPG addiction. *Computers & Education*, *53* (3), 990-999. https://doi.org/10.1016/j.compedu.2009.05.016

Kim, J. U. (2008). The effect of a R/T group counseling program on the internet addiction level and self-esteem of internet addiction university students. *International Journal of Reality Therapy*, *27* (2), 4-12. https://doi.org/10.1007/BF02789613

Kim, P. W. (2001). *Identification of Narrative Education Viewed from the Addiction Related Phenomenon in Korea Based on Drama Addiction, Game Addiction, and Cartoon Addiction.* Collection of juvenile awarded dissertations in Hoam. Samsung Hoam Foundation.

Kim, P. W. (2010). *Development of an analytic model for the evaluation of speech performance* (doctoral thesis).Seoul National University.

Kim, P. W., Kim, S. Y., Shim, M., Im, C. H., & Shon, Y. M. (2013). The influence of an educational course on language expression and treatment of gaming addiction for massive multiplayer online role-playing game (MMORPG) players. *Computers & Education*, *63*, 208-217. https://doi.org/10.1016/j.compedu.2012.12.008

King, D. L., Kaptsis, D., Delfabbro, P. H., & Gradisar, M. (2017). Effectiveness of brief abstinence for modifying problematic internet gaming cognitions and behaviors. *Journal of Clinical Psychology*, *73* (12), 1573-1585. https://doi.org/10.1002/jclp.22460

Ko, C. H., Liu, G. C., Hsiao, S., Yen, J. Y., Yang, M. J., Lin, W. C., … Chen, C. S. (2009). Brain activities associated with gaming urge of online gaming addiction. *Journal of Psychiatric Research*, *43* (7), 739-747. https://doi.org/10.1016/j.jpsychires.2008.09.012

Kok, A. (2001). On the utility of P3 amplitude as a measure of processing capacity. *Psychophysiology*, *38* (3), 557-577. https://doi.org/10.1017/s0048577201990559

Kuss, D. J. (2013). Internet gaming addiction: Current perspectives. *Psychology Research and Behavior Management*, *6*, 125-137. https://doi.org/10.2147/PRBM.S39476

Liddle, H. (2002). *Multidimensional Family Therapy for Adolescent Cannabis Users*: *Cannabis Youth Treatment* (*CYT*) *Series* (volume 5). Rockville: DHHS Publication.

Liddle, H., & Rigter, H. (2013). How developmental research and contextual theory drive clinical work with adolescents with addiction. *Harvard Review of Psychiatry*, *21* (4), 200-204. https://doi.org/10.1097/HRP.0b013e31829aaa6b

Littel, M., & Franken, I. H. A. (2011). Implicit and explicit selective attention to smoking cues in smokers indexed by brain potentials. *Journal of Psychopharmacology*, *25* (4), 503-513. https://doi.org/10.1177/0269881110379284

Mak, K. K., Ho, S. Y., Thomas, G. N., Schooling, C. M., McGhee, S. M., & Lam, T. H. (2010). Family structure, parent-child conversation time and substance use among Chinese adolescents. *BMC Public Health*, *10*, 503. https://doi.org/10.1186/1471-2458-10-503

Millon, T. (1993). *Manual of Millon Adolescent Clinical Inventory.* Minneapolis: National Computer Systems.

Nalwa, K., & Anand, A. P. (2003). Internet addiction in students: A cause of concern. *Cyberpsychology & Behavior*, *6* (6), 653-656. https://doi.org/10.1089/109493103322725441

Nielsen, P., Favez, N., & Rigter, H. (2020). Parental and family factors associated with problematic gaming and problematic internet use in adolescents: A systematic literature review. *Current Addiction Reports*, *7* (3), 365-386. https://doi.org/10.1007/s40429-020-00320-0

Nielsen, P., Favez, N., Liddle, H., & Rigter, H. (2019). Linking parental mediation practices to adolescents' problematic online screen use: A systematic literature review. *Journal of Behavioral Addictions*, *8* (4), 649-663. https://doi.org/10.1556/2006.8.2019.61

Nielsen, P., Christensen, M., Henderson, C., Liddle, H. A., Croquette-Krokar, M., Favez, N., & Rigter, H. (2021). Multidimensional family therapy reduces problematic gaming in adolescents: A randomised controlled trial. *Journal of Behavioral Addictions*, *10* (2), 234-243. https://doi.org/10.1556/2006.2021.00022

Oggins, J., & Sammis, J. (2012). Notions of video game addiction and their relation to self-reported addiction among players of World of Warcraft. *International Journal of Mental Health & Addiction*, *10* (2), 210-230. https://doi.org/10.1007/s11469-010-9309-y

Pallesen, S., Lorvik, I. M., Bu, E. H., & Molde, H. (2015). An exploratory study investigating the effects of a treatment manual for video game addiction. *Psychological Reports*, *117* (2), 490-495. https://doi.org/10.2466/02.PR0.117c14z9

Prensky, M. (2006). *Don't Bother Me Mom, I'm Learning*. St. Paul: Paragon House Publishers.

Reynolds, I., & Rob, M. I. (1988). The role of family difficulties in adolescent depression, drug-taking and other problem behaviours. *The Medical Journal of Australia*, *149* (5), 250-256. https://doi.org/10.5694/j.1326-5377.1988.tb120597.x

Roustit, C., Chaix, B., & Chauvin, P. (2007). Family breakup and adolescents' psychosocial maladjustment: Public health implications of family disruptions. *Pediatrics*, *120* (4), e984-991. https://doi.org/10.1542/peds.2006-3172

Sakuma, H., Mihara, S., Nakayama, H., Miura, K., Kitayuguchi, T., Maezono, M., … Higuchi, S. (2017). Treatment with the self-discovery camp (SDiC) improves internet gaming disorder. *Addictive Behaviors*, *64*, 357-362. https://doi.org/10.1016/j.addbeh.2016.06.013

Schupp, H. T., Cuthbert, B. N., Bradley, M. M., Cacioppo, J. T., Ito, T., & Lang, P. J. (2000). Affective picture processing: The late positive potential is modulated by motivational relevance. *Psychophysiology*, *37* (2), 257-261.

Smilkstein, G. (1978). The family APGAR: A proposal for a family function test and its use by physicians. *The Journal of Family Practice*, *6* (6), 1231-1239.

Smilkstein, G. (1980). The cycle of family function: A conceptual model for family medicine. *The Journal of Family Practice*, *11* (2), 223-232.

Starcevic, V., Berle, D., Porter, G., & Fenech, P. (2011). Problem video game use and dimensions of psychopathology. *International Journal of Mental Health and Addiction*, *9* (3), 248-256. https://doi.org/10.1007/s11469-010-9282-5

Tang, Y. Y., Tang, R., & Posner, M. I. (2013). Brief meditation training induces smoking reduction.

Proceedings of the National Academy of Sciences of the United States of America, 110 (34), 13971-13975. https://doi.org/10.1073/pnas.1311887110

Thalemann, R., Wölfling, K., & Grüsser, S. M. (2007). Specific cue reactivity on computer game-related cues in excessive gamers. *Behavioral Neuroscience, 121* (3), 614-618. https://doi.org/10.1037/0735-7044.121.3.614

Thorens, G., Achab, S., Billieux, J., Khazaal, Y., Khan, R., Pivin, E., … Zullino, D. (2014). Characteristics and treatment response of self-identified problematic internet users in a behavioral addiction outpatient clinic. *Journal of Behavioral Addictions, 3* (1), 78-81. https://doi.org/10.1556/JBA.3.2014.008

Torres-Rodríguez, A., Griffiths, M. D., Carbonell, X., & Oberst, U. (2018). Treatment efficacy of a specialized psychotherapy program for internet gaming disorder. *Journal of Behavioral Addictions, 7* (4), 939-952. https://doi.org/10.1556/2006.7.2018.111

Tsai, H. F., Cheng, S. H., Yeh, T. L., Shih, C. C., Chen, K. C., Yang, Y. C., & Yang, Y. K. (2009). The risk factors of internet addiction: A survey of university freshmen. *Psychiatry Research, 167* (3), 294-299. https://doi.org/10.1016/j.psychres.2008.01.015

van der Pol, T. M., Hoeve, M., Noom, M. J., Stams, G. J. J. M., Doreleijers, T. A. H., van Domburgh, L., & Vermeiren, R. R. J. M. (2017). Research Review: The effectiveness of multidimensional family therapy in treating adolescents with multiple behavior problems-a meta-analysis. *Journal of Child Psychology and Psychiatry, and Allied Disciplines, 58* (5), 532-545. https://doi.org/10.1111/jcpp.12685

Wubbolding, R. E., Brickell, J., Imhof, L., Kim, R. I., Lojk, L., & Al-Rashidi, B. (2004). Reality therapy: A global perspective. *International Journal for the Advancement of Counselling, 26* (3), 219-228. https://doi.org/10.1023/B:ADCO.0000035526.02422.0d

Yao, Y. W., Chen, P. R., Li, C. R., Hare, T. A., Li, S., Zhang, J. T., … Fang, X. Y. (2017). Combined reality therapy and mindfulness meditation decrease intertemporal decisional impulsivity in young adults with internet gaming disorder. *Computers in Human Behavior, 68*, 210-216. https://doi.org/10.1016/j.chb.2016.11.038

Yen, J. Y., Yen, C. F., Chen, C. C., Chen, S. H., & Ko, C. H. (2007). Family factors of internet addiction and substance use experience in Taiwan adolescents. *Cyberpsychology & Behavior, 10* (3), 323-329. https://doi.org/10.1089/cpb.2006.9948

Young, K. S. (1996). Psychology of computer use: XL. Addictive use of the internet: A case that breaks the stereotype. *Psychological Reports, 79* (3), 899-902. https://doi.org/10.2466/pr0.1996.79.3.899

Zhang, J. T., Yao, Y. W., Potenza, M. N., Xia, C. C., Lan, J., Liu, L., … Fang, X. Y. (2016). Effects of craving behavioral intervention on neural substrates of cue-induced craving in internet gaming disorder. *NeuroImage, 12*, 591-599. https://doi.org/10.1016/j.nicl.2016.09.004

彩　　插

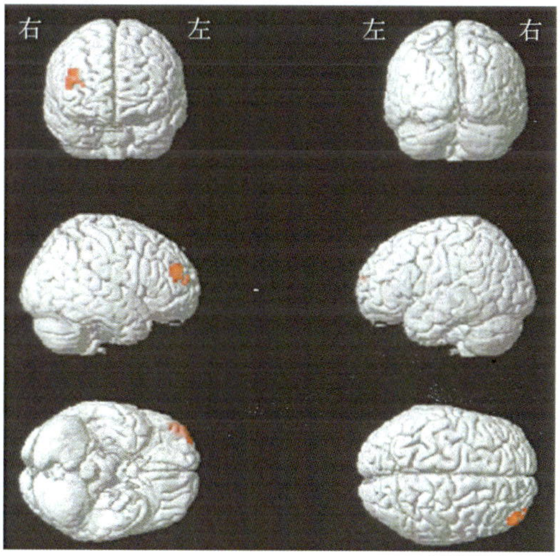

彩图3-11　与健康控制组相比，网络游戏成瘾组在基线时显示低频振幅（ALFF）降低的脑区（Park et al.，2016）

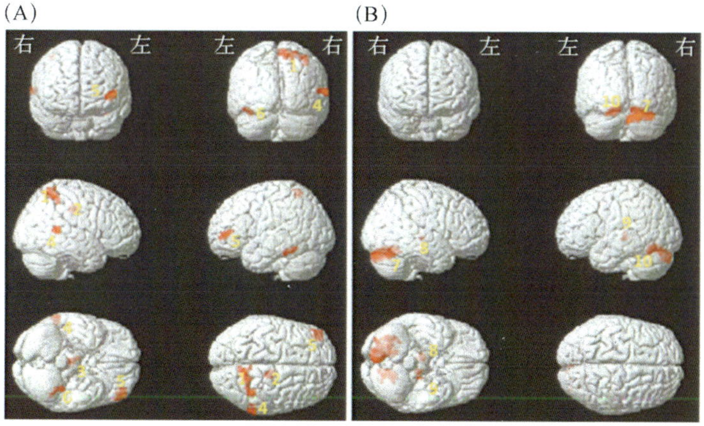

彩图 3-12　干预后的后扣带回皮层种子到其他脑区的功能连接变化（Park et al.，2016）

注：（A）虚拟现实疗法（VRT）组；（B）认知行为疗法（CBT）组

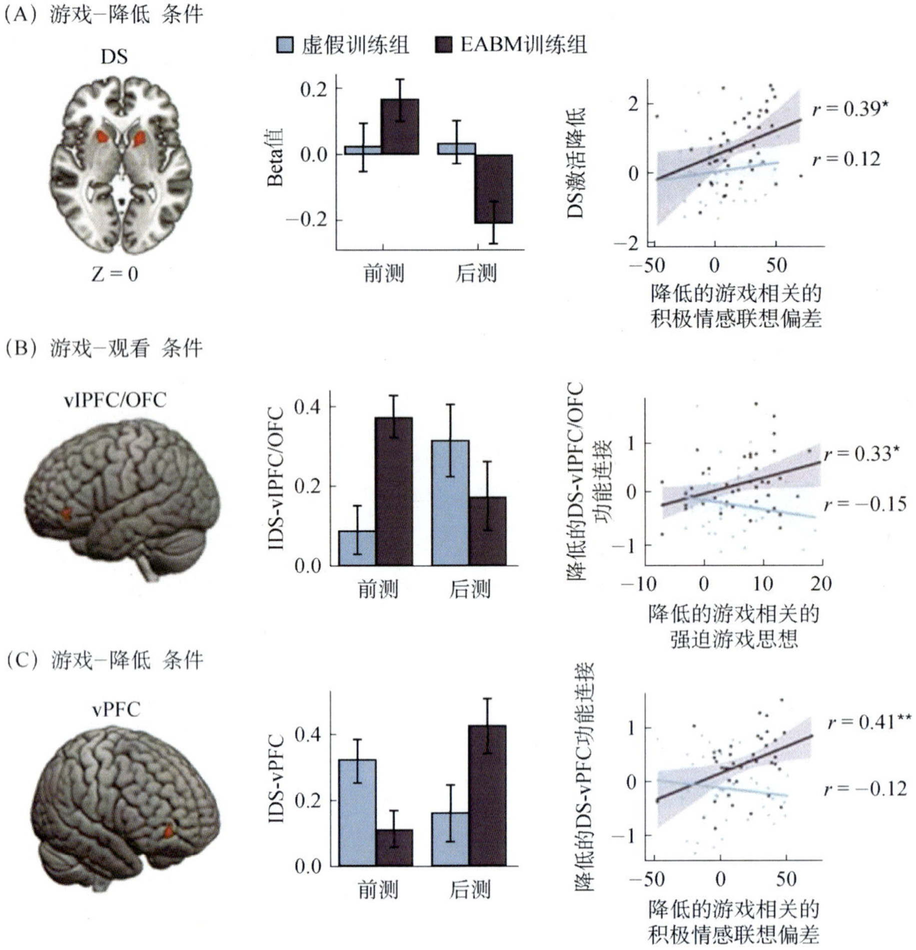

彩图3-15　干预对渴求调节任务中与背侧纹状体相关的
神经反应的影响（Wu et al.，2022）

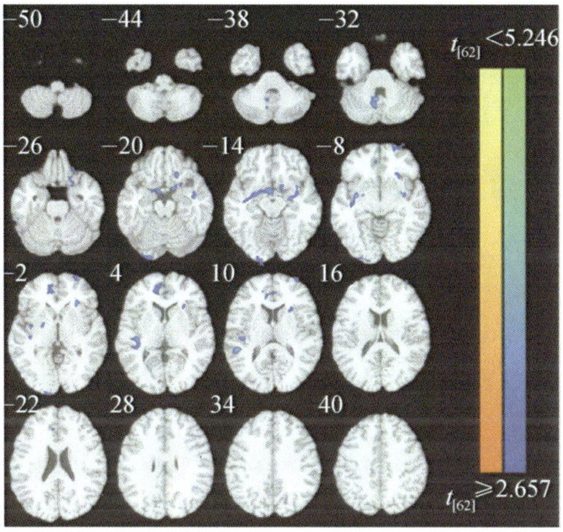

彩图4-6　正念冥想干预后被试在面对游戏刺激时激活程度下降的脑区（Ni et al.，2024）

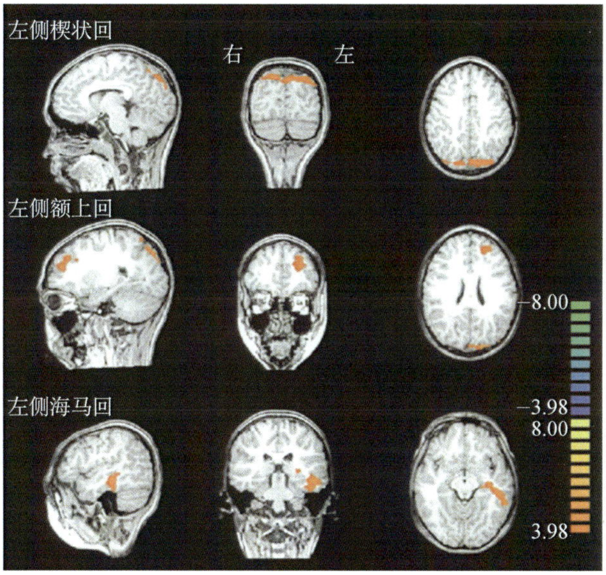

彩图5-6　对游戏刺激做出反应的脑区（视频游戏-中性刺激）（Han et al.，2010）

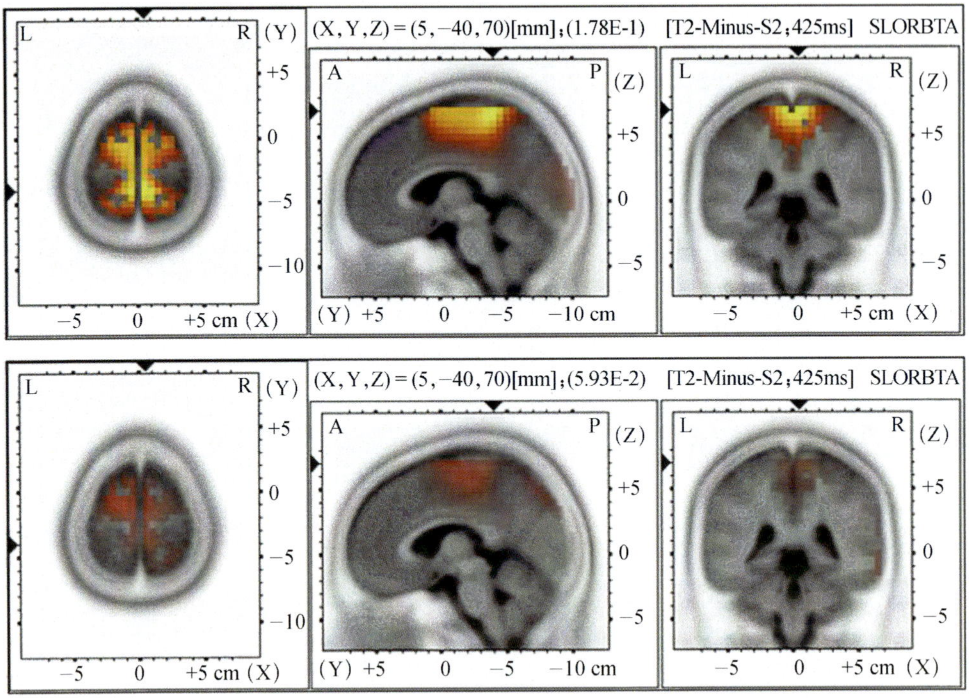

彩图 7-1　对P300的溯源分析结果（Kim et al.，2013）

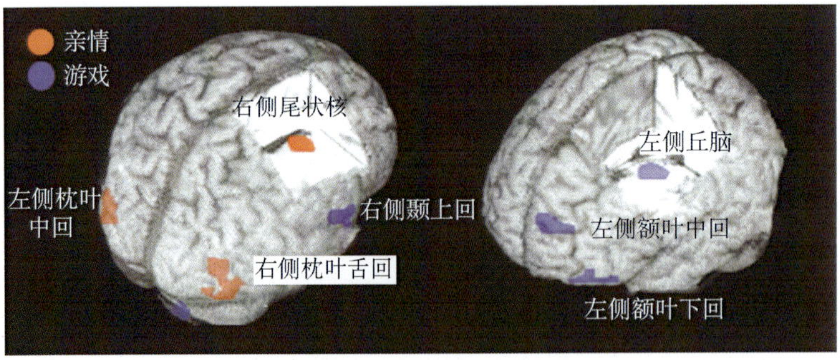

彩图 7-3　不同组被试在面对游戏刺激和亲情图片时的
大脑反应特征（Han et al.，2012a）

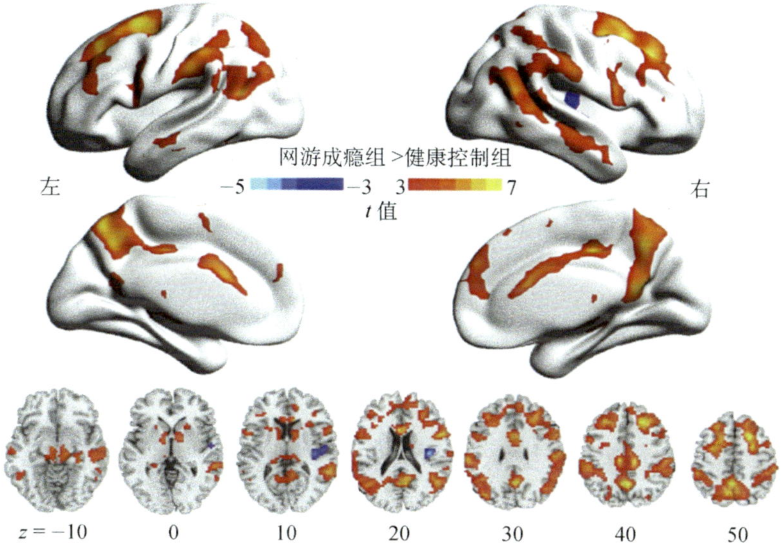

彩图 7-7　网络游戏成瘾被试和健康对照被试在游戏线索诱导的大脑激活方面的全脑分组比较（Zhang et al.，2016）